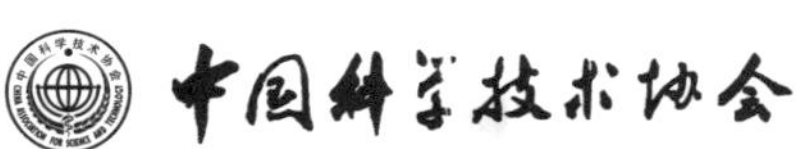

中国科协所属全国学会、协会、研究会简介

ZHONGGUO KEXIE SUOSHU QUANGUO XUEHUI XIEHUI YANJIUHUI JIANJIE

中国科协学会学术部 编

科学普及出版社
·北 京·

图书在版编目（CIP）数据

中国科协所属全国学会、协会、研究会简介 / 中国科协学会学术部编 . —北京：科学普及出版社，2017.9（2019.7 重印）

ISBN 978-7-110-09667-3

Ⅰ. ①中…　Ⅱ. ①中…　Ⅲ. ①科学技术—研究机构—介绍—中国　Ⅳ. ① G322.25

中国版本图书馆 CIP 数据核字（2017）第 240908 号

策划编辑　许　英
责任编辑　王　菡　高立波
装帧设计　中文天地
责任校对　杨京华　蒋宵宵
责任印制　李晓霖

出　　版　科学普及出版社
发　　行　中国科学技术出版社有限公司发行部
地　　址　北京市海淀区中关村南大街16号
邮　　编　100081
发行电话　010-62173865
传　　真　010-62173081
网　　址　http://www.cspbooks.com.cn

开　　本　787mm × 1092mm　1/32
字　　数　507千字
印　　张　21
彩　　插　8页
版　　次　2017年11月第1版
印　　次　2019年7月第2次印刷
印　　刷　北京长宁印刷有限公司
书　　号　ISBN 978-7-110-09667-3 / G · 4059
定　　价　63.00元

说　明

为了让公众对中国科学技术协会（以下简称中国科协）所属全国学会、协会、研究会（以下简称学会）的基本情况有准确的了解，扩大学会的影响力，促进学会之间的联系和交流，我们根据各学会最新情况修订了《中国科协所属全国学会、协会、研究会简介》。

本书系统地介绍了全国学会及学会联合体的基本情况，包括历史简介、会员、学会党组织建设、分支机构、设奖情况和学会期刊等内容，并按学科门类将学会分为理、工、农、医、交叉学科五个类别，是快速了解全国学会的工具书。本次修订除对全国学会信息做了更新和完善之外，还增补了女性或少数民族的学会负责人的有关信息。为确保内容的准确性，修订过程特请各学会对相关内容进行了核对。

本书信息截至 2019 年 3 月 31 日，以在中国科协、民政部或国家新闻出版署等单位登记备案的信息为准。如有疏漏，欢迎批评指正。

编委会

2019 年 3 月

目　录

A- 理科

B- 工科

C− 农科

D- 医科

E- 交叉学科

L− 学会联合体

学会编号示例说明：

A−43W

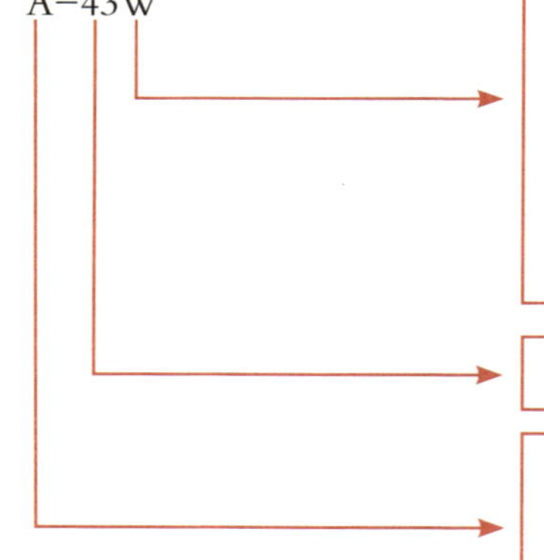

无任何标注的既是中国科协业务主管又是中国科协团体会员的学会，标注 W 的仅是由中国科协业务主管的学会，标注 T 的仅是中国科协团体会员的学会，标注 G 的是民政部委托中国科协主管的在华成立的国际组织。

学会在本学科组内的序号。

学科组代码。A 为理科，B 为工科，C 为农科，D 为医科，E 为交叉学科，L 为学会联合体。

中国数学会
（信息截止日期为 2019 年 3 月 31 日）

统一社会信用代码：51100000500002977M
法定代表人：袁亚湘
办 公 地 址：北京市海淀区中关村东路 55 号、中国科学院数学与系统科学研究院思源楼 534A/534 室
邮 政 编 码：100190
联 系 电 话：010-82541197、82541448
电 子 邮 箱：cms@math.ac.cn
网　　　址：http://www.cms.org.cn

中国数学会
Chinese Mathematical Society

成立时间： 1935 年 7 月 25 日

历史简介： 由胡敦复、冯祖荀、周美权、姜立夫、熊庆来、陈建功、苏步青、江泽涵、钱宝宗、傅种孙等发起，在上海交通大学成立，选举胡敦复等 9 人为董事、熊庆来等 11 人为理事会理事、钱宝琮等 21 人为评议会评议，胡敦复为董事会主席。当时住所为上海亚尔培路（现陕西南路）533 号中国科学社内。1940 年，因中国数学会的立案被当局撤销，9 月 15 日，数学会会员在昆明西南联合大学成立了“新中国数学会”，以取代原来的数学会，并召开了新中国数学会第一届年会，会上选举姜立夫为会长。1948 年 10 月，10 个学术团体在南京召开联合年会，决定新中国数学会恢复原

名——中国数学会，恢复各地分会。1949 年 7 月 10 日，中国数学会正式恢复。1951 年 8 月，中国数学会在北京召开了第一次全国代表大会，宣布中国数学会重新成立，华罗庚当选第一届理事会理事长。1952 年 1 月，由中央人民政府内务部核准登记，1958 年首批加入中国科协。新中国成立以来，学会住所设在北京，历届理事长为：华罗庚、吴文俊、王元、杨乐、张恭庆、马志明、文兰、王诗宬、袁亚湘，目前为第十二届理事会。

业务主管单位： 中国科学技术协会

办事机构支撑单位： 中国科学院数学与系统科学研究院

个人会员数量： 57900 人

单位会员数量： 104 个

第十二届理事会选举时间： 2015 年 11 月 21 日

理事长： 袁亚湘　中国科学院数学与系统科学研究院　研究员
中国科学院院士

副理事长（10 人）：

王万义　内蒙古农业大学　党委副书记　教授
王跃飞　中国科学院数学与系统科学研究院　院长　研究员
韦　维（女，布依族）贵州民族大学　副校长　教授
叶向东　中国科学技术大学　党委副书记　教授
田　刚　北京大学　副校长　教授　中国科学院院士
陈　敏　中国科学院数学与系统科学研究院　研究员
罗懋康　四川大学数学学院　教授
高小山　中国科学院数学与系统科学研究院　常务副院长
研究员
郭军义　南开大学数学科学学院　院长　教授

程　晋　复旦大学数学学院　教授

秘书长： 陈大岳　北京大学科学数学学院　院长　教授

党组织情况： 中国数学会党委　书记：袁亚湘

中国数学会秘书处党支部　书记：孙云志

分支机构（21个）： 概率统计分会、计算数学分会、均匀设计分会、数学史分会、生物数学专业委员会、组合数学与图论专业委员会、计算机数学专业委员会、奇异摄动专业委员会、非线性泛函分析专业委员会、数理逻辑专业委员会、组织工作委员会、学术交流工作委员会、国际交流工作委员会、编辑出版工作委员会、数学名词审定工作委员会、普及工作委员会及奥林匹克工作委员会、数学传播工作委员会、基础教育工作委员会、高等教育工作委员会、电子信息与交流工作委员会、女数学家工作委员会及西部数学发展工作委员会

已加入国际组织（2个）： 国际数学联盟、国际工业与应用数学联合会

公开出版刊物（9种）：

中国科协业务主管的期刊（5种）

Acta Mathematica Sinica（《数学学报》）、《数学进展》《数学通报》《应用概率统计》《中学生数学》

非中国科协业务主管的期刊（4种）

《数学学报》《应用数学学报》、*Acta Mathematicae Applicatae Sinica*（《应用数学学报》）、《数学的实践与认识》

设奖情况（3个）： 华罗庚数学奖；陈省身数学奖；钟家庆数学奖

中国物理学会

（信息截止日期为2019年3月31日）

统一社会信用代码：511000005000025984
法定代表人：方　忠
办 公 地 址：北京市海淀区中关村南三街8号
邮 政 编 码：100190
联 系 电 话：010-82649019
电 子 邮 箱：cps@iphy.ac.cn
网　　　址：http://www.cps-net.org.cn

中国物理学会
The Chinese Physical Society

成立时间： 1932年8月23日

历史简介： 经法国著名物理学家朗之万先生建议，胡刚复、李书华、叶企孙、丁燮林、饶毓泰、吴有训、严济慈、萨本栋、王守竞、周培源、赵忠尧等54人发起，中国物理学会在北京清华大学科学馆召开成立大会以及第一次中国物理学年会，共有70余人参加。大会选举李书华担任第一届会长，叶企孙为副会长，吴有训为秘书，萨本栋为会计。1932~1936年共召开了5届年会，李书华、叶企孙、吴有训、严济慈先后任会长（常务理事长）。1939~1944年共召开年会6次。1950年8月，中华全国自然科学工作者代表会议召开，中国物理学会有25人参加。自此，学会接受中华全国自然科学专门学会联合会（中国科协前身）领导。1951年3月，经中央人民政府内务部核准登记，恢复活动。8 月，在北京召开首届全国会员代表大会，周培源当选理事长。1958 年中国科协成立后，学会成为其团体会员。学会住所设在北京，历届理事长为：李书华、叶企孙、吴有训、严济慈、周培源、钱三强、黄昆、冯端、陈佳洱、杨国桢、詹文龙，目前为第十一届理事会。

业务主管单位： 中国科学技术协会

办事机构支撑单位： 中国科学院物理研究所

个人会员数量： 39924 人

单位会员数量： 15 个

第十一届理事会选举时间： 2015 年 9 月 10 日

理事长： 詹文龙　中国科学院　原副院长　中国科学院院士

副理事长（5 人）：

王玉鹏　中国科学院物理所　研究员

朱少平　北京应用物理与计算数学所　研究员

朱邦芬　清华大学　教授　中国科学院院士

陈和生　中国科学院高能物理所　研究员　中国科学院院士

龚旗煌　北京大学　副校长　中国科学院院士

秘书长： 方　忠　中国科学院物理所　所长　研究员

党组织情况： 中国物理学会党委　书记：詹文龙

中国物理学会秘书处党支部　无

分支机构（38 个）： 学术交流委员会、物理教学委员会、出版工作委员会、科普工作委员会、物理名词委员会、咨询工作委员会、国际交流工作委员会、静电专业委员会、波谱专业委员会、内耗与力学谱专业委员会、原子与分子物理专业委员会、电介质物理专业委员会、光散射专业委员会、相图专业委员会、X射线衍射专业委员会、非晶态物理专业委员会、凝聚态理论与统计物理专业委员会、表面与界面物理专业委员会、高压物理专业委员会、固体缺陷专业委员会、磁学专业委员会、低温物理专业委员会、量子光学专业委员会、光物理专业委员会、半导体物理专业委员会、同步辐射专业委员会、凝聚态计算专业委员会、中子散射专业委员会、高能量密度物理专业委员会、高能物理分会、粒子加速器分会、核物理分会、电子显微镜分会、质谱分会、发光分会、引力与相对论天体物理分会、液晶分会、等离子体物理分会

已加入国际组织（2个）： 国际纯粹与应用物理联合会、亚太物理学会协会

公开出版刊物（11种）：

中国科协业务主管的期刊（5种）

《电子显微学报》《大学物理》《物理学进展》《物理教学》、*Chinese Journal of Chemical Physics*（《化学物理学报》）

非中国科协业务主管的期刊（6种）

《物理》《物理学报》、*Chinese Physics Letters*（《中国物理快报》）、*Chinese Physics B*（《中国物理B》）、*Chinese Physics C*（《中国物理C》）、*Communications in Theoretica Physics*（《理论物理通讯》）

设奖情况（3个）： 胡刚复、饶毓泰、叶企孙、吴有训、王淦昌物理奖；谢希德物理奖；萨本栋应用物理奖

中国力学学会

（信息截止日期为2019年3月31日）

统一社会信用代码：51100000500002600P

法定代表人：杨　卫

办 公 地 址：北京市海淀区北四环西路15号

邮 政 编 码：100190

联 系 电 话：010-62559209、62559588

电 子 邮 箱：office@cstam.org.cn

网　　址：http://www.cstam.org.cn

中国力学学会

The Chinese Society of Theoretical and Applied Mechanics

成立时间： 1957年2月10日

历史简介： 1957年2月，在钱学森、周培源、钱伟长、郭永怀著名科学家的共同倡导和组织下，成立了中国力学学会。1957年2月5~10日，由中国科学院数学、物理学、化学学部和技术科学部发起召开了第一次全国力学学术报告会，会议选举了35位理事，并选举钱学森为理事长。周培源、钱伟长、沈元、李国豪、钱令希为副理事长，张维为秘书长。1957年4月，经中央人民政府内务部核准登记。1958年9月加入中国科协，为首批吸收加入的理科学会团体会员之一。学会成立后参与了“两弹一星”工程和许多重大建设工程研究。1966~1976年停止活动。1977年10月恢复正常工作。学会住所设在北京，历届理事长为：钱学森、钱令希、郑哲敏、王仁、庄逢甘、白以龙、崔尔杰、李家春、胡海岩、杨卫，目前为第十届理事会。

业务主管单位： 中国科学技术协会

办事机构支撑单位： 中国科学院力学研究所

个人会员数量： 29748 人

单位会员数量： 43 个

第十届理事会选举时间： 2014 年 11 月 15 日

理事长： 杨　卫　浙江大学　教授　中国科学院院士

副理事长（9 人）：

戴兰宏　中国科学院力学研究所　纪委书记　研究员

樊　菁　中国科学院力学研究所　研究员

方岱宁　北京理工大学　教授　中国科学院院士

韩杰才　哈尔滨工业大学　副校长　教授　中国科学院院士

申长雨　国家市场监督管理总局党组成员　国家知识产权局局长　教授　中国科学院院士

袁　驷　清华大学校务委员会　副主任　教授

翟婉明　西南交通大学校学术委员会　主任
国家重点实验室学术委员会　副主任　教授
中国科学院院士

郑晓静（女）　西安电子科技大学　党委书记　教授
中国科学院院士

周哲玮　上海大学　上海市应用数学和力学研究所　教授

秘书长： 杨亚政　北京理工大学　校长助理
先进结构研究院　院长　研究员

党组织情况： 中国力学学会党委　书记：杨卫

中国力学学会秘书处党支部　书记：汤亚南

分支机构（30 个）： 流体力学专业委员会、固体力学专业委员会、动力学与控制专业委员会、爆炸力学专业委员会、实验力学专业委员会、岩土力学专业委员会、物理力学专业委员会、反应堆结构力学专业委员会、理性力学和力学中的数学方法专业委员会、计算力学专业委员会、流变学专业委员会、地球动力学专业委员会、工程爆破专业委员会、激波与激波管专业委员会、流体控制工程专业委员会、生物力学专业委员会、等离子体科学与技术专业委员会、结构工程专业委员会、MTS 材料试验协作专业委员会、波纹管及管道力学专业委员会、流－固耦合力学专业委员会、力学史与方法论专业委员会、环境力学专业委员会、科学普及工作委员会、教育工作委员会、产学研工作委员会、力学名词审定工作委员会、青年工作委员会、对外交流与合作工作委员会、女科技工作者委员会

已加入国际组织（4 个）： 国际理论与应用力学联盟、国际断裂学会、国际计算力学协会、亚洲流体力学委员会

公开出版刊物（18 种）：

中国科协业务主管的期刊（6 种）

《固体力学学报》、*Acta Mechanica Solida Sinica*(《固体力学学报》)、*Acta Mechanica Sinica* (《力学学报》)、《工程力学》《实验力学》《岩土工程学报》

非中国科协业务主管的期刊（12 种）

《力学学报》《力学与实践》《力学进展》《计算力学学报》《爆炸与冲击》《动力学与控制学报》《力学季刊》《地震工程与工程振动》《世界地震工程》、*Theoretical & Applied Mechanics Letters* (《力

学快报》)、*Applied Mathematics and Mechanics*(《应用数学与力学》)、*Plasma Science and Technology*(《等离子体科学和技术》)

设奖情况(5个): 钱学森力学奖;周培源力学奖;中国力学学会科学技术奖;中国力学学会青年科技奖;中国力学学会优秀博士学位论文奖

中国光学学会

（信息截止日期为2019年3月31日）

统一社会信用代码：51100000500003953E
法定代表人：龚旗煌
办 公 地 址：北京市海淀区学院南路86号
邮 政 编 码：100081
联 系 电 话：010-62103292
电 子 邮 箱：cos@cast.org.cn
网 址：www.cncos.org

中国光学学会
The Chinese Optical Society

成立时间： 1979年12月10日

历史简介： 由王大珩、严济慈、龚祖同、钱临照等科学家发起，于1979年12月10日在北京成立。王大珩任首届理事长，副理事长为王之江、刘正栋、苏韦、沈寿春、陈杏蒲、张志三、张连华、赵引、蔡祖泉、高兆兰、钱临照、龚祖同、赖琮瑜、谢起昌，秘书长为苏韦（兼）。学会成立后，暂挂靠在中科院三局，1980年改挂靠单位为中国科协。学会住所设在北京，历届理事长为：王大珩、母国光、周炳琨、郭光灿、龚旗煌，目前为第八届理事会。

业务主管单位： 中国科学技术协会

办事机构支撑单位： 中国科协学会服务中心

个人会员数量： 5256 人

单位会员数量： 86 个

第八届理事会选举时间： 2017 年 6 月 17 日

理事长： 龚旗煌　北京大学　副校长　教授　中国科学院院士

副理事长（7 人）：

李儒新　中国科学院上海光机所　中国科学院院士

顾　瑛（女）　中国人民解放军 301 总医院　教授　中国科学院院士

贾锁堂　山西大学　教授

刘文清　中科院安徽光机所　研究员　中国工程院院士

刘泽金　中央军委科技委　常任委员　中国工程院院士

任晓敏　北京邮电大学　教授

王文杰　舜宇光学科技集团　常务副总裁

秘书长： 刘　旭　浙江大学　教授

党组织情况： 中国光学学会党委　书记：龚旗煌

科技社团党委内设学会联合党支部　书记：陈晨光

分支机构（30 个）： 激光专业委员会、红外与光电器件专业委员会、工程光学专业委员会、光学材料专业委员会、科技情报专业委员会、颜色专业委员会、基础光学专业委员会、高速摄影与光子学专业委员会、光学薄膜专业委员会、光谱专业委员会、激光医学专业委员会、全息与光信息处理专业委员会、光电技术专业委员会、纤维光学与集成光学专业委员会、光学测试专业委员会、激光加工专业委员会、光学制造专业委员会、光学教育专业委员会、生物医学光子学专业委员会、环境光学专业委员会、空间光学专业委员会、微纳光学专业委员会、青年工作委员会、科普工作委员会、组

织工作委员会、咨询工作委员会、学术工作委员会、国际工作委员会、期刊与出版工作委员会、光学行业发展工作委员会

已加入国际组织（3个）： 国际光学联合会、国际光学工程学会、国际颜色学会

公开出版刊物（13种）：

中国科协业务主管的期刊（4种）

《中国激光医学杂志》《光谱学与光谱分析》《光学学报》《光子学报》

非中国科协业务主管的期刊（9种）

《中国激光》《中国光学》《红外与毫米波学报》《光电工程》《光电子·激光》、*Chinese Optics Letters*（《中国光学快报》英文版）、*Hight Power Laser Science Engineering*（《高功率激光科学与工程》英文版）、*Frontiers of Optoelectronics*（《光电子前沿》英文版）*Light: Science & Applications*（《光：科学与应用》英文版）

设奖情况（3个）： 王大珩光学奖；中国光学学会全国光学优秀博士学位论文；中国光学学会中国光学科技奖

中国声学学会
（信息截止日期为2019年3月31日）

统一社会信用代码：51100000500003339W
法定代表人：王小民
办公地址：北京市海淀区北四环西路21号
邮政编码：100190
联系电话：010-82547909、82547910
电子邮箱：asc@mail.ioa.ac.cn
网　　址：www.aschina.org

中国声学学会
Acoustical Society of China

成立时间： 1985年3月5日

历史简介： 声学学会成立于1964年，是中国物理学会所属的二级学会。应用声学学会成立于1978年，是中国电子学会所属的二级学会。经汪德昭、马大猷、应崇福、魏荣爵、魏墨盦等协商，1985年3月，中国物理学会所属的声学学会和中国电子学会所属的应用声学学会合并，正式组成中国声学学会，同年10月中国声学学会在南京召开了第一次全国会员代表大会，应崇福院士担任学会的第一届理事长，汪德昭先生、马大猷先生担任名誉理事长。学会住所设在北京，历届理事长为：应崇福、关定华、陈通、张仁和、侯朝焕、田静、王小民，目前为第九届理事会。

业务主管单位： 中国科学技术协会

办事机构支撑单位： 中国科学院声学研究所

个人会员数量： 5390 人

单位会员数量： 46 个

第九届理事会选举时间： 2018 年 11 月 10 日

理事长： 张春华　中国科学院声学研究所　党委书记　研究员

副理事长（6 人）：

李　琪　哈尔滨工程大学水声学院　教授

孙　超（女）　西北工业大学航海学院　教授

章　东　南京大学物理学院　副院长　教授

谢菠荪　华南理工大学声学研究所　所长　教授

他得安（土族）　复旦大学电子工程系　副主任　教授

李风华　中国科学院声学研究所　副所长　研究员

秘书长： 张守著　国家自然科学基金委数理学部　原学科主任　研究员

党组织情况： 中国声学学会党委　书记：张春华

中国声学学会秘书处党支部　书记：蒋德军

分支机构（18 个）： 学术工作委员会、科学普及工作委员会、组织工作委员会、青年工作委员会、国际交流工作委员会、产业促进工作委员会、标准化工作委员会、水声学分会、环境声学分会、检测声学分会、功率超声分会、微声学分会、声频工程分会、生物医学超声工程分会、语言听觉和音乐声学分会、物理声学分会、声学媒体与信息分会、建筑声学分会

已加入国际组织（4 个）： 西太平洋地区声学委员会、国际噪声控制工程学会、国际声学委员会、国际声学与振动学会

公开出版刊物（4种）：

中国科协业务主管的期刊（1种）

《噪声与振动控制》

非中国科协业务主管的期刊（3种）

《声学学报》、*Chinese Journal of Acoustics*（《声学学报》英文版）、《应用声学》

设奖情况（2个）： 马大猷声学奖；魏荣爵奖

中国化学会

（信息截止日期为2019年3月31日）

统一社会信用代码：51100000500007284R
法定代表人：杨国强
办 公 地 址：北京市中关村北1街2号
邮 政 编 码：100190
联 系 电 话：010-82449177
电 子 邮 箱：spzheng@iccas.ac.cn
网 址：http://www.chemsoc.org.cn/

中国化学会
Chinese Chemical Society

成立时间： 1932年8月4日

历史简介： 1932年8月2日，在南京中山门外灵谷寺，王琎、黄新彦、李方训、戈福祥、邵家麟、李运华、康辛元、张洪沅、胡安恺、陈裕光等18人召开了筹备会，决定成立中国化学会。8月4日，丁嗣贤、王箴、王琎、戈福祥、吴承洛、吴沆、李方训、张江树、陈可忠、陈裕光等45位发起人宣告中国化学会正式成立，陈裕光为第一届会长。首届理事会成员主要有：陈可忠、陈裕光、丁嗣贤、曾昭抡、王琎、姚万年、郑贞文、吴承洛、李运华。至1949年，产生过16届理事会。1951年3月，经中央人民政府内务部核准登记。中国化学会曾于1959年与中国化工学会合并，改称中国化学化工学会，1963年又分为化学、化工两个学会。1958年，中国化学会正式加入中国科协。1982~2002 年，每届理事会产生 4 位理事长，各担任执行理事长一年。2003 年恢复理事会设正、副理事长制度。学会住所设在北京，历届理事长为：陈裕光、曾昭抡、吴承洛、张洪沅、范旭东、侯德榜、杨石先、卢嘉锡、唐敖庆、钱人元、严东生、唐有祺、黄维垣、田昭武、徐光宪、王夔、梁晓天、胡亚东、严东生、朱道本、陈懿、习复、宋心琦、黄本立、白春礼、姚建年，目前为第三十届理事会。

业务主管单位： 中国科学技术协会

办事机构支撑单位： 中国科学院化学研究所

个人会员数量： 64242 人

单位会员数量： 146 个

第三十届理事会选举时间： 2018 年 12 月 29 日

理事长： 姚建年　中国科学院化学研究所　研究员
中国科学院院士

副理事长（9 人）：

丁奎岭　中国科学院上海有机化学研究所　研究员
中国科学院院士

黄　维　西北工业大学　常务副校长　中国科学院院士

帅志刚　清华大学　教授

孙世刚　厦门大学　教授　中国科学院院士

谭蔚泓　湖南大学　副校长　教授　中国科学院院士

田　禾　华东理工大学　教授　中国科学院院士

谢在库　中国石油化工集团有限公司　科技部主任
中国科学院院士

杨学明　中国科学院大连化学物理研究所　研究员
中国科学院院士
于吉红（女）　吉林大学　教授　中国科学院院士

秘书长： 范青华　中国科学院化学研究所　研究员

党组织情况： 中国化学会党委　书记：丁奎岭
中国化学会办事机构党支部　书记：郑素萍

分支机构（45个）： 组织工作委员会、国际交流委员会、化学名词委员会、科普工作委员会、编辑出版委员会、奖励工作委员会、产学研合作与促进工作委员会、化学竞赛工作委员会、湖北代表处、女化学工作者委员会、青年化学工作者委员会、物理化学学科委员会、无机化学学科委员会、有机化学学科委员会、分析化学学科委员会、高分子学科委员会、应用化学学科委员会、化学教育学科委员会、核化学与放射化学专业委员会、催化专业委员会、晶体化学专业委员会、色谱专业委员会、流变学专业委员会、计算机化学专业委员会、光化学专业委员会、电化学专业委员会、理论化学专业委员会、分子筛专业委员会、纳米化学专业委员会、化学动力学专业委员会、质谱分析专业委员会、热力学与热分析专业委员会、有机固体专业委员会、超分子化学专业委员会、有机分析化学专业委员会、环境化学专业委员会、化学生物学专业委员会、胶体与界面化学专业委员会、绿色化学专业委员会、公共安全化学专业委员会、生物物理化学专业委员会、手性化学专业委员会、物理有机化学专业委员会、燃烧化学专业委员会、纤维素专业委员会

已加入国际组织（7个）： 国际纯粹与应用化学联合会、亚洲化学学会联合会、国际催化学会理事会、国际电化学学会、国际热分析及量热学联合会、太平洋地区高分子联合会、亚洲高分子学会联合会

公开出版刊物（26种）：

中国科协业务主管的期刊（11种）

CCS Chemistry（《中国化学会会刊》英文版）、《无机化学学报》《分子科学学报》《色谱》《电化学》、*Chinese Journal of Polymer Science*（《高分子科学》英文版）、*Chinese Chemical Letters*（《中国化学快报》）、*Chinese Journal of Chemistry*（《中国化学》）、《物理化学学报》《化学教育》《高分子通报》

非中国科协业务主管的期刊（15种）

Chinese Journal of Catalysis（《催化学报》英文版）、《化学学报》《有机化学》《分析化学》《高分子学报》、*Chinese Journal of Structural Chemistry*（《结构化学》）、《化学通报》《燃料化学学报》《应用化学》《大学化学》、*Chemistry-An Asian Journal*（《亚洲化学杂志》英文版）、*Nano Research*（《纳米研究》）、*Organic Chemistry Frontiers*（《有机化学前沿》英文版）、*Inorganic Chemistry Frontiers*（《无机化学前沿》英文版）、*Materials Chemistry Frontiers*(《材料化学前沿》英文版）

设奖情况（7个）： 中国化学会青年化学奖；中国化学会终身成就奖；中国化学会－英国皇家化学会青年化学奖；中国化学会－巴斯夫青年知识创新奖；中国化学会－赢创化学创新奖；中国化学会－中国石油化工股份有限公司化学贡献奖；中法化学讲座奖

中国天文学会

（信息截止日期为2019年3月31日）

统一社会信用代码：511000005000002854L

法定代表人：武向平

办 公 地 址：江苏省南京市栖霞区元化路8号中国科学院紫金山天文台内

邮 政 编 码：210034

联 系 电 话：025-83332036

电 子 邮 箱：cas.nj@pmo.ac.cn

网　　　址：http://astronomy.pmo.cas.cn

中国天文学会
Chinese Astronomical Society

成立时间： 1922年10月30日

历史简介： 于1922年10月30日在北京成立，由高鲁等人发起，会所设于北京古观象台。学会成立初期，领导机构为评议会，首任会长高鲁。1932年会所迁至南京，挂靠在中央研究院天文研究所（中国科学院紫金山天文台的前身）。自1943年起评议会改为理事会。1949年后，中国天文学会先后由全国科联和中国科协领导。学会住所设在南京，历届理事长（会长）为：高鲁、蔡元培、秦汾、李书华、余青松、张钰哲、陈遵妫、王绶琯、李啟斌、曲钦岳、方成、苏定强、赵刚、崔向群、武向平、景益鹏，目前为第十四届理事会。

业务主管单位： 中国科学技术协会

办事机构支撑单位： 中国科学院紫金山天文台

个人会员数量： 3154 人

单位会员数量： 28 个

第十四届理事会选举时间： 2018 年 10 月 31 日

理事长： 景益鹏　上海交通大学　院长　教授　中国科学院院士

副理事长（2 人）：

白金明　中国科学院云南天文台台长　研究员

常　进　中国科学院紫金山天文台　副台长　研究员

秘书长： 周济林　南京大学　院长　教授

党组织情况： 中国天文学会党委　书记：　白金明

中国天文学会秘书处党支部　无

分支机构（19 个）： 组织工作委员会、教育工作委员会、普及工作委员会、青年工作委员会、女天文工作委员会、名词工作委员会、图书信息出版工作委员会、信息化工作委员会、天体测量专业委员会、时间频率专业委员会、太阳与日球专业委员会、行星专业委员会、恒星专业委员会、星系与宇宙学专业委员会、天文仪器与技术专业委员会、射电天文专业委员会、空间天文和高能天体物理专业委员会、天体力学与卫星动力学专业委员会、天文学史专业委员会

已加入国际组织： 国际天文学联合会

公开出版刊物（4 种）：

中国科协业务主管的期刊（1 种）

《天文爱好者》

非中国科协业务主管的期刊（3种）

Research in Astronomy and Astrophysics（《天文和天体物理学研究》）、《天文学报》《天文学进展》

设奖情况（3个）： 中国天文学会张钰哲奖；中国天文学会黄授书奖；中国天文学会黄润乾天体物理基础研究奖

中国气象学会

（信息截止日期为2019年3月31日）

统一社会信用代码：51100000500003777H
法定代表人：王会军
办 公 地 址：北京市海淀区中关村南大街46号
邮 政 编 码：100081
联 系 电 话：010-68406821
电 子 邮 箱：cms@cms1924.org
网 址：www.cms1924.org

中国气象学会
Chinese Meteorological Society

成立时间： 1924年10月10日

历史简介： 中国气象学会由高鲁、蒋丙然、竺可桢等人共同发起，于1924年10月10日在青岛成立。新中国成立后，中国气象学会于1951年4月15日在北京召开新中国成立后的第一次代表大会，1958年9月起，中国气象学会成为中国科协的团体会员。学会住所设在北京，历届理事长为：蒋丙然、竺可桢、赵九章、叶笃正、陶诗言、章基嘉、邹竞蒙、曾庆存、伍荣生、秦大河、王会军，目前为第二十八届理事会。

业务主管单位： 中国科学技术协会

办事机构支撑单位： 中国气象局

个人会员数量： 19303 人

单位会员数量： 135 个

第二十八届理事会选举时间： 2014 年 11 月 5 日

理事长： 王会军　南京信息工程大学　学术委员会主任　教授
中国科学院院士

副理事长（7 人）：

宇如聪　中国气象局　副局长　研究员
费建芳（女）　解放军国防科技大学气象海洋学院　教授
钱泽宏　原总参气象水文局　局长　高级工程师
端义宏　中国气象科学研究院　院长　研究员
杨修群　南京大学大气科学学院　教授
胡永云　北京大学物理学院　副院长　教授
李廉水　南京信息工程大学　教授

秘书长： 王金星　中国气象学会秘书长　高级工程师

党组织情况： 中国气象学会党委　无
中国气象学会秘书处党支部　书记：冯雪竹

分支机构（39 个）： 冰冻圈与极地气象委员会、城市气象学委员会、大气成分委员会、大气环境学委员会、大气科学名词审定委员会、大气探测与仪器委员会、大气物理学委员会、动力气象学委员会、副热带气象委员会、干旱气象学委员会、高原气象学委员会、航空与航天气象学委员会、军事气象学委员会、空间天气学委员会、雷达气象学委员会、雷电委员会、气候变化与低碳发展委员会、气候学与气候资源委员会、气象教育与培训委员会、气象经济学委员会、气象软科学委员会、气象史志委员会、气象通信与信息技术委员会、气象影视与传媒委员会、公共气象服务委员会、热带与海洋气象学委员会、人工影响天气委员会、农业气象与生态气象学委员会、数值预报委员会、水文气象委员会、台风委员会、天气学委员会、统计气象学和气候预测委员会、卫星气象学委员会、医学气象学委员会、气象科学普及工作委员会、气象期刊工作委员会、气象科技奖励与人才举荐工作委员会、气象合作与交流工作委员会

公开出版刊物（8种）：

中国科协业务主管的期刊（1种）

Journal of Meteorological Research（《气象学报（英文版）》）

非中国科协业务主管的期刊（7种）

《气象学报》、*Advances in Atmospheric Sciences*（《大气科学进展》）、*Atmospheric and Oceanic Science Letters*(《大气和海洋科学快报》)、《大气科学》《气候与环境研究》《气象知识》《干旱气象》

设奖情况（5个）： 涂长望青年气象科技奖；邹竞蒙气象科技人才奖；全国优秀青年气象科技工作者奖；中国气象学会气象科学技术进步成果奖；中国气象学会大气科学基础研究成果奖

中国空间科学学会

（信息截止日期为2019年3月31日）

统一社会信用代码：51100000500017208
法定代表人：吴 季
办 公 地 址：北京市海淀区中关村南二条一号
邮 政 编 码：100190
联 系 电 话：010-62559882
电 子 邮 箱：cssr@nssc.ac.cn
网 址：http://cssr.org.cn

中国空间科学学会
Chinese Society of Space Research

成立时间： 1980年9月25日

历史简介： 1978年11月13日，王水、王传善、方励之、龙咸灵、吕强、吕保维、肖佐、沙踪、何泽慧、陈金城、陈哲明、沈海璋、李喜先、周炜、胡文瑞、眭璞如等38位科技工作者共同倡议成立中国空间科学学会，中国科学院空间科学技术中心以挂靠单位名义向中国科协提出申请，于1979年11月14日获得批准。第一次筹备会于1980年2月5日在京召开，严济慈等27位同志组成筹备委员会。1980年9月25日在北京举行成立大会，与会代表173人，大会选举了吕保维担任第一届理事长，李德仲、陈芳允、龙咸灵、钱骥、肖佐为副理事长，王传善为秘书长。学会住所设在北京，历届理事长为：吕保维、王希季、肖佐、顾逸东、吴季，目前为第九届理事会。

业务主管单位： 中国科学技术协会

办事机构支撑单位： 中国科学院国家空间科学中心

个人会员数量： 3923 人

单位会员数量： 120 个

第九届理事会选举时间： 2016 年 8 月 29 日

理事长： 吴　季　中国科学院国家空间科学中心　研究员

副理事长（6 人）：

曹喜滨　哈尔滨工业大学　校长助理

高　铭　中国科学院空间应用工程与技术中心　主任

黄江川　中国空间技术研究院科技委　常务委员

万卫星　中国科学院地质与地球物理研究所　研究员

中国科学院院士

陆　卫　中国科学院上海技术物理研究所　所长

邹永廖　中国科学院国家空间科学中心　副主任

秘书长： 庞红勋　中国空间科学学会　秘书长

党组织情况： 中国空间科学学会党委　书记：吴季

中国空间科学学会秘书处党支部　书记：李莉

分支机构（11 个）： 空间物理学专业委员会、空间探测专业委员会、空间天文学专业委员会、空间遥感专业委员会、空间机电与光学专业委员会、月球科学与行星比较学专业委员会、空间材料专业委员会、空间生命专业委员会、微重力科学与应用研究专业委员会、空间生命起源与进化专业委员会、空间地球科学专业委员会

已加入国际组织（1个）： 国际科学联合会理事会——日地物理科学委员会

公开出版刊物（1种）：

中国科协业务主管的期刊（0种）

非中国科协业务主管的期刊（1种）

《空间科学学报》

设奖情况： 无

中国地质学会

（信息截止日期为2019年3月31日）

统一社会信用代码：5110000050000６863F
法定代表人：李金发
办 公 地 址：北京市西城区百万庄大街26号
邮 政 编 码：100037
联 系 电 话：010-68999018
电 子 邮 箱：dizhixuehui@sina.com
网 址：http://www.geosociety.org.cn/

中国地质学会
The Geological Society of China

成立时间： 1922年1月27日

历史简介： 中国地质学会于1922年1月27日在北京成立。中国著名地质学家及在华工作的外籍知名学者章鸿钊、翁文灏、王烈、丁文江、李四光、葛利普（A. W. Grabau，美国）、王竹泉、王绍文、王宠佑、仝步瀛、朱庭祜、朱焕文、李捷、李学清、周赞衡、孙云铸、谭锡畴等26位学者为发起人。首届会长为章鸿钊，秘书长为谢家荣。中国地质学会的前身为1909年在天津创立的中国地学会。住所1922~1935年在北京，1936~1937年迁至南京，1937~1945年先后迁至长沙、重庆，1945年迁回南京，1949年后一直设在北京。从1922年成立到1949年，产生了25届理事会。1951年3月，经中央人民政府内务部核准登记。1949~1966年共产生了6届理事会，李四光连任理事长。1966~1978 年学会停止活动，1978 年恢复活动。学会住所现设在北京，历届理事长为：章鸿钊、丁文江、翁文灏、李四光、朱家骅、谢家荣、叶良辅、杨钟健、黄汲清、尹赞勋、孙云铸、李春昱、俞建章、程裕淇、朱训、张宏仁、宋瑞祥、田凤山、孙文盛、徐绍史、钟自然，目前为第四十届理事会。

业务主管单位： 中国科学技术协会

办事机构支撑单位： 自然资源部

个人会员数量： 54203 人

单位会员数量： 200 个

第四十届理事会选举时间： 2017 年 11 月 23 日

理事长： 钟自然　自然资源部　党组成员
中国地质调查局　党组书记　局长
中国地质科学院　院长　研究员

副理事长（10 人）：

李金发　自然资源部中国地质调查局　党组成员　副局长
中国地质科学院　常务副院长
教授级高级工程师

王香增　陕西延长石油（集团）有限责任公司　副总经理
总地质师　教授级高级工程师

邓　军　中国地质大学（北京）　校长　教授

朱立新　中国地质调查局科技外事部　主任　研究员

任　辉　中国煤炭地质总局　党委副书记　副局长
教授级高级工程师

杜运斌　中国核工业地质局　局长　研究员

郝　芳　中国石油大学（华东）校长　教授
　　　　中国科学院院士
侯启军　中国石油天然气集团公司　副总经理
　　　　教授级高级工程师
徐锡伟　中国地震局地质研究所　副所长　研究员
郭正堂　中国科学院地质与地球物理研究所　主任
　　　　研究员　中国科学院院士

秘书长： 李金发（兼）

党组织情况： 中国地质学会党委　书记：钟自然

分支机构（58个）： 工程地质专业委员会、地质灾害研究分会、地质教育研究分会、洞穴专业委员会、水文地质专业委员会、非常规油气地质专业委员会、区域地质及成矿专业委员会、同位素地质专业委员会、矿床地质专业委员会、岩矿测试技术专业委员会、勘查地球化学专业委员会、海洋地质专业委员会、农业地学专业委员会、煤炭地质专业委员会、21世纪中国地质研究分会、城市地质专业委员会、非开挖技术专业委员会、大陆地壳与地幔研究分会、境外地质矿产研究分会、核地质专业委员会、地质科普工作委员会、徐霞客研究分会、非金属矿产地质专业委员会、石油地质专业委员会、地质期刊专业委员会、纳米地质专业委员会、探矿工程专业委员会、矿山地质专业委员会、青年工作委员会、岩石专业委员会、地层古生物专业委员会、矿物学专业委员会、数学地质与地学信息专业委员会、环境地质专业委员会、矿产资源保护综合利用专业委员会、岩溶地质专业委员会、矿产勘查专业委员会、旅游地学与地质公园研究分会、地质学史专业委员会、地学哲学研究分会、地热专业委员会、化石保护研究分会、构造地质学与地球动力学专业委员会、妇女工作委员会、第四纪冰川及第四纪地质专业委员会、勘探地球物理专业委员会、桩基无损检测专业委员会、地质科技情报专业委员会、古地磁专业委员会、地质力学专业委员会、前寒武地质专业委员会、遥感地质专业委员会、地质制图与地理信息专业委员会、沉积地质专业委员会、洁净煤地质专业委员会、矿山水防治与利用专业委员会、地质资料研究分会

已加入国际组织（6个）： 国际沉积学家协会、国际工程地质与环境协会、国际矿床成因协会、国际数学地质学会、国际地质科学联合会、国际经济地质学家协会、国际洞穴联合会、亚洲洞穴联合会、国际非开挖技术协会

公开出版刊物（14种）：

中国科协业务主管的期刊（6种）

Acta Geologica Sinica（《地质学报》）、《地质学报》《地质论评》《矿床地质》《岩石矿物学杂志》《岩矿测试》

非中国科协业务主管的期刊（8种）

《西北地质》《地质学刊》《沉积学报》《石油与天然气地质》《地球》《石油实验地质》《地质与勘探》《中国地质教育》

设奖情况（6个）： 黄汲清青年地质科学技术奖；青年地质科技奖——金锤奖、银锤奖；野外青年地质贡献奖——金罗盘奖；十大地质科技进展、十大地质找矿成果；中国地质学会优秀女地质科技工作者奖；中国地质学会优秀科普产品奖

中国地理学会

（信息截止日期为2019年3月31日）

统一社会信用代码：51100000500004905N
法定代表人：张国友
办 公 地 址：北京市朝阳区大屯路甲 11 号
邮 政 编 码：100101
联 系 电 话：010-64870663
电 子 邮 箱：gsc@igsnrr.ac.cn
网　　址：www.gsc.org.cn

中国地理学会
The Geographical Society of China

成立时间： 1909 年 9 月 28 日

历史简介： 1909 年，中国地学会在天津成立，创始人张相文等，张相文任首任会长。1934 年，翁文灏、丁文江、李四光、竺可桢、王庸等 40 余人在南京发起成立中国地理学会，翁文灏任理事长。新中国成立初期，中国地学会与中国地理学会合并为中国地理学会，推举黄国璋为理事长。1951 年 3 月经中央人民政府内务部核准登记。1953 年在北京召开合并后的第一次全国会员代表大会，选举产生了第一届理事会，竺可桢任理事长。学会住所设在北京。历届理事长为：竺可桢、黄秉维、吴传钧、陈述彭、施雅风、张兰生、吴传钧、陆大道、刘燕华、傅伯杰、陈发虎，目前为第十二届理事会。

业务主管单位： 中国科学技术协会

办事机构支撑单位： 中国科学院地理科学与资源研究所

个人会员数量： 13319 人

单位会员数量： 31 个

第十二届理事会选举时间： 2018 年 12 月 22 日

理事长： 陈发虎　中国科学院青藏高原研究所　所长　教授
中国科学院院士

副理事长（12 人）：

董治宝　陕西师范大学　副校长　教授
葛全胜　中国科学院地理科学与资源研究所　所长　研究员
何大明　云南大学国际河流与生态安全研究所　研究员
贺灿飞　北京大学城市与环境学院　院长　教授
李小娟（女）　首都师范大学　副校长　教授
刘　敏　华东师范大学地理科学学院　院长　教授
鹿化煜　南京大学地理与海洋科学学院　院长　教授
宋长青　北京师范大学地理科学学部　执行部长　教授
吴正方　东北师范大学地理科学学院　院长　教授
夏　军　武汉大学水安全研究院　院长　教授　中国科学院院士
薛德升　中山大学地理科学与规划学院　院长　教授
张国友　中国科学院地理科学与资源研究所　研究员

秘书长： 张国友（兼）

党组织情况： 中国地理学会党委　书记：陈发虎
中国地理学会、中国自然学会、中国青藏高原研究会
联合党支部　书记：王立新

分支机构（42 个）： 自然地理专业委员会、气候专业委员会、水文地理专业委员会、地貌与第四纪专业委员会、海洋地理专业委员会、环境

地理专业委员会、健康地理专业委员会、人文地理专业委员会、经济地理专业委员会、地图学和地理信息系统专业委员会、城市地理专业委员会、历史地理专业委员会、世界地理专业委员会、旅游地理专业委员会、农业地理与乡村发展专业委员会、地理模型与地理信息分析专业委员会、环境变化和环境考古专业委员会、人口地理专业委员会、城市与区域管理专业委员会、文化地理专业委员会、生物地理专业委员会、政治地理与地缘关系专业委员会、自然灾害风险与综合减灾专业委员会、冰川冻土分会、环境遥感分会、沙漠分会、山地分会、长江分会、干旱区分会、黄河分会、区域规划研究分会、湖泊与湿地研究分会、"一带一路"研究分会、地理教育工作委员会、地理科普工作委员会、编辑出版工作委员会、青年工作委员会、国际科技合作工作委员会、学术工作委员会、决策咨询工作委员会、科技评价工作委员会、地理大数据工作委员会

已加入国际组织（3个）： 国际地理联合会、国际冻土协会、国际地貌学家协会

公开出版刊物（19种）：

中国科协业务主管的期刊（3种）

《世界地理研究》、*Journal of Geographical Sciences*（《地理学报》英文版）、《经济地理》

非中国科协业务主管的期刊（16种）

《人文地理》《冰川冻土》《遥感学报》《山地学报》《地理研究》《地理科学进展》《地球信息科学学报》《地理科学》《中国沙漠》、*Chinese Geographical Science*（《中国地理科学英文版》）、*Sciences in Cold and Arid Regions*（《寒旱区科学英文版》）《中国国家地理》《干旱区地理》《地理学报》《历史地理研究》《全球变化数据学报中英文版》

设奖情况（5个）： 中国地理科学成就奖；中国青年地理科技奖；全国优秀中学地理教育工作者；全国优秀地理科技工作者；马塔切纳青年优秀论文奖

中国地球物理学会
（信息截止日期为2019年3月31日）

统一社会信用代码：511000005000041046
法定代表人：陈晓非
办 公 地 址：北京市海淀区民族大学南路5号
邮 政 编 码：100081
联 系 电 话：010-82998024；010-82998257
电 子 邮 箱：cgs60y@163.com；zgdqwl@163.com
网　　址：www.cgs.org.cn

中国地球物理学会
Chinese Geophysical Society

成立时间： 1947年8月

历史简介： 由陈宗器、顾功叙、王之卓、翁文波四位科学家自1947年2月发起，同年8月在上海正式成立，后迁至北京。首届理事会成员：王之卓、李善邦、顾功叙、翁文波、陈宗器、方俊、王子昌、傅承义、赵仁寿，陈宗器为理事长。1948年召开首届年会，改选赵九章为理事长。1957年2月在北京召开了第一届会员代表大会，选举赵九章为理事长。1987年学会改革了单一挂靠体制，实行“多单位支持”，目前主要支持单位为中国科学院、中国地震局、自然资源部、中国石油天然气集团有限公司、中国石油化工集团公司、中国海洋石油集团有限公司、中国煤炭地质总局、中国冶金地质总局。学会办公地点设在北京，历届理事长为：陈宗器、赵九章、顾功叙、翁文波、刘光鼎、王水、陈颙，目前为第十届理事会，理事长为陈晓非。

业务主管单位： 中国科学技术协会

办事机构支撑单位： 中国科学院、中国地震局、自然资源部、中国石油天然气集团有限公司、中国石化化工集团公司、中国海洋石油集团有限公司、中国煤炭地质总局、中国冶金地质总局

个人会员数量： 20530 人

单位会员数量： 112 个

第十届理事会选举时间： 2017 年 10 月 13 日

理事长： 陈晓非　南方科技大学　教授　中国科学院院士

副理事长（7 人）：

万卫星　中国科学院地质与地球物理研究所　研究员
　　　　中国科学院院士

陈海弟　中国冶金地质总局地球物理勘查院
　　　　教授级高级工程师

苟　量　中国石油集团东方地球物理勘探有限责任公司
　　　　教授级高级工程师

谢玉洪　中国海洋石油集团有限公司
　　　　教授级高级工程师

熊盛青　中国国土资源航空物探遥感中心
　　　　教授级高级工程师

张东宁　中国地震局地球物理研究所　研究员

赵殿栋　中国石油化工股份有限公司石油勘探开发研究院
　　　　教授级高级工程师

秘书长： 郭　建　中石化石油物探技术研究院　教授级高级工程师

党组织情况： 中国地球物理学会党委　书记：赵殿栋

中国地球物理学会临时党支部　书记：郭　建

分支机构（35个）： 组织工作委员会、国际交流工作委员会、学术交流工作委员会、宣传出版工作委员会、社会服务工作委员会、科普工作委员会、继续教育工作委员会、地球物理科技推广工作委员会、学生工作委员会、团体标准化工作委员会、青年工作委员会、固体地球物理委员会、勘探地球物理委员会、地球物理技术委员会、地磁与高空物理委员会、天灾预测专业委员会、环境地球物理专业委员会、中国大陆动力学专业委员会、海洋地球物理专业委员会、工程地球物理专业委员会、信息技术专业委员会、流体地球科学专业委员会、地球电磁专业委员会、国家安全地球物理专业委员会、空间天气专业委员会、矿山地球物理专业委员会、地热专业委员会、浅地表地球物理专业委员会、岩石地球物理专业委员会、油气地球物理专业委员会、行星物理专业委员会、井孔地球物理专业委员会、铁道分会、水利电力分会、固体矿井测井分会

已加入国际组织： 无

公开出版刊物（6种）：

中国科协业务主管的期刊（3种）

《地球物理学报》、*APPLIED GEOPHYSICS*（《应用地球物理英文版》）、*Earth and Planetary Physics*（《地球与行星物理英文版》）

非中国科协业务主管的期刊（3种）

《地球物理学进展》《中国地球物理》《会讯》

设奖情况（4个）： 中国地球物理学会科学技术奖；傅承义青年科技奖；顾功叙地球物理科技发展奖；陈宗器地球物理优秀论文奖

中国矿物岩石地球化学学会
（信息截止日期为2019年3月31日）

统一社会信用代码：51100000500002571c
法定代表人：胡瑞忠
办 公 地 址：贵州省贵阳市观山湖区林城西路99号
邮 政 编 码：550081
联 系 电 话：0851-85895823
电 子 邮 箱：csmpg@vip.skleg.cn
网　　址：http://www.csmpg.org.cn

中国矿物岩石地球化学学会
Chinese society for mineralogy, petrology and geochemistry

成立时间： 1978年10月18日

历史简介： 1963年，在中国地质学会主持召开的第一届全国矿物岩石地球化学学术讨论会期间，由侯德封、涂光炽、李璞、司幼东、程裕淇、徐克勤等发起成立本学会。1965年经中国科协同意筹备。后因故终止。1978年4月，经国务院、中国科协和中国科学院批准恢复筹备，同年10月18日在贵阳成立。第一届理事会成员49人，涂光炽当选为理事长。副理事长为程裕淇、徐克勤、叶连俊、康永孚，秘书长为柴云山。学会1978年加入中国科协。学会住所设在贵阳，历届理事长为：涂光炽、欧阳自远、刘丛强、胡瑞忠，目前为第九届理事会。

业务主管单位： 中国科学技术协会

办事机构支撑单位： 中国科学院地球化学研究所

个人会员数量： 7342 人

单位会员数量： 68 个

第九届理事会选举时间： 2017 年 4 月 19 日

理事长： 胡瑞忠　中国科学院地球化学研究所　所长　研究员

副理事长（9 人）：

陈　骏　南京大学　校长　中国科学院院士

邓　军　中国地质大学（北京）　校长　教授

何宏平　中国科学院广州地球化学研究所　党委书记　副所长　研究员

胡素云　中国石油勘探开发研究院　总地质师　教授级高级工程师

王世杰　中国科学院地球化学研究所　副所长　研究员

翟明国　中国科学院地质与地球物理研究所　研究员　中国科学院院士

郑建平　中国地质大学（武汉）地球科学学院　副院长　教授

郑永飞　中国科学技术大学　教授　中国科学院院士

周卫健（女）　中国科学院地球环境研究所　重点实验室主任　中国科学院院士

秘书长： 冯新斌　中国科学院地球化学研究所　党委书记　副所长　研究员

党组织情况： 中国矿物岩石地球化学学会党委　书记：冯新斌

中国矿物岩石地球化学学会秘书处党支部　书记：刘莉

A - 理科

分支机构（28 个）： 新矿物及矿物命名专业委员会、矿物物理矿物结构专业委员会、矿物岩石材料专业委员会、成因矿物学找矿矿物学专业委员会、岩浆岩专业委员会、变质岩专业委员会、沉积学专业委员会、岩相古地理专业委员会、应用地球化学专业委员会、矿床地球化学专业委员会、火山及地球内部化学专业委员会、地幔矿物岩石地球化学专业委员会、实验矿物岩石地球化学专业委员会、矿物包裹体专业委员会、同位素地球化学专业委员会、环境地质地球化学专业委员会、陨石及天体化学专业委员会、微束分析测试专业委员会、岩矿分析测试专业委员会、环境矿物学专业委员会、化学地球动力学专业委员会、地表与生物地球化学专业委员会、海洋地球化学专业委员会、大数据与数学地球种子专业委员会、气体地球化学专业委员会、青年工作委员会、侯德封奖评选工作委员会、科普工作委员会

已加入国际组织： 国际矿物学协会（IMA）

公开出版刊物（7 种）：

中国科协业务主管的期刊（1 种）

《矿物岩石地球化学通报》

非中国科协业务主管的期刊（6 种）

《岩石学报》《矿物学报》、*Acta Geochimica*（《地球化学学报》）、《地球与环境》《地球化学》《古地理学报》

设奖情况（1 个）： 侯德封矿物岩石地球化学青年科学家奖

中国古生物学会
（信息截止日期为2019年3月31日）

统一社会信用代码：51100000500004075T
法定代表人：詹仁斌
办 公 地 址：南京市北京东路39号
邮 政 编 码：210008
联 系 电 话：025-83282138；13605172720
电 子 邮 箱：psc@nigpas.ac.cn
网　　址：www.chinapsc.cn

中国古生物学会
Palaeontological Society of China

成立时间： 1929年8月31日

历史简介： 1927年我国留德古生物学者孙云铸、杨钟健在德磋商成立中国古生物学会，起草章程12条，并函询国内外同行意见。1929年8月31日，我国第一代古生物学家在北平（现北京）中信堂召开创立大会，孙云铸任会长，丁文江、葛利普、杨钟健、计荣森、李四光、赵亚曾、王恭睦、俞建章、乐森珣为首届理事会理事。学会成立后，因经费困难而陷于停顿状态。1947年12月25日在南京中央研究院地质研究所召开中国古生物学会复活大会。中华人民共和国成立后，学会于1951年3月经中央人民政府内务部核准登记。1956年6月在北京召开了学会第一次会员代表大会。原业务主管单位是中国科学院，1959年8月加入中国科协，1979年

7 月加入国际古生物协会。学会住所设在南京，历届理事长分别为：孙云铸、杨钟健、尹赞勋、卢衍豪、李星学、王鸿祯、郝诒纯、周明镇、张弥曼、穆西南、沙金庚、杨群、詹仁斌，目前为十二届理事会。

业务主管单位： 中国科学技术协会

办事机构支撑单位： 中国科学院南京地质古生物研究所

个人会员数量： 2945 人

单位会员数量： 27 个

第十二届理事会选举时间： 2018 年 9 月 18 日

理事长： 詹仁斌　中国科学院南京地质古生物研究所　副所长　副书记　研究员

副理事长（5 人）：

邓　涛　中国科学院古脊椎动物与古人类研究所　副所长　研究员

王永栋　中国科学院南京地质古生物研究所　研究员

姚建新　中国地质科学院地质研究所　研究员

华　洪　西北大学地质学系主任　教授

白志强　北京大学深圳研究生院　教授

秘书长： 蔡华伟　中国科学院南京地质古生物所　研究员

党组织情况： 中国古生物学会党委　书记：詹仁斌

中国古生物学会秘书处党支部　书记：王永栋

分支机构（9 个）： 微体古生物学分会、孢粉学分会、古脊椎动物学分会、古无脊椎动物学分会、古植物学分会、古生态专业委员会、化石藻类专业委员会、科普工作委员会、地球生物学分会

已加入国际组织： 国际古生物协会

公开出版刊物（1 种）：

中国科协业务主管的期刊（0 种）

非中国科协业务主管的期刊（1 种）

《古生物学报》

设奖情况（1 个）： 尹赞勋地层古生物学奖

中国海洋湖沼学会

（信息截止日期为2019年3月31日）

统一社会信用代码：511000005000661XF
法定代表人：孙松
办 公 地 址：青岛市市南区南海路7号
邮 政 编 码：266071
联 系 电 话：0532-82898636
电 子 邮 箱：csol@qdio.ac.cn
网 址：http://csol.qdio.ac.cn

中国海洋湖沼学会
Chinese Society for Oceanology and Limnology

成立时间： 1950年1月15日

历史简介： 1949年8月由秉农山、朱树屏、王以康等17人发起，在上海成立筹备会，并分别致函武汉、天津、青岛、厦门、香港、北京等各地，商量组织各地分会以使学会成为全国性专门学会。1950年1月15日上海总会、北京分会同时召开成立会，学会宣告成立，首届理事长为孙云铸，同年加入中华全国自然科学专门学会联合会。随后青岛分会、厦门分会相继成立。1950年8月21日在北京清华园召开上海总会和各地分会代表会议，会议决定总会住所由上海迁往北京，推举孙云铸、张春霖、沈家瑞、张玺、伍献文、朱树屏、唐世凤等7人为总会常委，并以北京大学地质馆为住所。1951年3月，经中央人民政府内务部核准登记。1955年7月总会住所迁往青岛。历届理事长为：孙云铸、张玺、曾呈奎、刘瑞玉、秦蕴珊、胡敦欣、相建海、孙松，目前为第十一届理事会。

业务主管单位： 中国科学技术协会

办事机构支撑单位： 中国科学院海洋研究所

个人会员数量： 9400 人

单位会员数量： 285 个

第十一届理事会选举时间： 2017 年 11 月 24 日

理事长： 孙　松　中国科学院大学海洋学院　院长　研究员

副理事长（10 人）：

王　凡　中国科学院海洋研究所　所长
　　　　中国科学院烟台海岸带研究所　所长　研究员

高　抒　华东师范大学　教授

焦念志　厦门大学　教授　中国科学院院士

马德毅　自然资源部第一海洋研究所　研究员

麦康森　中国海洋大学　教授　中国工程院院士

沈　吉　中国科学院南京地理与湖泊研究所　所长　研究员

杨红生　中国科学院海洋研究所　常务副所长　研究员
　　　　中国科学院烟台海岸带研究所　常务副所长

张海生　自然资源部第二海洋研究所　研究员

张　偲　中国科学院南海海洋研究所　所长　研究员
　　　　中国工程院院士

赵进东　中国科学院水生生物研究所　研究员
　　　　中国科学院院士

秘书长： 杨红生（兼）

党组织情况： 中国海洋湖沼学会党委　书记：孙松

中国海洋湖沼学会秘书处党支部　无

分支机构（26个）： 藻类学分会、鱼类学分会、水文气象学分会、海岸河口分会、风暴潮及海啸分会、水环境分会、化学分会、生态学分会、地质学分会、海洋遥感专业委员会、甲壳动物学分会、贝类学分会、潮汐与海平面专业委员会、药物学分会、计算海洋物理专业委员会、海洋生物技术分会、海洋腐蚀与污损专业委员会、棘皮动物分会、湖泊分会、科技编辑分会、海洋观测分会、海洋底栖生物学分会、微生物海洋学分会、海洋与气候分会、海岸带可持续发展分会、水域信息技术专业委员会

已加入国际组织： 无

公开出版刊物（5种）：

中国科协业务主管的期刊（4种）

《海洋与湖沼》、*Journal of Oceanology and Limnology*（《海洋湖沼学报》英文版）、《湖泊科学》《水生生物学报》

非中国科协业务主管的期刊（1种）

《海洋科学》

设奖情况（2个）： 曾呈奎海洋科技奖；海洋科学技术奖

中国海洋学会
（信息截止日期为2019年3月31日）

统一社会信用代码：51100000500001413f
法定代表人：陈士标
办 公 地 址：北京市复兴门外大街1号
邮 政 编 码：100860
联 系 电 话：010-68047614
电 子 邮 箱：csoxhb@163.com
网　　址：www.cso.org.cn

中国海洋学会
Chinese Society for Oceanography

成立时间： 1979年1月17日

历史简介： 1973年11月，经国家海洋局局长罗钰如发起成立，同年，国家海洋局成立了中国海洋学会临时机构。1979年1月17日，经中国科协批准正式成立。同年7月29~31日，第一届全国会员代表大会在大连市召开。大会选举产生了由78人组成的第一届理事会，并为台湾保留了3名理事名额。选出常务理事27名，罗钰如为第一届理事长。毛汉礼、方宗熙、丛子明、任美锷、严恺、汪德昭、何恩典、张智魁、赵今声、郭敬辉、黄云耀为副理事长，李法西为秘书长。学会住所设在北京，历任理事长为：罗钰如、严宏谟、杨文鹤、王曙光、陈连增，目前为第八届理事会。

业务主管单位： 中国科学技术协会

办事机构支撑单位： 自然资源部

个人会员数量： 8760 人

单位会员数量： 274 个

第八届理事会选举时间： 2015 年 10 月 25 日

理事长： 陈连增　原国家海洋局　党组成员　副局长

副理事长（7 人）：

雷　波　自然资源部南海分局　党委书记　副局长

于志刚　中国海洋大学　校长　教授

孙　松　中国科学院大学海洋学院　院长　研究员

罗季燕　中国船舶重工集团公司　科技部主任

蒋兴伟　自然资源部卫星海洋应用中心　主任研究员　中国工程院院士

窦希萍（女，满族）　国家能源局南京水利科学院　总工程师

戴民汉　厦门大学 校常委　教授　中国科学院院士

秘书长： 林明森　国家卫星海洋应用中心　党委书记　研究员

党组织情况： 中国海洋学会党委　书记：陈连增

中国海洋学会秘书处党支部　书记：高建东

分支机构（45 个）： 组织工作委员会、学术交流工作委员会、国际交流工作委员会、科普工作委员会、青年工作委员会、期刊工作委员会、科技开发与产业化工作委员会、女科学家工作委员会、老科学家工作委员会、军民融合工作委员会、海洋环境科学分会、海洋工程分会、海洋物理分会、海洋地质分会、海岸河口分会、海洋化学分会、海洋水文气象仪器分会、风暴潮及海啸分会、海洋经济分会、海水淡化与水利用分会、海岸带开发与管理分会、海洋观测技术分会、海底科学分会、海域和海岛分会、热带海洋分会、海洋

旅游分会、海洋标准化分会、极地科学分会、海洋减灾科学技术分会、生态资源保护与修复分会、潮汐与海平面专业委员会、海洋遥感专业委员会、海气相互作用专业委员会、海冰专业委员会、海洋调查专业委员会、海洋生物工程专业委员会、军事海洋学专业委员会、海洋信息专业委员会、赤潮研究与防治专业委员会、海洋测绘专业委员会、北方海专业委员会、海洋技术装备专业委员会、海洋生物资源专业委员会、研学工作委员会、产业化工作委员会

已加入国际组织（5个）： 国际光学工程学会、美华海洋大气学会、韩国海洋学会、俄罗斯海洋学会、加拿大海洋学会

公开出版刊物（12种）：

中国科协业务主管的期刊（4种）

《海洋学报》、*Acta Oceanologica Sinica*（《海洋学报》英文版）、《海洋工程》、*China Ocean Engineering*（《中国海洋工程》英文版）

非中国科协业务主管的期刊（8种）

《海洋科学进展》《海洋学研究》《应用海洋学学报》《海洋环境科学》《海洋通报》《海洋技术学报》《亲海》、*Advances in Polar Science*（《极地科学进展》英文版）

设奖情况（1个）： 海洋科学技术奖

中国地震学会
（信息截止日期为2019年3月31日）

统一社会信用代码：511000005000025391
法定代表人：李小军
办 公 地 址：北京市海淀区民族大学南路5号
邮 政 编 码：100081
联 系 电 话：010-68729352
电 子 邮 箱：zgdzxh@sina.com
网　　址：www.ssoc.org.cn

中国地震学会
Seismological Society of China

成立时间： 1979年11月21日

历史简介： 主要发起者为国家地震局及北京有关单位。1979年6月，经中国科协批准筹备，同年7月16日召开首次筹委会，推选顾功叙为主任。1979年11月21日在辽宁省大连市成立，并召开了首届全国会员代表大会暨第一次学术大会，顾功叙当选为第一届理事长。学会住所设在北京，历届理事长为：顾功叙、陈运泰、丁国瑜、陈颙、张国民、张培震，目前为第九届理事会。

业务主管单位： 中国科学技术协会

办事机构支撑单位： 中国地震局地球物理研究所

个人会员数量： 2430人

单位会员数量： 0 个

第九届理事会选举时间： 2015 年 9 月 21 日

理事长： 张培震　中山大学　教授　中国科学院院士

副理事长（4 人）：

陈晓非　南方科技大学　教授　中国科学院院士

吴忠良　中国地震局地震预测研究所　研究员

孙柏涛　中国地震局工程力学研究所　研究员

高孟潭　中国地震局地球物理研究所　研究员

秘书长： 李小军　北京工业大学　教授

党组织情况： 中国地震学会党委　书记：张培震

中国地震学会秘书处联合党支部　书记：卜淑彦

分支机构（31 个）： 地震学专业委员会、地震地质专业委员会、地震预报专业委员会、地震工程专业委员会、地震观测技术专业委员会、地壳深部探测专业委员会、地壳形变测量专业委员会、构造物理专业委员会、历史地震专业委员会、地震科技情报专业委员会、地震科技管理专业委员会、地震社会学专业委员会、地震流体专业委员会、工程勘察专业委员会、地震电磁学专业委员会、青年科技工作委员会、普及工作委员会、国际交流委员会、编辑委员会、空间对地观测专业委员会、强震动观测技术与应用专业委员会、构造地貌专业委员会、岩土工程防震减灾专业委员会、工程隔震与减震控制专业委员会、地方工作委员会、地壳应力与地震专业委员会、地震应急专业委员会、基础设施工程防震减灾专业委员会、可恢复功能防震体系专业委员会、近岸与离岸工程灾害环境防护专业委员会、大地测量与地震动力学专业委员会

已加入国际组织： 无

公开出版刊物（6 种）：

中国科协业务主管的期刊（5 种）

《地震学报》、*Earthquake Science*（《地震学报英文版》）、《国际地震动态》《地震》《地震地磁观测与研究》

非中国科协业务主管的期刊（1 种）

《地震工程学报》

设奖情况（1 个）： 李善邦青年优秀地震科技论文奖

中国动物学会

（信息截止日期为2019年3月31日）

统一社会信用代码：51100000500001704J
法定代表人：孟安明
办 公 地 址：北京市朝阳区北辰西路1号院5号
邮 政 编 码：100101
联 系 电 话：010-64807051
电 子 邮 箱：czs@ioz.ac.cn
网　　　址：http://czs.ioz.cas.cn

中国动物学会
China Zoological Society

成立时间： 1934年8月23日

历史简介： 1934年8月23日在江西庐山莲花谷成立，主要发起人为秉志、郑章成、胡经甫、陈桢、辛树帜、薛德育等30人，首任会长为秉志。住所初设在南京博物馆，后改在原国立中央研究院动植物研究所内，并设通讯处于南京，1935年住所由原国立中央研究院动植物研究所改为北平西安门内文津街三号静生生物调查所内。1949年前共选举产生6届理事会。1949年后在北京通过通讯选举形式选举产生第七届理事会。1950年10月加入中华全国自然科学专门学会联合会。1951年经中央人民政府内务部核准登记。1951年8月至2014年11月，先后召开10次会员代表大会。学会住所设在北京，历届理事长为：秉志、胡经甫、辛树帜、陈桢、王家楫、朱元鼎、李汝祺、贝时璋、郑作新、张致一、钱燕文、宋大祥、陈大元、陈宜瑜、孟安明，目前为第十七届理事会。

业务主管单位： 中国科学技术协会

办事机构支撑单位： 中国科学院动物研究所

个人会员数量： 13223 人

单位会员数量： 1 个

第十七届理事会选举时间： 2014 年 11 月 18 日

理事长： 孟安明　清华大学　教授　中国科学院院士

副理事长（10 人）：

王德华　中国科学院动物研究所　研究员
冯　江　吉林农业大学　校长　教授
孙青原　中国科学院动物研究所　研究员
李保国　中国科学院西安分院　副院长　教授
宋微波　中国海洋大学　教授　中国科学院院士
张正旺　北京师范大学　教授
张希武　原国家林业局　司长
张知彬　中国科学院动物研究所　研究员　欧洲科学院院士
桂建芳　中国科学院水生生物研究所　研究员　中国科学院院士
魏辅文　中国科学院动物研究所　原副所长　研究员　中国科学院院士

秘书长： 王德华（兼）

党组织情况： 中国动物学会理事会党委　书记：张知彬

中国动物学会秘书处、国际动物学会秘书处、中国昆虫学会秘书处联合建立了党建活动小组　组长：张永文

分支机构（18个）： 原生动物学分会、寄生虫学专业委员会、蛛形学专业委员会 、贝类学分会、甲壳动物学分会、鱼类学分会、两栖爬行学分会、鸟类学分会、兽类学分会、发育生物学专业委员会、生殖生物学分会、细胞及分子显微技术学分会、比较内分泌学专业委员会、生物进化理论专业委员会、动物行为学分会、斑马鱼分会、灵长类学分会、动物生理生态学分会

已加入国际组织（2个）： 国际动物学会、国际原生生物学家学会

公开出版刊物（9种）：

中国科协业务主管的期刊（2种）

《生物学通报》《兽类学报》

非中国科协业务主管的期刊（7种）

Current Zoology（《动物学报》英文版）、*Zoological Systematics*（《动物分类学报》英文版）、《动物学杂志》《寄生虫与医学昆虫学报》《蛛形学报》、*Zoological Research*（《动物学研究》英文版）、*Avian Research*（《鸟类学研究》英文版）

设奖情况（2个）： 中国动物学会青年科技奖；蔡司——斑马鱼科学研究奖

中国植物学会
（信息截止日期为2019年3月31日）

统一社会信用代码：5110000500002547U
法定代表人：种　康
办 公 地 址：北京市海淀区香山南辛村20号
邮 政 编 码：100093
联 系 电 话：010-62836505
电 子 邮 箱：bsc@ibcas.ac.cn
网　　　址：www.botany.org.cn

中国植物学会
Botanical Society of China

成立时间： 1933年8月20日

历史简介： 1933年，由胡先骕、辛树帜、李继侗、张景钺、钱崇澍、陈焕镛、林镕等19人发起，于1933年在重庆北碚成立，除台湾省、香港和澳门特别行政区外，全国31个省、市、自治区均成立了植物学会。1949年7月，在北京举行第五届植物学会年会，会员发展到500余人。1951年3月，经中央人民政府内务部核准登记。1966~1977年停止活动。1978年恢复活动，在昆明举行了植物学会45周年年会，组成第八届理事会。学会住所设在北京，历届理事长为：胡先骕、陈焕镛、戴芳澜、张景钺、钱崇澍、汤佩松、王伏雄、张新时、匡廷云、韩兴国、洪德元、武维华、种康，目前为第十六届理事会。

业务主管单位： 中国科学技术协会

办事机构支撑单位： 中国科学院植物研究所

个人会员数量： 14938 人

单位会员数量： 0 个

第十六届理事会选举时间： 2018 年 10 月 11 日

理事长： 种　康　中国科学院植物研究所　研究员　中国科学院院士

副理事长（8 人）：

巩志忠　中国农业大学生物学院　教授

顾红雅（女）　北京大学生命科学学院、现代农学院　教授

黄宏文　中国科学院华南植物园　研究员

康振生　西北农林科技大学　教授　中国工程院院士

刘　宝　东北师范大学　教授

孙　航　中国科学院昆明植物研究所　研究员

谭仁祥　南京中医药大学　教授

汪小全　中国科学院植物研究所　研究员

秘书长： 汪小全（兼）

党组织情况： 中国植物学会党委　书记：种康

中国植物学会办事机构与中国科学院植物研究所文献与信息管理中心联合党支部　书记：贺萍

分支机构（15 个）： 系统与进化植物学专业委员会、植物生态学专业委员会、植物生理及分子生物学专业委员会、植物结构与生殖生物学专业委员会、植物细胞生物学专业委员会、植物化学及资源学专业委员会、苔藓专业委员会、药用植物及植物药专业委员会、种子科学与技术专业委员会、民族植物学分会、蕨类植物专业委员会、古植物分会、兰花分会、苏铁分会、植物园分会

已加入国际组织： 无

公开出版刊物（9种）：

中国科协业务主管的期刊（2种）

Journal of Plant Ecology（《植物生态学报》英文版）、《生物学通报》

非中国科协业务主管的期刊（7种）

Journal of Integrative Plant Biology（《植物学报》英文版）、*Journal of Systematics and Evolution*（《植物分类学报》英文版）、*Plant Diversity*（《植物多样性》英文版）、《植物生态学报》《植物学报》《生物多样性》《生命世界》

设奖情况（1个）： 吴征镒植物学奖

中国昆虫学会

（信息截止日期为2019年3月31日）

统一社会信用代码：511000005000013330
法定代表人：戈　峰
办 公 地 址：北京市朝阳区北辰西路1号院5号中国科学院动物研究所内
邮 政 编 码：100101
联 系 电 话：010-64807135
电 子 邮 箱：entsoc@ioz.ac.cn
网　　　址：entsoc.ioz.ac.cn

中国昆虫学会
The Entomological Society of China

成立时间： 1944年10月12日

历史简介： 前身是1924年成立的六足学会。1927年六足学会改名为中国昆虫学会，住所位于南京，公推张巨伯为会长，1932年终止活动。1944年10月12日，在重庆中华农学会所举行的中华昆虫学会成立大会，主要发起人有邹树文（邹秉文、邹树人、秉志）、张巨伯、吴福桢、邹钟琳、蔡邦华、刘崇乐、陈世骧、忻介六等，到会者共50余人，吴福桢任首届理事长。首届理事会主要成员：邹钟琳、吴福桢、蔡邦华、于菊生、冯敦棠、忻介六、柳支英、曾省、李凤荪、陈世骧、何琦。1950年2月，12个自然科学学会在北京联合召开年会，中华昆虫学会的代表参加，会上草拟了《中国昆虫学会章程（草案）》，中华昆虫学会改称中国昆虫学会，冯兰洲任理事长。1951 年 5 月，经中央人民政府内务部核准登记。1966 年停止活动，1978 年恢复活动。学会住所设在北京，历届理事长为：冯兰洲、陈世骧、朱弘复、钦俊德、张广学、黄大卫、康乐，目前为第十届理事会。

业务主管单位： 中国科学技术协会

办事机构支撑单位： 中国科学院动物研究所

个人会员数量： 13443 人

单位会员数量： 32 个

第十届理事会选举时间： 2017 年 10 月 12 日

理事长： 康　乐　中国科学院动物研究所　研究员
中国科学院院士

副理事长（12 人）：

吴孔明　中国农业科学院　副院长　研究员
中国工程院院士

戈　峰　中国科学院动物研究所　研究员　农业虫鼠害综合治理研究国家重点实验室　主任

魏启文　全国农业技术推广服务中心　研究员

高希武　中国农业大学　教授

王成树　中国科学院上海植物生理生态研究所　研究员

张雅林　西北农林科技大学　教授

陈学新　浙江大学　教授

骆有庆　北京林业大学　副校长　教授

卜文俊　南开大学　教授

韩日畴　广东省生物资源应用研究所　所长　研究员

洪晓月　南京农业大学　教授

金道超　贵州大学　副校长　教授

秘书长： 戈　峰（兼）

党组织情况： 中国昆虫学会党委　书记：戈峰

分支机构（28 个）： 科学普及工作委员会、科技咨询开发工作委员会、国际学术交流工作委员会、组织工作委员会、青年工作委员会、昆虫分类区系专业委员会、昆虫生理生化专业委员会、昆虫生态专业委员会、药剂毒理专业委员会、农业昆虫专业委员会、林业昆虫专业委员会、医学昆虫专业委员会、生物防治专业委员会、资源昆虫专业委员会、城市昆虫专业委员会、蜱螨专业委员会、蝴蝶分会、外来物种及检疫专业委员会、古昆虫专业委员会、基因组学专业委员会、甲虫专业委员会、昆虫发育与遗传专业委员会、化学生态学专业委员会、传粉昆虫专业委员会、昆虫产业化专业委员会、昆虫微生物组学专业委员会、昆虫比较免疫与互作专业委员会、直翅类昆虫专业委员会

已加入国际组织（2 个）： 国际昆虫学会、亚太昆虫学会

公开出版刊物（7 种）：

中国科协业务主管的期刊（1 种）

Insect Science（《昆虫科学》）

非中国科协业务主管的期刊（6 种）

《昆虫学报》、*Zoological Systematics*（《动物分类学报》英文版）、《应用昆虫学报》、*Entomotaxonomia*（《昆虫分类学报》英文版）、《寄生虫与医学昆虫学报》《环境昆虫学报》

设奖情况（1 个）： 中国昆虫学会青年科技奖

中国微生物学会
（信息截止日期为2019年3月31日）

统一社会信用代码：51100000500002950X
法定代表人：邓子新
办 公 地 址：北京市朝阳区北辰西路1号院3号
邮 政 编 码：100101
联 系 电 话：010-64807200
电 子 邮 箱：csm@im.ac.cn
网　　址：http://csm.im.ac.cn

中国微生物学会
Chinese Society for Microbiology

成立时间： 1952年12月18日

历史简介： 1928年，伍连德、谢和平和林宗扬等在北京发起成立。1937年改称中国病理学微生物学会，移住所于上海，有会员50多人。1950年在中华医学会首都大会上成立中华微生物学会。1951年5月，经中央人民政府内务部核准登记。1952年12月18日正式成立中国微生物学会。首届理事长汤飞凡，主要成员有冯兰洲、郭可大、胡正详和谢少文等副理事长。成立之初全国有19个省级分会，会员189名。1958年前是中华全国自然科学专门学会联合会的团体会员，1958年转为中国科协的团体会员。学会住所设在北京，历届理事长为汤飞凡、余贺、朱既明、焦瑞身、李季伦、闻玉梅、杨胜利、赵国屏、邓子新，目前为第十一届理事会。

业务主管单位： 中国科学技术协会

办事机构支撑单位： 中国科学院微生物研究所

个人会员数量： 18200 人

单位会员数量： 78 个

第十一届理事会选举时间： 2016 年 10 月 29 日

理事长： 邓子新　上海交通大学　教授　中国科学院院士

副理事长（8 人）：

黄　力　中国科学院微生物研究所　研究员

邵一鸣　中国疾病预防控制中心性病艾滋病中心　研究员

徐志凯　第四军医大学　教授

杨瑞馥　军事医学科学院微生物流行病研究所　研究员

焦念志　厦门大学　教授　中国科学院院士

徐建国　中国疾病预防控制中心传染病预防控制所　研究员　中国工程院院士

张克勤　云南大学　教授

王　磊　南开大学　教授

秘书长： 东秀珠（女）　中国科学院微生物研究所　研究员

党组织情况： 中国微生物学会党委　书记：东秀珠

中国微生物学会、中国生物工程学会、中国菌物学会联合党支部　书记：杨海花

分支机构（22 个）： 普通微生物学专业委员会、工业微生物学专业委员会、农业微生物学专业委员会、医学微生物学与免疫学专业委员会、兽医微生物学专业委员会、真菌学专业委员会、病毒学专业委员会、人兽共患病病原学专业委员会、分子微生物学及生物工程专业委员会、生物制品专业委员会、酶工程专业委员会、分析微生

物学专业委员会、生化过程模型化与控制专业委员会、环境微生物学专业委员会、干扰素与细胞因子专业委员会、酿造分会、微生物毒素专业委员会、海洋微生物学专业委员会、微生物资源专业委员会、临床微生物学专业委员会、微生物生物安全专业委员会、地质微生物学专业委员会

已加入国际组织： 国际微生物学会联合会

公开出版刊物（7种）：

中国科协业务主管的期刊（2种）

《中国人兽共患病学报》《病毒学报》

非中国科协业务主管的期刊（5种）

《微生物学报》《生物工程学报》《微生物学通报》《微生物学杂志》、*Virologica Sinica*（《中国病毒学》英文版）

设奖情况： 无

中国生物化学与分子生物学会
（信息截止日期为2019年3月31日）

统一社会信用代码：511000005000311Xd
法定代表人：李　林
办 公 地 址：上海市徐汇区岳阳路319号31A楼210室
邮 政 编 码：200031
联 系 电 话：021-54921088；54921090；54922818
电 子 邮 箱：csbmb@sibs.ac.cn
网　　　址：www.csbmb.org.cn

中国生物化学与分子生物学会
The Chinese Society of Biochemistry and Molecular Biology

成立时间： 1979年5月

历史简介： 中国生物化学会于1979年5月成立，1993年10月经中国科学技术协会批准更名为中国生物化学与分子生物学会。大会选举王应睐担任第一届理事长，邹承鲁、张龙翔、梁植权、曹天钦为副理事长，曹天钦为秘书长。会址设在上海市。历届理事长为：王应睐、林其淮、张龙翔、邹承鲁、许根俊、王志新、李林。学会目前为第十二届理事会。

业务主管单位： 中国科学技术协会

办事机构支撑单位： 中国科学院上海生命科学研究院

个人会员数量： 12000人

单位会员数量： 0 个

第十二届理事会选举时间： 2018 年 10 月 26 日

理事长： 李　林　中国科学院上海生命科学研究院　院长
中国科学院院士

副理事长（7 人）：

陈国强　上海交通大学　副校长　教授　中国科学院院士
邵　峰　北京生命科学研究所　研究员　中国科学院院士
林圣彩　厦门大学生命科学学院　院长　教授
刘小龙　中国科学院上海生科院　副院长　生物化学与细胞生物学研究所　所长
汤其群　复旦大学上海医学院　副院长　教授
许瑞明　中国科学院生物物理所　局长　研究员

秘书长： 刘小龙（兼）

党组织情况： 中国生物化学与分子生物学会党委　书记：隋森芳

分支机构（23 个）： 工业生物化学与分子生物学分会、农业生物化学与分子生物学分会、医学生物化学与分子生物学分会、中医药生物化学与分子生物学分会、海洋生物化学与分子生物学分会、临床应用生物化学与分子生物学分会、蛋白质专业委员会、蛋白质组学专业委员会、脂质与脂蛋白专业委员会、酶学专业委员会、糖复合物专业委员会、核糖核酸（RNA）专业委员会、基因专业委员会、分子系统生物学专业委员会、生物技术专业委员会、教学专业委员会、代谢专业委员会、国际交流工作委员会、学术交流工作委员会、科普工作委员会、科技咨询工作委员会、评选工作委员会、青年工作委员会

已加入国际组织（2 个）： 国际生物化学与分子生物学联盟（International Union of Biochemistry and Molecular Biology，IUBMB）、亚洲大洋洲生物化学

家与分子生物学家联合会（Federation Asian and Oceanian Biochemists and Molecular Biologists，FAOBMB）

公开出版刊物（2种）：

中国科协为业务主管的期刊（2种）

单组主办：《生命的化学》

联合主办：《中国生物化学与分子生物学报》

设奖情况（7个）： 邹承鲁杰出研究论文奖；郑集－张昌颖青年优秀论文奖；叶惠兰青年学生参会奖；中国生物化学与分子生物学会青年科学家论坛奖；中国生物化学与分子生物学会博士生论坛奖；中国生物化学与分子生物学会优秀墙报奖；普洛麦格生物化学奖

中国细胞生物学学会
（信息截止日期为2019年3月31日）

统一社会信用代码：51100000500009968a
法定代表人：陈晔光
办 公 地 址：上海市岳阳路319号31号楼A座212室
邮 政 编 码：200031
联 系 电 话：021-54922879
电 子 邮 箱：cell@cscb.org.cn
网　　址：www.cscb.org.cn

中国细胞生物学学会
Chinese Society for Cell Biology

成立时间： 1980年7月12日

历史简介： 由庄孝僡、姚鑫、汪德耀、罗士韦、郑国锠等国内著名细胞生物学家于1978年筹备，1979年3月经中国科协批准，在1980年7月正式成立。庄孝僡任第一届理事会理事长，罗士韦、汪堃仁、汪德耀、姚鑫、郑国锠任副理事长。学会住所设在上海市，历届理事长为：庄孝僡、姚鑫、王亚辉、许智宏、裴钢、陈晔光，目前为第十一届理事会。

业务主管单位： 中国科学技术协会

办事机构支撑单位： 中国科学院上海生命科学研究院

个人会员数量： 12000人

单位会员数量： 26 个

第十一届理事会选举时间： 2015 年 4 月 2 日

理事长： 陈晔光　清华大学　教授　中国科学院院士

副理事长（6 人）：

丁小燕（女）　中国科学院上海生物化学与细胞生物学研究所 研究员

韩家淮　厦门大学　副校长　教授　中国科学院院士

李朝军　南京大学医学院　副院长　教授

宋纯鹏　河南大学　副校长　教授

张　旭　中国科学院上海分院　副院长
中国科学院上海神经科学研究所　研究员
中国科学院院士

周　琪　中国科学院动物研究所　所长　研究员
中国科学院院士

秘书长： 王　纲　中国科学院上海生物化学与细胞生物学研究所 研究员

党组织情况： 中国细胞生物学学会党委　书记：张旭
中共中科院上海生科院生化与细胞所委员会学会办事机构党支部　书记：季艳艳

分支机构（24 个）： 细胞工程与转基因生物分会、细胞信号转导分会、细胞结构与细胞行为分会、染色质生物学分会、发育生物学分会、免疫细胞生物学分会、医学细胞生物学分会、神经细胞生物学分会、功能基因组信息学与系统生物学分会、干细胞生物学分会、植物器官发生分会、生物节律分会、细胞治疗研究与应用分会、肿瘤细胞生物学分会、衰老细胞生物学分会、细胞代谢分会、细胞器生物学分会、学术工作委员会、院校企业创新创业工作委员会、青年工作委员会、继续教育工作委员会、科学普及工作委员会、对外交流工作委员会、奖励工作委员会

已加入国际组织（2个）： 国际细胞生物学联盟、亚洲太平洋细胞生物学组织

公开出版刊物（4种）：

中国科协业务主管的期刊（0种）

非中国科协业务主管的期刊（4种）

Cell Research（《细胞研究英文版》）、*Journal of Molecular Cell Biology*（《分子细胞生物学报英文版》）、*Cell Discovery*（《细胞发现英文版》）、《中国细胞生物学学报》

设奖情况（3个）： 中国细胞生物学学会终身贡献奖（即原杰出贡献奖）；中国细胞生物学学会杰出成就奖；中国细胞生物学学会青年科学家奖

中国植物生理与植物分子生物学学会
（信息截止日期为2019年3月31日）

统一社会信用代码：51100000500004745F
法定代表人：陈晓亚
办 公 地 址：上海市徐汇区岳阳路319号31A211
邮 政 编 码：200031
联 系 电 话：021-54922859、54920737、54922857
电 子 邮 箱：cspb@sibs.ac.cn
网　　址：www.cspb.org.cn

中国植物生理与植物分子生物学学会
Chinese Society for Plant Biology

成立时间： 1963年10月16日

历史简介： 原名中国植物生理学会。1962年12月由罗宗洛等提议成立，后经中国科协批准，于1963年10月，在北京召开了中国植物生理学会成立大会暨第一届学术年会，学会正式成立。大会选举了学会首届理事长为罗宗洛，理事会由汤佩松、殷宏章等27人组成。2010年3月学会更名为中国植物生理与植物分子生物学学会。学会住所设在上海市，历届理事长为：罗宗洛、殷宏章、许智宏、沈允钢、汤章城、许政暟、陈晓亚，目前为第十一届理事会。

业务主管单位： 中国科学技术协会

办事机构支撑单位： 中国科学院上海生命科学研究院

个人会员数量： 6837 人

单位会员数量： 20 个

第十一届理事会选举时间： 2014 年 8 月 6 日

理事长： 陈晓亚　中国科学院上海生命科学研究院植物生理生态研究所　研究员　中国科学院院士

副理事长（6 人）：

韩　斌　中国科学院上海生命科学研究院植物生理生态研究所　所长　中国科学院院士

何祖华　中国科学院上海生命科学研究院植物生理生态研究所　研究员

宋纯鹏　河南大学　副校长　教授

夏光敏（女）　山东大学　教授

赵德刚　贵州省农业科学院　院长　教授

赵进东　北京大学　教授　中国科学院院士

秘书长： 唐威华（女）　中国科学院上海生命科学研究院植物生理生态研究所　党委副书记　研究员

党组织情况： 中国植物生理与植物分子生物学学会党委

书记：陈晓亚

中国植物生理与植物分子生物学学会秘书处党支部

书记：陈　辉

分支机构（17 个）： 环境生理和营养生理专业委员会、植物微生物分子互作专业委员会、细胞与发育生物学专业委员会、遗传与分子生物学专业委员会、植物修复生物学专业委员会、植物生物质与生物能源专业委员会、植物激素生物学专业委员会、植物成熟衰老专业委员会、植物代谢专业委员会、光合作用专业委员会、植物生物技术及其产业化分会、植物生物学女科学家分会、孢子植物生理与分子生物学分会、水生植物生物学分会、教育科普工作委员会、西部合作工作委员会、青年工作委员会

已加入国际组织： 世界植物科学理事会

公开出版刊物（2种）：

中国科协业务主管的期刊（1种）

《植物生理学报》

非中国科协业务主管的期刊（1种）

Molecular Plant（《分子植物》）

设奖情况（2个）： 卫志明青年创新奖；光生物学杰出贡献奖

中国生物物理学会
（信息截止日期为2019年3月31日）

统一社会信用代码：511000005000028117
法定代表人：徐　涛
办 公 地 址：北京市朝阳区大屯路15号
邮 政 编 码：100101
联 系 电 话：010-64889894；64887226
电 子 邮 箱：bscoffice@bsc.org.cn
网　　址：http://www.bsc.org.cn

中国生物物理学会
Biophysical Society of China

成立时间： 1979年11月

历史简介： 前身为中国生理科学会生物物理专业委员会。1978年，中国生理科学会生物物理专业委员会召开第二次全国生物物理学术会议，决定建立独立的生物物理学会。1979年11月，经中国科协批准成为全国性学会，创始人为著名的生物学家贝时璋院士。1980年5月在北京召开了中国生物物理学会成立大会暨第三次全国生物物理学学术会议。大会推选贝时璋任学会第一届理事长，林克椿、徐京华、程极济任副理事长，沈淑敏任秘书长。学会住所设在北京，历届理事长为：贝时璋、梁栋材、王书荣、赵南明、饶子和、徐涛，目前为第十一届理事会。

业务主管单位： 中国科学技术协会

办事机构支撑单位： 中国科学院生物物理研究所

个人会员数量： 12006 人

单位会员数量： 4 个

第十一届理事会选举时间： 2017 年 11 月 4 日

理事长： 徐 涛 中国科学院大学 副校长 研究员 中国科学院院士

副理事长（6 人）：

程和平 北京大学 教授 中国科学院院士

雷 鸣 上海交通大学 执行院长 教授

李 蓬（女） 清华大学 教授 中国科学院院士

刘志杰 上海科技大学；iHuman 研究所 执行所长 教授

许瑞明 中国科学院生物物理研究所 所长 研究员

张明杰 香港科技大学 教授 中国科学院院士

秘书长： 张 宏 中国科学院生物物理研究所 副主任 研究员

党组织情况： 中国生物物理学会党委 书记：雷鸣

中国生物物理学会秘书处党支部 书记：马丽

分支机构（22 个）： 分子生物物理分会、膜生物学分会、环境与辐射生物物理分会、单分子生物学分会、代谢生物学分会、自由基生物学与自由基医学分会、冷冻电子显微学分会、临床罕见代谢病分会、衰老生物学分会、听觉、言语和交流研究分会、纳米生物学分会、生物磁共振分会、代谢组学分会、生物微量元素分会、体育医学分会、临床分子诊断分会、神经生物物理与神经信息学专业委员会、生物力学与生物流变学专业委员会、分子影像学专业委员会、生物信息学与理论生物物理专业委员会、光生物物理专业委员会、现代生物物理技术与方法专业委员会

已加入国际组织（2个）： 国际纯粹与应用生物物理联盟、亚洲生物物理联合会

公开出版刊物（3种）：

中国科协业务主管的期刊（1种）

Biophysics Reports（《生物物理学报》英文版）

非中国科协业务主管的期刊（2种）

Protein & Cell（《蛋白质与细胞》英文版）、《生物化学与生物物理进展》

设奖情况（1个）： 贝时璋奖

中国遗传学会

（信息截止日期为2019年3月31日）

统一社会信用代码：511000005000055536
法定代表人：薛勇彪
办 公 地 址：北京市朝阳区北辰西路1号院2号
邮 政 编 码：100101
联 系 电 话：010-64806529
电 子 邮 箱：gsc@genetics.ac.cn
网　　　址：http://gsc.ac.cn

中国遗传学会
Genetics Society of China

成立时间： 1978年10月7日

历史简介： 1977年在北京召开的遗传规划座谈会及全国自然科学规划会议上，有关学者酝酿成立中国遗传学会。同年3月，由李汝祺、祖德明、许运天、李继耕、吴鹤龄、钟志雄、邵启全、黄鸿枢、方宗熙、李竞雄等人发起，5月经中国科协批准，10月在南京召开代表大会正式成立。第一届理事长为李汝祺，理事会主要成员有：马育华、马梅荪、王金陵、王家睦、方宗熙、邓炎棠、卢浩然、卢惠霖、庄巧生、许由恩、谈家桢、袁隆平等70位。同年加入中国科协。学会住所设在北京，历届理事长为：李汝祺、谈家桢、李振声、赵寿元、李家洋、张亚平、薛勇彪，目前为第十届理事会。

业务主管单位： 中国科学技术协会

办事机构支撑单位： 中国科学院遗传与发育生物学研究所

个人会员数量： 12000 人

单位会员数量： 0 个

第十届理事会选举时间： 2018 年 11 月 27 日

理事长： 薛勇彪　中国科学院北京基因组研究所　所长

副理事长（8 人）：

曹晓风（女）　中国科学院遗传与发育生物学研究所　研究员　中国科学院院士

孟安明　清华大学生命科学学院　教授　中国科学院院士

乔　杰（女）　北京大学第三医院　院长　中国工程院院士

黄路生　江西农业大学　党委书记　中国科学院院士

韩　斌　中国科学院上海生命科学院　副院长　中国科学院院士

谭华荣　中国科学院微生物研究所　研究员

杨维才　中国科学院遗传与发育生物学研究所　所长

杨焕明　深圳华大生命科学研究院　理事长

秘书长： 杨维才（兼）

党组织情况： 中国遗传学会党委　书记：薛勇彪

中国遗传学会秘书处党支部　书记：肖明杰

分支机构（20 个）： 动物遗传专业委员会、微生物遗传专业委员会、植物与基因组专业委员会、青年委员会、科普委员会、国际交流委员会、科学道德与伦理委员会、基因组学专业委员会、人类与医学遗传专业委员会、表观遗传专业委员会、发育遗传专业委员会、教育教学委员会、遗传咨询分会、法医遗传学分会、生物产业

促进委员会、生物大数据分会、行为遗传学分会、表型组学分会、遗传诊断分会、基因组编辑与合成分会

已加入国际组织（2个）： 国际遗传学会、全球植物理事会

公开出版刊物（4种）：

中国科协业务主管的期刊（1种）

《激光生物学报》

非中国科协业务主管的期刊（3种）

《遗传学报》《遗传》、*Genomics, Proteomics & Bioinfor matics*（《基因组蛋白质组与生物信息学报》）

设奖情况（4个）： 李汝祺动物遗传奖；谈家桢遗传教育奖；吴旻人类与医学遗传奖；李振声植物遗传奖

中国心理学会
（信息截止日期为2019年3月31日）

统一社会信用代码：51100000500002619L
法定代表人：周晓林
办 公 地 址：北京市朝阳区林萃路16号院中国科学院心理研究所内
邮 政 编 码：100101
联 系 电 话：010-64888946；64855830
电 子 邮 箱：cps@psych.ac.cn
网　　址：www.cpsbeijing.org

中国心理学会
Chinese Psychological Society

成立时间： 1921年8月

历史简介： 学会的前身是中华心理学会，由南京高等师范学校暑期教育讲习会学员发起，1921年8月在南京高等师范学校举行了成立大会。1921~1927年由张耀翔任会长。后因“九一八”事变停止活动。1936年，由全国32位心理学者发起，于1937年1月24日在南京国立编译馆大礼堂举行成立大会，成立中国心理学会，主席为陆志韦。抗日战争期间学会的活动和刊物出版都被迫停止。中华人民共和国成立后，1950年8月筹备重建。1955年8月1~12日，在北京召开第一次会员代表大会正式成立，理事长为潘菽。1950年8月，以筹委会名义参加全国科联。1966~1976年间停止活动，

1977 年 8 月 16~24 日在北京平谷召开全国心理学学科规划座谈会，从此，学会开始恢复活动。学会住所设在北京。历届理事长为：潘菽、荆其诚、王甦、林仲贤、陈永明、张侃、林崇德、杨玉芳、莫雷、乐国安、沈模卫、游旭群、白学军、傅小兰，目前为第十二届理事会。

业务主管单位： 中国科学技术协会

办事机构支撑单位： 中国科学院心理研究所

个人会员数量： 11100 人

单位会员数量： 19 个

第十一届理事会选举时间： 2017 年 11 月 3 日

理事长： 周晓林　北京大学心理与认知科学学院　教授

副理事长（4 人）：

陈　红（女）　西南大学心理学部　部长　教授

郭秀艳（女）　华东师范大学心理与认知科学学院　教授

李　红　深圳大学心理与社会学院　院长　教授

苏彦捷（女）　北京大学心理与认知科学学院　教授

秘书长： 罗　劲　首都师范大学心理学院　教授

监事长： 时　勘　中国科学院大学经济与管理学院　教授

党组织情况： 中国心理学会党委　书记：周晓林

中国心理学会秘书处党支部　书记：邱炳武

分支机构（40 个）： 教育心理专业委员会、发展心理专业委员会、理论心理与心理学史专业委员会、普通心理和实验心理专业委员会、工业心理专业委员会、医学心理专业委员会、生理心理专业委员会、体育运动心理专业委员会、法律心理学专业委员会、学校心理专业委员会、心理测量专业委员会、心理学普及工作委员会、学术工作委员会、国际学术交流工作委员会心理学教学工作委员会、社会心理学专业委员会、临床与咨询心理学专业委员会、军事心理学专业委员会、人格心理学专业委员会、心理危机干预工作委员会、青年工作委员会、心理学标准与服务研究委员会、出版工作委员会、工程心理学专业委员会、临床心理学注册工作委员会、决策心理学专业委员会、老年心理学专业委员会、员工心理促进工作委员会、民族心理学专业委员会、护理心理学专业委员会、语言心理学专业委员会、社区心理学专业委员会、网络心理学专业委员会、情绪与健康心理学专业委员会、心理学脑成像专业委员会、音乐心理学专业委员会、眼动心理研究专业委员会、心理学质性研究专业委员会、脑电相关技术专业委员会、心理学服务机构工作委员会

已加入国际组织（2个）： 国际心理科学联合会、国际应用心理学协会

公开出版刊物（2种）：

中国科协业务主管的期刊（1种）

《心理科学》

非中国科协业务主管的期刊（1种）

《心理学报》

设奖情况（3个）： 中国心理学会会士；中国心理学会终身成就奖；中国心理学会学科建设成就奖

中国生态学学会

（信息截止日期为2019年3月31日）

统一社会信用代码：51100000500002651O
法定代表人：欧阳志云
办 公 地 址：北京市海淀区双清路18号
邮 政 编 码：100085
联 系 电 话：010-62849101
电 子 邮 箱：esc@rcees.ac.cn
网 址：www.esc.org.cn

中国生态学学会
Ecological Society of China

成立时间： 1979年11月27日

历史简介： 1979年由马世骏等人发起筹备，6月经中国科协批准成立，12月在昆明召开成立大会，会员267人，选举产生了第一届理事会，马世骏任理事长。学会住所设在北京，历届理事长为：马世骏、孙儒泳、陈昌笃、王祖望、李文华、王如松、刘世荣、欧阳志云，目前为第十届理事会。

业务主管单位： 中国科学技术协会

办事机构支撑单位： 中国科学院生态环境研究中心

个人会员数量： 10550人

单位会员数量： 12个

第十届理事会选举时间： 2018 年 5 月 5 日

理事长： 欧阳志云　中国科学院生态环境研究中心　主任　党委书记　研究员

副理事长（10 人）：

安黎哲　北京林业大学　校长　教授

陈利顶　中国科学院生态环境研究中心　国家重点实验室主任　研究员

吕永龙　中国科学院生态环境研究中心　副主任　研究员

闵庆文　中国科学院地理科学与资源研究所　主任　研究员

任　海　中国科学院华南植物园　主任　研究员

王克林　中国科学院亚热带农业生态研究所　党委书记　研究员

王艳芬（女）　中国科学院大学　副校长　教授

魏辅文　中国科学院动物研究所　研究员　中国科学院院士

吴文良　中国农业大学　院长　教授

朱教君　中国科学院沈阳应用生态研究所　所长　研究员

秘书长： 钟林生　中国科学院地理科学与资源研究所　主任　研究员

党组织情况： 中国生态学学会党委　书记：欧阳志云

中国生态学学会秘书处联合党支部　书记：靳炜

分支机构（31 个）： 青年工作委员会、教育工作委员会、期刊工作委员会、科普工作委员会、咨询工作委员会、农业生态专业委员会、城市生态专业委员会、数学生态专业委员会、海洋生态专业委员会、微生物生态专业委员会、动物生态专业委员会、化学生态专业委员会、景观生态专业委员会、湿地生态专业委员会、种群生态专业委员会、生态工程专业委员会、污染生态专业委员会、淡水生态专业委员会、民族生态专业委员会、生态水文专业委员会、旅游生态专业委员会、长期生态专业委员会、红树林生态专业委员会、中药资源生态专业委员会、生态健康与人类生态专业委员会、稳定同位素生态专业委员会、生态遥感专业委员会、生物入侵专业委员会、流域生态专业委员会、产业生态专业委员会、区域生态专业委员会

已加入国际组织（2个）： 国际生态学会、东亚生态学会联盟

公开出版刊物（7种）：

中国科协业务主管的期刊（2种）

《生态学杂志》《生态学报》

非中国科协业务主管的期刊（5种）

《应用生态学报》、*Ecosystem Health and Sustainability*（《生态系统健康与可持续性》英文版）、*Journal of Forestry Research*（《林业研究》英文版）、*Journal of Resources and Ecology*（《资源与生态》英文版）、《湿地科学》

设奖情况（6个）： 中国生态学学会青年科技奖；中国生态学学会先进工作者奖；中国生态学学会先进集体奖；生态学大会优秀报告奖；生态学大会优秀墙报奖；研究生优秀报告

中国环境科学学会
（信息截止日期为2019年3月31日）

统一社会信用代码：51100000500000534N
法定代表人：王志华
办 公 地 址：北京市海淀区红联南村54号
邮 政 编 码：100082
联 系 电 话：010-62210708、62210728（传真）
电 子 邮 件：cses@chinacses.org
网 址：www.chinacses.org

中国环境科学学会
Chinese Society for Environmental Sciences

成立时间： 1978年5月5日

历史简介： 经马大猷、刘东生、赵宗燠、过祖源、马世骏、陶葆楷、曲格平、刘培桐、刘静宜、李苏、郭方等人发起，于1978年5月5日经中国科协批准成立。1979年2月底至3月初在成都召开第一次全国会员代表大会。大会选举产生了首届理事长为李超伯；副理事长为：马大猷、过祖源、刘东生、曲仲湘、李苏、陈西平、郭子恒、曾呈奎。学会住所设在北京，历届理事长为：李超伯、李景昭、曲格平、解振华、叶汝求、王玉庆、黄润秋，目前为第八届理事会。

业务主管单位： 中国科学技术协会

办事机构支撑单位： 生态环境部

个人会员数量： 70000 人

单位会员数量： 1700 个

第八届理事会选举时间： 2017 年 1 月 6 日

理事长： 黄润秋　生态环境部　副部长　教授

副理事长（14 人）：

丁仲礼　全国人大常委会副委员长　民盟中央主席
　　　　中国科学院　副院长　中国科学院院士
王灿发　中国政法大学环境资源法研究所　所长　教授
曲久辉　中国科学院生态环境研究中心　原主任　研究员
　　　　中国工程院院士
任官平　中国环境科学学会　副理事长　高级工程师
任南琪　哈尔滨工业大学　副校长　教授　中国工程院院士
刘文清　中国科学院安徽光学精密机械研究所　所长
　　　　研究员　中国工程院院士
邹首民　生态环境部科技与财务司　司长　研究员
陆新元　生态环境部　原核安全总工　研究员
武维华　全国人大常委会副委员长　九三学社中央主席
　　　　中国科学院院士
贺克斌　清华大学环境学院　院长　教授　中国工程院院士
倪晋仁　北京大学环境科学与工程学院　副院长　教授
　　　　中国科学院院士
高吉喜　生态环境部卫星环境应用中心　主任　研究员
王金南　生态环境部环境规划院　院长　研究员
　　　　中国工程院院士
吴丰昌　中国环境科学研究院　研究员　中国工程院院士

秘书长： 王志华　中国环境科学学会　秘书长　研究员

党组织情况： 中国环境科学学会党委　书记：邹首民

中国环境科学学会秘书处党支部　书记：王志华

分支机构（63个）： 学术工作委员会、科普工作委员会、环境教育工作委员会、科技与产业发展工作委员会、国际交流合作工作委员会、咨询评估工作委员会、组织工作委员会、环境管理分会、环境工程分会、国防环境分会、环境影响评价专业委员会、大气环境分会、生态与自然保护分会、水环境分会、绿色包装专业委员会、环境物理学分会、环境标准与基准专业委员会、环境监测专业委员会、环境医学与健康分会、环境生物学分会、海洋环境保护专业委员会、环境化学分会、环境地学分会、生态农业专业委员会、环境经济学分会、环境法学分会、固体废物分会、核安全与辐射环境安全专业委员会、持久性有机污染物专业委员会、环境规划专业委员会、室内环境与健康分会、机动车（船）污染防治专业委员会、植物环境与多样性专业委员会、土壤与地下水环境专业委员会、环境信息系统与遥感专业委员会、环境风险专业委员会、重金属污染防治专业委员会、挥发性有机污染物防治专业委员会、环境监察研究分会、气候变化分会、绿色金融分会、生态产业分会、环境与热能利用专业委员会、环境审计专业委员会、科技评价工作委员会、环境信息化分会、能源与环境分会、生态食材与生境保护专业委员会、环境史专业委员会、水处理与回用专业委员会、环境损害鉴定专业委员会、循环经济分会、传统文化与生态哲学分会、清洁生产分会、化学品环境风险防控专业委员会、沉积物环境专业委员会、青年科学家分会、“一带一路”生态环保分会、电磁环境专业委员会、放射性废物专业委员会、生态地质环境专业委员会、臭氧污染控制专业委员会、极地环境

与生态专业委员会

已加入国际组织（3个）： 亚太地区可持续发展研究机构区域网络、国际影响评价协会、巴塞尔公约

公开出版刊物（5种）：

中国科协业务主管的期刊（4种）

《中国环境科学》《环境生态学》《环境与生活》《安全与环境学报》

非中国科协业务主管的期刊（1种）

《环境工程》

设奖情况（1个）： 中国环境科学学会环境保护科学技术奖

中国自然资源学会

（信息截止日期为2019年3月31日）

统一社会信用代码：110000050000143X2

法定代表人：成升魁

办 公 地 址：北京市朝阳区大屯路甲 11 号

邮 政 编 码：100101

联 系 电 话：010-64861455

电 子 邮 箱：csnr@igsnrr.ac.cn

网　　址：http://www.csnr.org

中国自然资源学会

China Society of Natural Resources，CSNR

成立时间： 1980 年 9 月 12 日

历史简介： 1980 年 9 月 12 日中国科协常务委员会讨论通过了关于成立中国自然资源研究会的决定，主要发起人为漆克昌、吴传钧、孙鸿烈等。1982 年 4 月在北京召开筹备组成立大会，漆克昌任组长，马世骏、吴传钧、徐青、孙鸿烈任副组长。1983 年 10 月在北京召开第一届全国会员代表大会，侯学煜任理事长，孙鸿烈、阳含熙、陈述彭、王慧炯、李文彦、李文华任副理事长，郭绍礼任秘书长。1993 年 2 月更名为中国自然资源学会。学会住所设在北京，历届理事长为：侯学煜、孙鸿烈、石玉林、刘纪远、成升魁，目前为第七届理事会。

业务主管单位： 中国科学技术协会

办事机构支撑单位： 中国科学院地理科学与资源研究所

个人会员数量： 6350 人

单位会员数量： 37 个

第七届理事会选举时间： 2014 年 10 月 10 日

理事长： 成升魁　中国科学院地理科学与资源研究所　研究员

副理事长（12 人）：

王仰麟　北京大学　副校长　教授

王艳芬（女）　中国科学院大学　常务副校长　教授

江　源（女）　北京师范大学资源学院　教授

吴文良　中国农业大学资源与环境学院　院长　教授

陈发虎　中国科学院青藏高原研究所　所长　研究员
　　　　中国科学院院士

陈　曦　中国科学院新疆分院　副院长　研究员

林家彬　国务院发展研究中心　巡视员　研究员

沈　镭　中国科学院地理科学与资源研究所　研究员

封志明　中国科学院地理科学与资源研究所　副所长
　　　　研究员

夏　军　武汉大学水安全研究院　院长　教授
　　　　中国科学院院士

高　峻　上海师范大学环境与地理科学学院　院长　教授

濮励杰　南京大学　校长助理　教授

秘书长： 沈　镭（兼）

党组织情况： 中国自然资源学会党委　书记：成升魁

中国地理学会、中国自然资源学会、中国青藏高原研究会联合党支部　书记：王立新

分支机构（28个）： 干旱半干旱区资源研究专业委员会、山地资源研究专业委员会、资源经济研究专业委员会、土地资源研究专业委员会、热带亚热带地区资源研究专业委员会、资源持续利用与减灾专业委员会、中药及天然药物资源研究专业委员会、水资源专业委员会、湿地资源保护专业委员会、资源循环利用专业委员会、资源生态研究专业委员会、农业资源利用专业委员会、旅游资源研究专业委员会、政策研究专业委员会、资源工程专业委员会、资源产业专业委员会、资源地理专业委员会、城市废弃物资源化专业委员会、资源制图专业委员会、矿产资源专业委员会、资源型城市专业委员会、资源流动与管理研究专业委员会、森林资源专业委员会、教育工作委员会、青年工作委员会、编辑工作委员会、科普工作委员会

已加入国际组织： 无

公开出版刊物（6种）：

中国科协业务主管的期刊（2种）

《自然资源学报》《应用基础与工程科学学报》

非中国科协业务主管的期刊（4种）

《资源科学》《干旱区资源与环境》、*Iournal of Resources and Ecology*（《资源与生态学报英文版》）、*Journal of Arid Land*（《干旱区科学英文版》）

设奖情况（6个）： 中国资源科学成就奖；中国自然资源学会优秀科技奖；中国自然资源学会青年科技奖；中国自然资源学会先进个人；中国自然资源学会先进集体；中国自然资源学会全国资源科学优秀教材

中国感光学会

（信息截止日期为2019年3月31日）

统一社会信用代码：511000005000028897
法定代表人：张丽萍
办 公 地 址：北京市海淀区中关村东路29号
邮 政 编 码：100190
联 系 电 话：010-82543686、82543687
电 子 邮 箱：xh@csist.org.cn
网　　　址：www.csist.org.cn

中国感光学会
Chinese Society for Imaging Science and Technology

成立时间： 1981年8月14日

历史简介： 1980年9月12日经中国科协批准筹备成立中国感光研究会，主要发起人为任新民、吴再郎、朱璧英等，成立由任新民、吴再郎等组成的筹委会，开展筹备工作。1981年8月14日，在太原召开第一次全国会员代表大会，选举产生首届理事长为吴再郎，副理事长为任新民、金驾东，秘书长为任新民（兼）。1991年6月经中国科协批准更名为中国感光学会。学会住所设在北京，历届理事长为：吴再郎、朱正华、任新民、王佩芳、温荣谦、马礼谦、蒲嘉陵，目前为第九届理事会。

业务主管单位： 中国科学技术协会

办事机构支撑单位： 中国科学院理化技术研究所

个人会员数量： 4417 人

单位会员数量： 67 个

第九届理事会选举时间： 2014 年 10 月 22 日

理事长： 蒲嘉陵　北京印刷学院　副校长　教授

副理事长（7 人）：

张丽萍（女）　中国科学院理化技术研究所　所长　研究员
马礼谦　中国乐凯集团有限公司科技委　副主任　高级工程师
薛　唯　北京理工大学　教授
杨　斌　阳光印网　首席运营官
魏　杰（女）　北京化工大学　研究室主任　教授
周秉锋　北京大学计算机科学技术研究所　研究员
杨建文　中山大学　副教授

秘书长： 黄　勇　中国科学院理化技术研究所　研究员

党组织情况： 中国感光学会党委　书记：黄勇
中国感光学会秘书处党支部　书记：牛桂萍

分支机构（12 个）： 信息与成像材料专业委员会、活动影像专业委员会、视频侦查技术与特种照相专业委员会、印刷技术专业委员会、遥感技术专业委员会、影像保护专业委员会、数字成像技术专业委员会、辐射固化专业委员会、立体影像技术专业委员会、光催化专业委员会、影像信息功能材料与技术专业委员会、生物与医学成像专业委员会

已加入国际组织（2 个）： 国际影像科学委员会、亚洲辐射固化协会

公开出版刊物（2种）：

中国科协业务主管的期刊（0种）

非中国科协业务主管的期刊（2种）

《影像科学与光化学》《影像技术》

设奖情况（4个）： 中国感光学会科学技术奖；中国感光学会青年科技奖；中国感光学会突出贡献奖；中国感光学会青年优秀科技论文奖

中国优选法统筹法与经济数学研究会
（信息截止日期为2019年3月31日）

统一社会信用代码：51100000500012032N
法定代表人：计　雷
办 公 地 址：北京海淀区中关村东路55号中国科学院思源楼1201室
邮 政 编 码：100190
联 系 电 话：010-62542629
电 子 邮 箱：shuangfa@casipm.ac.cn
网　　址：www.scope.org.cn

中国优选法统筹法与经济数学研究会
Chinese Society of Optimization, Overall Planning and Economic Mathematics

成立时间： 1981 年 3 月 31 日

历史简介： 由华罗庚等人发起，1980 年 9 月 12 日经中国科协批准筹备成立。1981 年 3 月 31 日在全国推广双法经验交流大会上，华罗庚教授宣布成立中国优选法统筹法与经济数学研究会。首届理事长为华罗庚，理事会主要成员有：伍子玉、李力众、陈德泉、吴祖基、岳枫、张维信、高黎光、潘纯、计雷、谢庭藩。学会住所设在北京，历届理事长为：华罗庚、陈德泉、计雷、徐伟宣、蔡晨、池宏，目前为第九届理事会。

业务主管单位： 中国科学技术协会

办事机构支撑单位： 中国科学院科技战略咨询研究院

个人会员数量： 3384 人

单位会员数量： 42 个

第九届理事会选举时间： 2014 年 10 月 18 日

理事长： 池　宏　中国科学院科技战略咨询研究院　研究员

副理事长（9 人）：

杨善林　合肥工业大学　教授　中国工程院院士

马超群　湖南大学工商管理学院　院长　教授

范　英（女）北京航空航天大学经济管理学院　院长　教授

高自友　北京交通大学　教授

黄海军　北京航空航天大学　副校长　教授

梁　樑　合肥工业大学　副校长　教授

魏一鸣　北京理工大学管理与经济学院　院长　教授

徐玖平　四川大学　校长助理　院长　教授

周　勇　中国科学院数学与系统科学研究院　研究员

秘书长： 李建平　中国科学院科技战略咨询研究院　系统分析与管理研究所　所长　研究员

党组织情况： 中国优选法统筹法与经济数学研究会党委　书记：池宏

中国优选法统筹法与经济数学研究会秘书处党支部　无

分支机构（25 个）： 计算机模拟分会、统筹分会、项目管理研究委员会、工业工程分会、数学教育委员会、管理决策与信息系统分会、高等教育管理分会、经济数学与管理数学分会、学术工作委员会、组织委员会、普及工作委员会、编辑出版委员会、咨询培训委员会、复杂系统研究委员会、应急管理专业委员会、灰色系统专业委员会、营销工程专业委员会、能源经济与管理研究分会、青年工作委员会、复杂装备研制管理专业委员会、低碳发展管理专业委员会、船海经济管理专业委员会、大数据与数据质量研究分会、服务科学与运作管理分会、评估方法与应用分会

已加入国际组织（3个）： 国际项目管理协会，国际信息技术与量化管理研究会，电器和电子工程师学会系统、人与控制分会

公开出版刊物（3种）：

中国科协业务主管的期刊（2种）

《数理天地（初中版）》《数理天地（高中版）》

非中国科协业务主管的期刊（1种）

《中国管理科学》

设奖情况（2个）： 中国管理科学学术年会优秀报告论文奖;《中国管理科学》最具影响力论文奖

中国岩石力学与工程学会
（信息截止日期为2019年3月31日）

统一社会信用代码：51100000500003769N
法定代表人：冯夏庭
办 公 地 址：北京市朝阳区北土城西路19号
邮 政 编 码：100029
联 系 电 话：010-82998163
电 子 邮 箱：csrme@vip.sina.com
网 址：www.csrme.com

中国岩石力学与工程学会
Chinese Society for Rock Mechanics and Engineering

成立时间： 1985年3月5日

历史简介： 前身是国际岩石力学学会中国国家小组，该小组1978年由中国科学院、外交部联合报请国务院批准成立。在此基础上，1982年在北京成立中国岩石力学与工程学会筹备组。由陈宗基任组长。1985年3月5日，经国家体改委和中国科协批准成立了中国岩石力学与工程学会。1985年6月19~25日在北京召开第一次会员代表大会，产生了第一届理事会，同年加入中国科协。学会住所设在北京，历届理事长为：陈宗基、潘家铮、孙钧、王思敬、钱七虎、冯夏庭，目前为第八届理事会。

业务主管单位： 中国科学技术协会

办事机构支撑单位： 中国科学院地质与地球物理研究所

个人会员数量： 12756 人

单位会员数量： 40 个

第八届理事会选举时间： 2016 年 12 月 12 日

理事长： 冯夏庭　东北大学　副校长　教授

副理事长（13 人）：

杜时贵　绍兴文理学院　副院长　教授
郭熙灵　长江水利委员会长江科学院　院长　教授级高工
康红普　中国煤炭科工集团有限公司开采分院　副院长　中国工程院院士
李术才　山东大学　副校长　教授
李夕兵　中南大学资源与安全工程学院　教授
李　晓　中国科学院地质与地球物理研究所研究室　主任　研究员
潘一山　辽宁大学　校长　教授
唐春安　大连理工大学岩石破碎与失稳研究中心　所长　教授
王明洋　解放军理工大学国防工程学院　教授
杨更社　西安科技大学　校长　教授
杨　强　清华大学水利系　教授
殷跃平　中国地质环境监测院　总工程师　研究员
朱合华　同济大学地下建筑与工程系中心　主任　教授

秘书长： 杨晓杰　中国矿业大学（北京）　教授

监事长： 钱七虎　中国岩石力学与工程学会　原理事长　中国工程院院士

党组织情况： 中国岩石力学与工程学会党委　书记：冯夏庭

中国岩石力学与工程学会秘书处党支部　书记：张维

分支机构（31个）： 学术评议工作委员会、教育工作委员会、编辑工作委员会、技术咨询工作委员会、青年工作委员会、国际交流工作委员会、高温高压岩石力学专业委员会、岩体物理数学模拟专业委员会、古遗址保护与加固工程专业委员会、岩石力学测试专业委员会、岩石破碎工程专业委员会、工程实例专业委员会、深层岩石力学专业委员会、废物地下处置专业委员会、动力学专业委员会、地壳应力与地震专业委员会、地面岩石工程专业委员会、地下物流专业委员会、岩溶勘察与基础工程专业委员会、软岩工程与深部灾害控制分会、锚固与注浆分会、隧道掘进机工程应用分会、地下空间分会、地下工程分会、工程安全与防护分会、环境岩土工程分会、岩土工程信息技术与应用分会、岩石工程设计方法分会、红层工程分会、大同分会、东北分会

已加入国际组织（4个）： 国际岩石力学学会、国际地下空间研究中心、国际地下物流研究中心、国际地质灾害与防灾协会

公开出版刊物（3种）：

中国科协业务主管的期刊（1种）

《岩石力学与工程学报》

非中国科协业务主管的期刊（2种）

《地下工程与空间学报》、*Journal of Rock Mechanics and Geotechnical Engineering*（《岩石力学与岩土工程学报（英文版）》）

设奖情况（4个）： 科学技术奖；青年科技奖；优秀博士学位论文奖；全国岩石力学与工程大学本科优秀毕业设计（论文）奖

中国野生动物保护协会

（信息截止日期为2019年3月31日）

统一社会信用代码：51100000500002264K
法定代表人：李青文
办 公 地 址：北京市东城区和平里东街18号
邮 政 编 码：100714
联 系 电 话：010-84238801 64238030
电 子 邮 箱：cwcaoffice@163.com
网 址：www.cwca.org.cn

中国野生动物保护协会
China Wildlife Conservation Association

成立时间： 1983年12月22日

历史简介： 中国野生动物保护协会是一个全国性的非营利社会团体，1983年8月经国务院办公厅批准，同年12月22日在北京召开成立大会，首届会长为杨钟。1985年5月加入中国科学技术协会，现有个人会员41万人，团体会员3902个，分支机构17个。现任会长为陈凤学，秘书长为李青文。历任会长为杨钟、高德占、徐有芳、王志宝、赵学敏、陈凤学，目前为第五届理事。

业务主管单位： 中国科学技术协会

办事机构支撑单位： 国家林业和草原局

个人会员数量： 415567人

单位会员数量： 3902 个

第五届理事会选举时间： 2016 年 12 月 21 日

会长： 陈凤学　原国家林业局　副局长

副会长（14 人）：

李书民　农业农村部渔业渔政管理局　副局长　高级经济师

张希武　原国家林业局野生动植物保护与自然保护区管理司司长　高级工程师

王洪杰　原国家林业局政策法规司　司长

蒋志刚　中国科学院动物研究所 / 国家濒危物种科学委员会常务副主任　研究员

陈万成　广东长隆集团有限公司　总裁

张举彦　雄鹰投资集团有限公司　董事长　高级经济师

刘建顺　福建漳州片仔癀药业股份有限公司　董事长　高级经济师

高振坤　北京同仁堂（集团）有限责任公司　党委副书记　总经理

葛剑平　北京师范大学　副校长

焦德发　原国家林业局森林公安局　政委

郭家学　西安东盛集团　董事长

郝燕湘　原国家林业局森林资源管理司　司长

赵　勇　富华置地有限公司　董事长

李青文　中国野生动物保护协会　副理事长兼秘书长　高级工程师

秘书长： 李青文（兼）

监事长： 张习文　原国家林业局离退休干部局　巡视员

党组织情况： 中国野生动物保护协会党委　书记：陈凤学

中国野生动物保护协会秘书处党支部　书记：李青文

分支机构（17 个）： 国家公园及自然保护地委员会、科学考察委员会、宣传委员会、鹤类联合保护委员会、狼文化委员会、科学技术委员会、猫科动物保护委员会、野生动物园委员会、保护繁育与利用委员会、野生动物标本委员会、保护与狩猎规范委员会、生态影像文化委员会、野生动物救护委员会、疫源疫病委员会、水生野生动物分会、支愿者委员会、基金委员会

已加入国际组织： 世界自然保护联盟

公开出版刊物（3 种）：

中国科协业务主管的期刊（1 种）

《大自然》

非中国科协业务主管的期刊（2 种）

《野生动物学报》《旅游纵览》

设奖情况： 无

中国系统工程学会
（信息截止日期为2019年3月31日）

统一社会信用代码：511000005000064688

法定代表人：杨晓光

办 公 地 址：北京市海淀区中关村东路55号思源楼

邮 政 编 码：100190

联 系 电 话：010-82541431

电 子 邮 箱：sesc@iss.ac.cn

网　　址：www.sesc.org.cn

中国系统工程学会
Systems Engineering Society of China

成立时间： 1980年11月18日

历史简介： 1979年由钱学森、宋健、关肇直、许国志等21名专家、学者共同倡议并建立筹委会。1980年9月，经中国科协批准筹备，11月18日在北京正式成立，由钱学森和薛暮桥担任名誉理事长，关肇直任理事长。学会住所设在北京，历届理事长为：关肇直、许国志、顾基发、陈光亚、汪寿阳、杨晓光，目前为第十届理事会。

业务主管单位： 中国科学技术协会

办事机构支撑单位： 中国科学院数学与系统科学研究院

个人会员数量： 4540人

单位会员数量： 126个

第十届理事会选举时间： 2018 年 10 月 27 日

理事长： 杨晓光　中国科学院数学与系统科学研究院　研究员

副理事长（9 人）：

陈国青　清华大学经济管理学院　学术委员会主任　教授

狄增如　北京师范大学系统科学学院　院长　教授

薛惠锋　中国航天系统科学与工程研究院　院长　党委副书记

胡祥培　大连理工大学管理与经济学部　教授

冯耕中　西安交通大学管理学院　院长

李仲飞　中山大学管理学院　教授

江小帆　上海大学　副校长

蔻　纲　西南财经大学工商管理学院　执行院长

王红卫　华中科技大学管理学院　教授

秘书长： 唐锡晋（女）　中国科学院数学与系统科学研究院　研究员

党组织情况： 中国系统工程学会党委　书记：汪寿阳

中国系统工程学会秘书处党支部　书记：房勇

分支机构（29 个）： 模糊数学与模糊系统工程专业委员会、过程系统工程专业委员会、社会经济系统工程专业委员会、草业系统工程专业委员会、林业系统工程专业委员会、教育系统工程专业委员会、交通运输系统工程专业委员会、信息系统工程专业委员会、人－机－环境系统工程专业委员会、决策系统工程专业委员会、科技系统工程专业委员会、农业系统工程专业委员会、系统理论专业委员会、军事系统工程专业委员会、系统动力学专业委员会、医药卫生系统工程专业委员会、金融系统工程专业委员会、能源资源系统工程分会、船舶和海洋系统工程专业委员会、物流系统工程专业委员会、服务系统工程分会、水利系统工程专业委员会、应急管理系统工程专业委员会、学术工作委员会、国际学术交流工作委员会、教育与普及工作委员会、青年工作委员会、编辑出版工作委员会、应用咨询工作委员会

已加入国际组织（4个）: 国际系统研究联合会、国际模糊系统协会、国际过程系统工程组织、国际系统动力学

公开出版刊物（8种）:

中国科协业务主管的期刊（5种）

《系统工程理论与实践》《系统工程学报》《系统科学与系统工程学报》《交通运输系统工程与信息》、*Journal of Systems Science and Information*(《系统科学与信息学报》)

非中国科协业务主管的期刊（3种）

《模糊系统与数学》《系统工程与电子技术》、*Journal of Systems Engineering and Electronics*(《系统工程与电子技术》)

设奖情况: 系统科学与系统工程科学技术奖

中国实验动物学会
（信息截止日期为2019年3月31日）

统一社会信用代码：511000005000045265
法定代表人：秦　川
办 公 地 址：北京市朝阳区潘家园南里5号
邮 政 编 码：100021
联 系 电 话：010-67781534、67776816
电 子 邮 箱：calas@cast.org.cn
网　　　址：www.calas.org.cn/

中国实验动物学会
Chinese Association for Laboratory Animal Sciences

成立时间： 1987年4月14日

历史简介： 由吴阶平、钱信忠、沈其震等人以及中国动物学会、中华医学会、中国药理学会等组织发起，1986年8月经国家科委批准，于1987年4月14日在北京成立。学会第一届理事会理事长为钱信忠。同年10月15日，加入中国科协，成为其团体会员。学会住所设在北京，历届理事长为钱信忠、卢耀增、刘海林、刘谦、秦川，目前为第七届理事会。

业务主管单位： 中国科学技术协会

办事机构支撑单位： 中国医学科学院医学实验动物研究所

个人会员数量： 3120人

单位会员数量： 29 个

第七届理事会选举时间： 2017 年 9 月 27 日

理事长： 秦　川（女）　中国医学科学院医学实验动物研究所　所长

副理事长（6 人）：

陈学进　上海交通大学医学院　主任

黄　韧　广东省实验动物监测所　所长

林东昕　中国医学科学院肿瘤医院　教授　中国工程院院士

卢金星　中国疾病预防控制中心传染病预防控制所　书记

赵德明　中国农业大学动物医学院　原副院长

孙岩松　军事医学研究院微生物流行病研究所　所长

秘书长： 赵宏旭　中国医学科学院医学实验动物研究所

监事长： 刘福英　原河北医科大学实验动物中心　主任

党组织情况： 中国实验动物学会党委　书记：秦川

中国实验动物学会秘书处党支部　书记：赵宏旭

分支机构（31 个）： 科技服务工作委员会、国际交流与合作工作委员会、教育与培训工作委员会、期刊与信息工作委员会、学术工作委员会、科普工作委员会、组织工作委员会、实验动物从业人员资格等级认可工作委员会、实验动物机构评估工作委员会、实验动物模型鉴定与评价工作委员会、实验动物医师工作委员会、科技战略咨询工作委员会、基金管理工作委员会、医药研发外包服务机构实验动物管理工作委员会、高校专业教育和学科建设工作委员会、中医药实验动物专业委员会、水生实验动物专业委员会、灵长类实验动物专业委员会、实验病理学专业委员会、农业实验动物专业委员会、实验动物标准化专业委员会、实验动物设备工程专业委员会、实验小型猪专业委员会、媒介实验动物专业委员会、实验动物福利伦理专业委员会、动物实验生物安全专业委员会、绿色实验动物设施专业委员会、实验动物与毒理学专业委员会、实验动物营养与饲料专业委员会、无菌动物专业委员会、免疫与细胞治疗专业委员会

已加入国际组织（2个）： 亚洲实验动物学会联合会、国际实验动物科学理事会

公开出版刊物（3种）：

中国科协业务主管的期刊（3种）

《中国实验动物学报》《中国比较医学杂志》、*Animal Models and Experimental Medicine*（《动物模型与实验医学》英文版）

非中国科协业务主管的期刊（0种）

设奖情况（4个）： 中国实验动物学会科学技术奖；ICLAS-CALAS国际青年奖；中国实验动物学会终身成就奖；中国实验动物科学年会优秀论文奖

中国青藏高原研究会

（信息截止日期为2019年3月31日）

统一社会信用代码：511000005000033718
法定代表人：姚檀栋
办 公 地 址：北京市朝阳区林萃路16号院3号楼620室、北京市朝阳区大屯路甲11号
邮 政 编 码：100101
联 系 电 话：010-84249441
电 子 邮 箱：CSTP@itpcas.ac.cn
网　　址：http://www.cstp.org.cn

中国青藏高原研究会
The China Society on Tibetan Plateau

成立时间： 1990年3月

历史简介： 由刘东生、孙鸿烈等数十人发起。1988年12月，经国家科委批准成立，1990年3月14~17日在北京召开第一届全国会员代表大会正式成立并加入中国科协，选举阿沛·阿旺晋美为名誉理事长、刘东生为理事长。研究会原挂靠中国科学院自然资源综合考察委员会，2000年中国科学院自然资源综合考察委员会和中国科学院地理所合并成立中国科学院地理科学与资源研究所，研究会改挂靠单位为中国科学院地理科学与资源研究所。2013年，研究会同时挂靠到中国科学院青藏高原研究所，并以青藏所为主要挂靠单位，同时在青藏所设立办公室。学会住所设在北京，历届理事长为：

刘东生、孙鸿烈、郑度、姚檀栋，目前为第六届理事会。

业务主管单位： 中国科学技术协会

办事机构支撑单位： 中国科学院地理科学与资源研究所
中国科学院青藏高原研究所

个人会员数量： 1486 人

单位会员数量： 7 个

第六届理事会选举时间： 2014 年 12 月 29 日

理事长： 姚檀栋　中国科学院青藏高原研究所　名誉所长
中国科学院院士

副理事长（6 人）：

岗　青（藏）　西藏自治区科学技术厅　厅长
洛桑·灵智多杰（藏）　中国藏学研究中心　副总干事
侯增谦　中国地质科学院地质研究所　研究员
中国科学院院士
于贵瑞　中国科学院地理科学与资源研究所　研究员
张人禾　复旦大学　教授　中国科学院院士
朱立平　中国科学院青藏高原研究所　副所长　研究员

秘书长： 欧阳华　中国科学院地理科学与资源研究所　研究员

党组织情况： 中国青藏高原研究会党委　书记：姚檀栋
中国地理学会、中国自然资源研究会、中国青藏高原研究会秘书处联合党支部　书记：王立新

分支机构： 无

已加入国际组织： 无

公开出版刊物（0种）：

中国科协业务主管的期刊（0种）

非中国科协业务主管的期刊（0种）

设奖情况（1个）： 青藏高原青年科技奖

中国环境诱变剂学会

（信息截止日期为2019年3月31日）

统一社会信用代码：5110000050000535OH
法定代表人：郝卫东
办 公 地 址：北京市海淀区学院路38号北京大学医学部公共卫生学院236室
邮 政 编 码：100191
联 系 电 话：010-82335754
电 子 邮 箱：iaems_cn@163.com
网　　址：http://cems.org.cn、http://cems.pku.edu.cn

中国环境诱变剂学会
Chinese Environmental Mutagen Society

成立时间： 1988年10月12日

历史简介： 1981年在谈家桢教授的倡导下，在沈阳成立了中国遗传学会环境诱变剂专业委员会筹委会。1983年5月25日在上海召开国际环境致突变、致癌、致畸讲习会。会后，成立了中国遗传学会环境诱变剂专业委员会，谈家桢教授为首任主任委员。1988年经国家科委批准成立全国学会。第一届理事会（1988~1995）挂靠单位为第二军医大学；理事长为谈家桢；理事会共有理事45名，主要成员有：卢乃禾、薛京伦、刘毓谷、薛寿征、刘鸿亮、蒋左庶、闫雷生、余应年、周云、印木泉、薛寿征、王肖鹏、李怀义。1991年3月加入中国科协，学会住所设在北京，历届理事长为：

谈家桢、薛京伦、印木泉、程书钧、柯杨、曹佳，目前为第七届理事会。

业务主管单位： 中国科学技术协会

办事机构支撑单位： 北京大学医学部

个人会员数量： 5600 人

单位会员数量： 1 个

第七届理事会选举时间： 2017 年 12 月 8 日

理事长： 曹　佳　陆军军医大学　教授

副理事长（5 人）：

浦跃朴　东南大学　原副校长　教授

郝卫东　北京大学医学部公共卫生学院　党委书记　教授

林东昕　中国医学科学院肿瘤医院　研究员　中国工程院院士

张天宝　海军军医大学　教授

陈　雯（女）　中山大学公共卫生学院　教授

秘书长： 郝卫东（兼）

党组织情况： 中国环境诱变剂学会党委　书记：郝卫东

中国环境诱变剂学会秘书处党支部　书记：尚兰琴

分支机构（14 个）： 组织工作委员会、学术工作委员会、国际交流工作委员会、普及出版工作委员会、风险评价专业委员会、出生缺陷防治专业委员会、致癌专业委员会、致畸专业委员会、致突变专业委员会、抗诱变剂和抗癌剂专业委员会、膳食与疾病专业委员会、活性氧生物学效应专业委员会、毒性测试与替代方法专业委员会、生物标志物专业委员会

已加入国际组织（2个）： 国际环境诱变剂及基因组学联合会、亚洲环境诱变剂学会联合会

公开出版刊物（1种）：

中国科协业务主管的期刊（1种）

《癌变·畸变·突变》

非中国科协业务主管的期刊（0种）

设奖情况： 无

中国运筹学会

（信息截止日期为2019年3月31日）

统一社会信用代码：51100000500000218C

法定代表人：胡旭东

办 公 地 址：北京市海淀区中关村东路55号思源楼536号

邮 政 编 码：100190

联 系 电 话：010-82541190

电 子 邮 箱：orsc@amt.ac.cn

网　　　址：www.orsc.org.cn

A-理科

中国运筹学会
The Operations Research Society of China

成立时间： 1980年4月

历史简介： 原为中国数学会二级组织，由华罗庚等发起，1980年4月22~26日，在山东济南召开了中国数学会运筹学（分）会成立暨第一届代表大会，会议推选华罗庚兼任运筹学会理事长，越民义、许国志、余潜修为副理事长，桂湘云为秘书长。当时学会挂靠在中国科学院应用数学研究所。1991年，经国家科委批准成为全国学会，加入中国科协，4月20日在民政部登记。学会住所设在北京，历届理事长为：华罗庚、越民义、徐光辉、章祥荪、袁亚湘、胡旭东，目前为第十届理事会。

业务主管单位： 中国科学技术协会

办事机构支撑单位： 中国科学院数学与系统科学研究院

个人会员数量： 1800 人

单位会员数量： 30 个

第十届理事会选举时间： 2016 年 10 月 14 日

理事长： 胡旭东　中国科学院数学与系统科学研究院　研究员

副理事长（9 人）：

陈国庆　内蒙古大学　校长　教授

修乃华　北京交通大学理学院　教授

李　勇　吉林大学　教授

杨晓光　中国科学院数学与系统科学研究院　研究员

范更华　福州大学　教授

赵晓波　清华大学　教授

白延琴　上海大学　教授

戴彧虹　中国科学院数学与系统科学研究院　研究员

张玉忠　曲阜师范大学　教授

秘书长： 刘　克　中国科学院数学与系统科学研究院　研究员

党组织情况： 中国运筹学会党委　书记：胡旭东

中国运筹学会秘书处党支部　书记：张世华

分支机构（17 个）： 数学规划分会、可靠性分会、排序分会、决策科学分会、图论组合分会、智能计算分会、不确定系统分会、企业运筹学分会、金融工程与金融风险分会、博弈论分会、计算系统生物学分会、随机服务与运作管理分会、模糊信息与工程分会、行为运筹与管理分会、智能工业数据解析与优化专业委员会、医疗管理分会、青年工作委员会

已加入国际组织（2 个）： 国际运筹学联合会、亚太运筹学联合会

公开出版刊物（3种）:

中国科协业务主管的期刊（3种）

《运筹学学报》《运筹与管理》、Journal of the Operations Research Society of China（《中国运筹学会会刊》）

非中国科协业务主管的期刊（0种）

设奖情况: 中国运筹学会科学技术奖

中国菌物学会
（信息截止日期为2019年3月31日）

统一社会信用代码：5110000050001 2147W
法定代表人：郭良栋
办 公 地 址：北京朝阳区北辰西路1号院3号中国科学院微生物所
邮 政 编 码：100101
联 系 电 话：010-64807455
电 子 邮 箱：msc93@im.ac.cn
网 址：www.mscfungi.org.cn

中国菌物学会
Mycological Society of China

成立时间： 1993年5月

历史简介： 前身为1980年成立的中国植物学会真菌学会。后由裘维蕃、王云章等发起，1992年经国家科委和中国科协批准，于1993年5月19~23日在北京举行第一次会员代表大会正式成立中国菌物学会。首届理事长为魏江春，副理事长为卯晓岚、李玉、李增智、沈崇尧、黄年来、臧穆。2000年10月加入中国科协。学会住所设在北京，历届理事长为：魏江春、李玉、刘杏忠、王成树、郭良栋，目前为第七届理事会。

业务主管单位： 中国科学技术协会

办事机构支撑单位： 中国科学院微生物研究所

个人会员数量： 3368 人

单位会员数量： 24 个

第七届理事会选举时间： 2017 年 8 月 12 日

理事长： 郭良栋　中国科学院微生物研究所　研究员

副理事长（10 人）：

边银丙　华中农业大学应用真菌研究所　所长　教授

戴玉成　北京林业大学微生物研究所　所长

姜子德　华南农业大学　教授

康冀川　贵州大学　教授

图力古尔（蒙古族）　吉林农业大学　教授

王源超　南京农业大学植物保护学院　院长　教授

张劲松　上海市农业科学院食用菌所　所长　研究员

席丽艳（女）　中山大学孙逸仙纪念医院　教授　主任医师

张修国　山东农业大学　教授

朱　平　中国医学科学院药物研究所　研究员

秘书长： 白逢彦　中国科学院微生物研究所　研究员

监事长： 赵遵田　山东师范大学　教授

党组织情况： 中国菌物学会党委　书记：郭良栋

中国微生物学会、中国生物工程学会、中国菌物学会联合党支部　书记：杨海花

分支机构（14 个）： 菌物多样性及系统学专业委员会、植物病原真菌专业委员会、虫生真菌专业委员会、医学真菌专业委员会、食用真菌专业委员会、药用真菌专业委员会、裸菌专业委员会、工业真菌专业委员会、地衣专业委员会、菌物遗传及分子生物学专业委员

会、真菌毒素专业委员会、野生菌保护专业委员会、菌物化学专业委员会、菌根及内生真菌专业委员会

已加入国际组织（2个）： 国际菌物协会、亚洲菌物协会

公开出版刊物（3种）：

中国科协业务主管的期刊（1种）

Mycology（《菌物学》）

非中国科协业务主管的期刊（2种）

《菌物学报》《菌物研究》

设奖情况（1个）： 戴芳澜科学技术奖

中国晶体学会

（信息截止日期为2019年3月31日）

统一社会信用代码：5110000050001488XB
法定代表人：孙俊良
办 公 地 址：北京市海淀区北京大学陈守仁国际研究中心伟利楼
邮 政 编 码：100871
联 系 电 话：010-62757857
电 子 邮 箱：ccrs@pku.edu.cn
网　　址：www.ccrs.net.cn

中国晶体学会
Chinese Crystallographic Society

成立时间： 1994 年 5 月 31 日

历史简介： 前身为国际晶体学联合会中国委员会，1978 年以该名义加入国际晶体学联合会。后由唐有祺、卢嘉锡、范海福、梁敬魁等人发起，1993 年 3 月 30 日经国家科委批准成立，同年 8 月 19 日经民政部批准登记，成立了筹委会。1994 年 5 月 31 日召开了第一次会员代表大会，2000 年 10 月加入中国科协。首届理事长为唐有祺。学会住所设在北京，历届理事长为：唐有祺、闵乃本、饶子和、林建华、高松、苏晓东，目前为第六届理事会。

业务主管单位： 中国科学技术协会

办事机构支撑单位： 北京大学

个人会员数量： 2180 人

单位会员数量： 46 个

第六届理事会选举时间： 2016 年 12 月 20 日

理事长： 苏晓东　北京大学生命科学学院　教授

副理事长（8 人）：

靳常青　中国科学院物理研究所　研究员

来鲁华　北京大学化学与分子工程学院　教授

吕　扬　中国医学科学院药物研究所　研究员

牛立文　中国科学技术大学生命科学学院　教授

苏成勇　中山大学化学与化学工程学院　教授

王　牧　南京大学物理学院　教授

于　荣　清华大学材料学院　教授

郑伟涛　吉林大学　副校长　教授

秘书长： 孙俊良　北京大学化学与分子工程学院　研究员

党组织情况： 中国晶体学会党委　书记：孙俊良

中国晶体学会秘书处党支部　无

分支机构（8 个）： 小分子专业委员会、生物大分子专业委员会、粉末衍射专业委员会、晶体生长与材料表征专业委员会、电子显微学专业委员会、药物晶体学专业委员会、极端条件晶体材料专业委员会、晶体学教育与普及工作委员会

已加入国际组织（2 个）： 国际晶体学联合会、亚洲晶体学协会

公开出版刊物（0 种）：

中国科协业务主管的期刊（0 种）

非中国科协业务主管的期刊（0 种）

设奖情况（1 个）： 中国晶体学会青年科技奖

中国神经科学学会
（信息截止日期为2019年3月31日）

统一社会信用代码：51100000500018223F
法定代表人：段树民
办 公 地 址：上海市岳阳路319号31号楼A座211室
邮 政 编 码：200031
联 系 电 话：021-54922854
电 子 邮 箱：cns@sibs.ac.cn
网 址：www.cns.org.cn

中国神经科学学会
Chinese Neuroscience Society

成立时间： 1995年10月

历史简介： 1992年由吴建屏、韩济生、陈宜张三位院士发起成立了筹委会，由二十几名著名神经生物学家组成。筹委会在上海和武汉召开了两次会议，并由三位院士起草报告给中国科协，建议成立学会。1993年经中国科协、国家科委批准，并报民政部登记为全国学会。1995年10月，经中国科协和民政部批准，在上海正式成立中国神经科学学会，首届理事长为吴建屏，副理事长为韩济生、陈宜张、万选才、陆雪芬，秘书长为赵志奇。学会住所设在上海，历届理事长为：吴建屏、路长林、段树民，目前为第六届理事会。

业务主管单位： 中国科学技术协会

办事机构支撑单位： 中国科学院上海生命科学研究院

个人会员数量： 12000 人

单位会员数量： 11 个

第六届理事会选举时间： 2015 年 9 月 21 日

理事长： 段树民　浙江大学医学部　主任　教授　中国科学院院士

副理事长（7 人）：

陈生弟　上海交通大学医学院附属瑞金医院　教授

高天明　南方医科大学基础医学院　教授

何士刚　上海交通大学　教授

谢俊霞（女）　青岛大学　教授

于常海　北京大学神经科学研究所　教授

张　旭　中国科学院神经科学研究所　研究员

中国科学院上海分院　副院长

中国科学院院士

张玉秋　复旦大学脑科学研究院　教授

秘书长： 何　成　海军军医大学　主任　教授

党组织情况： 中国神经科学学会党委　书记：张玉秋

中国神经科学学会秘书处联合党支部　书记：杜　健

分支机构（25 个）： 学术工作委员会、教育与继续教育工作委员会、科普工作委员会、青年工作委员会、组织与外事工作委员会、神经胶质细胞分会、离子通道与受体分会、神经干细胞和组织工程分会、精神病学基础与临床分会、神经损伤与修复分会、神经影像学分会、神经肿瘤分会、神经发育与再生分会、感觉和运动分会、神经科学研究技术分会、神经内稳态和内分泌分会、神经外科学基础与临床分会、突触可塑性分会、计算神经科学和神经工程分会、神经病学基础与临床分会、认知神经生物学分会、儿童认知与脑功能障碍分会、应激神经生物学分会、神经退行性疾病分会、意识与意识障碍分会

已加入国际组织（2个）： 国际脑研究组织，亚大神经科学联合会

公开出版刊物（1种）：

中国科协业务主管的期刊（0种）

非中国科协业务主管的期刊（1种）

Neuroscience Bulletin（《神经科学通报英文版》）

设奖情况（8个）： 张香桐神经科学青年科学家奖；张香桐神经科学优秀研究生论文奖；Olympus Travel Fellowship；CNS Awards for Excellent Conference Poster；CNS-FENS Travel Awards；CNS-JNS Travel Awards；中国神经科学学会 Neuroscience Bulletin 编委杰出贡献奖；中国神经科学学会 Neuroscience Bulletin 优秀论文

中国认知科学学会
（信息截止日期为2019年3月31日）

统一社会信用代码：51100000717836286q
法定代表人：陈　霖
办 公 地 址：北京市朝阳区大屯路15号中科院生物物理所7300房间
邮 政 编 码：100101
联 系 电 话：010-64861049
电 子 邮 箱：sec@cogsci.org.cn
网　　　址：www.cogsci.org.cn

中国认知科学学会
Chinese Society for Cognitive Science

成立时间： 2013年1月18日

历史简介： 由陈霖、韦钰、郑南宁发起，2009年12月，学会筹备组向中国科协提交了筹备申请。2010年4月，中国科协批复同意作学会的业务主管单位。2011年7月，民政部批准筹备成立。2011年11月30日，在北京召开成立大会暨第一次全国会员代表大会。会议选举产生了理事长陈霖，副理事长韦钰、郑南宁、段树民、郭爱克、贺福初，秘书长马原野，以及包括赵继宗院士等首届理事会成员32人。2013年1月18日，民政部正式批准学会登记成立。学会住所设在北京，目前为第二届理事会。

业务主管单位： 中国科学技术协会

办事机构支撑单位： 中国科学院生物物理研究所

个人会员数量： 1080 人

单位会员数量： 25 个

第二届理事会选举时间： 2018 年 12 月 23 日

理事长： 陈　霖　中国科学院生物物理研究所　研究员
中国科学院院士

副理事长（6 人）：

马原野　中国科学院昆明动物研究所　研究员

辛景民　西安交通大学　教授

陆　林　北京大学第六医院　中国科学院院士

赵继宗　首都医科大学附属北京天坛医院　中国科学院院士

段树民　浙江大学医学部　主任　中国科学院院士

潭力海　深圳神经科学研究院　教授

秘书长： 周　馨（女）　中科院生物物理研究所

党组织情况： 中国认知科学学会党委　书记：陈霖
中国认知科学学会秘书处党支部　无

分支机构（6 个）： 认知科学和脑疾病转化医学工作委员会、认知计算与人工智能工作委员会、社会认知科学分会、神经环路与信息处理专业委员会、神经教育学分会、神经与精神影像专业委员会

已加入国际组织： 无

公开出版刊物（0 种）：

中国科协业务主管的期刊（0 种）

非中国科协业务主管的期刊（0 种）

设奖情况： 无

中国微循环学会

（信息截止日期为2019年3月31日）

统一社会信用代码：51100000500150493
法定代表人：詹启敏
办 公 地 址：江苏省南京市丁家桥87号
邮 政 编 码：210009
联 系 电 话：025-83272369
电 子 邮 箱：csm_nj@126.com
网　　　址：http://www.microcirculation.org.cn

中国微循环学会
Chinese Society of Microcirculation

成立时间： 1993年8月30日

历史简介： 1993年，以修瑞娟为代表的四十多名微循环专家提出申办请求，经中国科学技术协会审查，国家科委批复，民政部登记备案，中国微循环学会于1993年8月30日成立，并于10月4日在山东泰安举行了成立大会，由国内各省市60位多年从事微循环临床实践及基础实验研究的专家组成了第一届中国微循环学会理事会，全体理事一致推举时任世界微循环学会联合会常委、亚洲微循环联盟主席、中国医学科学院副院长、中国协和医科大学副校长、中国医学科学院微循环研究所所长修瑞娟担任理事长。首届理事会主要成员有修瑞娟、金惠铭、赵克森、郑超强、徐弘道、曾祥元、段重高等教授。中国微循环学会1993年加入中国科协。1993~2011年学会挂靠在中国医学科学院微循环研究所，2011 年 7 月经中国科协同意和民政部批准，学会挂靠单位转移至南京市的东南大学附属中大医院。学会住所设在南京，历届理事长为修瑞娟、詹启敏、刘乃丰。目前为第五届理事会。

业务主管单位： 中国科学技术协会

办事机构支撑单位： 东南大学附属中大医院

个人会员数量： 950 人

单位会员数量： 12 个

第五届理事会选举时间： 2018 年 7 月 7 日

理事长： 刘乃丰　东南大学校长助理兼东南大学医学院　院长

副理事长（6 人）：

詹启敏　北京大学　常务副校长　北京大学医学部主任
中国工程院院士

韩晶岩　北京大学基础医学院　主任　教授

孙子林　东南大学医学院　副院长

黄巧冰（女）　南方医科大学基础医学院　教授

张　华　中国医学科学院北京协和医学院　科技管理处
副处长

张　坚　中国医学科学院微循环研究所　副所长

秘书长： 詹启敏（兼）

党组织情况： 中国微循环学会党委　书记：詹启敏
中国微循环学会秘书处党支部

分支机构（12 个）： 眼微循环专业委员会、神经变性病专业委员会、糖尿病专业委员会、痰瘀专业委员会、休克专业委员会、血流流变学专业委员会、血液治疗专业委员会、周围血管疾病专业委员会、脑血管病专业委员会、肿瘤微循环专业委员会、神经与康复专业委员会、转化医学专业委员会

已加入国际组织： 亚洲微循环联盟

公开出版刊物： 无

设奖情况： 无

国际数字地球协会
（信息截止日期为2019年3月31日）

统一社会信用代码：51100000500196217
法定代表人：郭华东
办 公 地 址：北京市海淀区邓庄南路9号
邮 政 编 码：100094
联 系 电 话：010-82178912
电 子 邮 箱：isde@radi.ac.cn
网　　址：http://www.digitalearth-isde.org

国际数字地球协会
International Society for Digital Earth

成立时间： 2004年7月13日

历史简介： 由路甬祥、徐冠华、陈宜瑜、陈述彭、陈运泰、陈俊勇、李德仁、郭华东等发起，前身是数字地球国际会议国际指导委员会。在加拿大、美国等10余个国家专家学者的建议下，2002年2月在北京召开协会筹委会第一次会议。2002年9月初，由中科院、科技部和中国科协共同签发了报国务院“关于成立国际数字地球学会的申请”，并于当月经外交部审核通过。2002年10月专门召开会议，成立了国际数字地球学会筹委会。2003年2月向民政部申报。2003年11月，中国科协批复同意作为该协会业务主管单位。2004年，民政部正式批复成立。2006年5月21日在北京召开第一次执行委员会会议。首届学会主席是路甬祥；首届执委会主要成员徐冠华、陈述彭、陈运泰、Mike Goodchild（美国加利福尼亚大学教授）、Milan Konecny（国际制图协会任主席）等。学会住所设在北京，目前为第三届执委会。

业务主管单位： 中国科学技术协会
办事机构支撑单位： 中国科学院遥感与数字地球研究所
个人会员数量： 509 人
单位会员数量： 60 个
第二届执委会选举时间： 2015 年 10 月 4 日
主席： 郭华东　中国科学院遥感与数字地球研究所　中国科学院院士
副主席（2 人）：
John Townshend　美国马里兰大学　教授
Alessandro Annoni　欧洲委员会联合研究中心　教授
秘书长： Mario Hernandez　国际科学理事会“未来地球”工作委员会委员
党组织情况： 国际数字地球协会党委　无
国际数字地球协会秘书处党支部　无

分支机构（0 个）：
已加入国际组织（2 个）： 地球观测组织（Group on Earth Observations, GEO）、国际科学理事会（International Science Council, ICSU）
公开出版刊物（2 种）：
中国科协业务主管的期刊（1 种）
《地球大数据》
非中国科协业务主管的期刊（1 种）
《国际数字地球学报》
设奖情况（4 个）： 数字地球科技贡献奖；数字地球企业贡献奖；国际数字地球会议组织奖；数字地球学会奖

国际动物学会

（信息截止日期为2019年3月31日）

统一社会信用代码：50002057-7
法定代表人：张知彬
办 公 地 址：北京市朝阳区北辰西路1号院5号中国科学院动物研究所C座
邮 政 编 码：100101
联 系 电 话：010-64807295
电 子 邮 箱：iszs@ioz.ac.cn
网　　址：www.globalzoology.org

国际动物学会
International Society of Zoological Sciences

成立时间： 2004年8月24日

历史简介： 国际动物学大会创始于1889年，是国际动物学界最高级别科学会议。首届大会于1889年在法国巴黎召开，之后每4年在世界各地举行。为主办好国际动物学大会，国际生物科学联合会（IUBS）于2004年1月接受了由中国科学家中国科学院动物研究所研究员张知彬、澳大利亚科学家John Buckeridge和以色列科学家Francis Dov Por提出的共同提案，成立国际动物学会，以便更好和更加有效地主办国际动物学大会。2004年8月24日，在北京召开的第十九届国际动物学大会上，经各国动物学家投票一致同意，决定成立国际动物学会。由此，国际动物学会正式成立。大会同时通过决议，国际动物学会永久性秘书处落户中国，挂靠于中国科学院动物研究所。2006 年加入中国科协。学会住所设在北京，历届理事长为：John Buckeridge、Jean-Marc Jallon、张知彬，目前为第三届理事会。

业务主管单位： 中国科学技术协会

办事机构支撑单位： 中国科学院动物研究所

个人会员数量： 1331 人

单位会员数量： 124 个

第三届理事会选举时间： 2012 年 9 月 7 日

理事长： 张知彬　中国科学院动物研究所　研究员

副理事长（2 人）：

Abraham Haim　以色列海法大学　教授

长滨嘉孝　日本爱媛大学　教授

秘书长： 韩春绪　中国科学院动物研究所　高级工程师

党组织情况： 国际动物学会党委　无

国际动物学会秘书处党支部　无

分支机构： 无

已加入国际组织（1 个）： 国际生物科学联合会

公开出版刊物（1 种）：

中国科协业务主管的期刊（1 种）

Integrative Zoology（《整合动物学》英文版）

非中国科协业务主管的期刊（0 种）

设奖情况： 无

中国机械工程学会

（信息截止日期为2019年3月31日）

统一社会信用代码：51100000500004091G
法定代表人：张彦敏
办 公 地 址：北京市海淀区首体南路9号主语国际4号楼11层
邮 政 编 码：100048
联 系 电 话：010-68799009
电 子 邮 箱：headquarters@cmes.org
网　　　址：http://www.cmes.org

B-工科

中国机械工程学会
Chinese Mechanical Engineering Society

成立时间： 1936年5月21日

历史简介： 1935年10月10日，刘仙洲、王季绪、杨毅、李辑祥、庄前鼎、顾毓琭和王士倬等联名发函，倡导创建中国机械工程学会并征集发起人。1936年5月21日，在杭州召开成立大会，通过会章，选举黄伯樵为会长，庄前鼎为副会长。中华人民共和国成立前，黄伯樵、陈石英、程孝刚、杨毅、韦以黻先后担任会长。中华人民共和国成立后，由刘仙洲、石志仁、刘鼎、沈鸿、庄前鼎、孟少农、茅以新等发起，重建学会。1951年9月15~17日在北京召开第一次全国代表大会，选举石志仁为理事长，刘仙洲为副理事长，孟少农为秘书长。1952年1月，经中央人民政府内务部核准登记。

1966~1977 年，学会停止活动。1978 年 9 月，学会恢复活动。学会重建之初即为原全国科联成员，学会住所设在北京，历届理事长为：石志仁、刘鼎、汪道涵、沈鸿、陶亨咸、陆燕荪、何光远、路甬祥、周济、李培根，目前为第十一届理事会。

业务主管单位： 中国科学技术协会

办事机构支撑单位： 中国机械工业联合会

个人会员数量： 51152 人

单位会员数量： 3047 个

第十一届理事会选举时间： 2016 年 11 月 11 日

理事长： 李培根　华中科技大学　教授　中国工程院院士

副理事长（10 人）：

张彦敏　中国机械工程学会　常务副理事长　教授级高级工程师

王德成　机械科学研究总院集团有限公司　董事长　研究员

尤　政　清华大学　副校长　教授　中国工程院院士

陆大明　中国机械工程学会　副理事长兼秘书长　教授级高级工程师

陈　钢　国家市场监管总局党组成员（副部长级）　研究员

陈学东　合肥通用机械研究院有限公司　董事长　教授级高级工程师　中国工程院院士

林忠钦　上海交通大学　校长　教授　中国工程院院士

郭东明　大连理工大学　校长　教授　中国工程院院士

蒋庄德　西安交通大学　教授　中国工程院院士

谭建荣　浙江大学　教授　中国工程院院士

秘书长： 陆大明（兼）

监事长： 宋天虎　中国机械工程学会　研究员级高级工程师

党组织情况： 中国机械工程学会党委　书记：李培根

中国机械工程学会秘书处党总支　书记：张彦敏

分支机构（49个）： 铸造分会、焊接分会、塑性工程分会、生产工程分会、热处理分会、机械设计分会、机械传动分会、理化检验分会、粉末冶金分会、无损检测分会、摩擦学分会、特种加工分会、机械工业自动化分会、设备与维修工程分会、物流工程分会、压力容器分会、工业炉分会、材料分会、管理工程分会、流体工程分会、工业设计分会、失效分析分会、机械科技情报分会、流体传动与控制分会、可靠性工程分会、包装与食品工程分会、环境保护与绿色制造技术分会、机械史分会、工业工程分会、表面工程分会、成组与智能集成技术分会、微纳制造技术分会、生物制造工程分会、再制造工程分会、增材制造技术分会、机器人分会、学术工作委员会、组织工作委员会、编辑出版工作委员会、教育培训工作委员会、科技咨询工作委员会、青年工作委员会、科技奖励工作委员会、科普工作委员会、会员会籍工作委员会、国际交流工作委员会、信息工作委员会、标准化工作委员会、展览工作委员会

已加入国际组织（11个）： 国际焊接学会、世界铸造组织、国际热处理与表面工程联合会、国际机构学和机器科学联合会、国际摩擦学理事会、国际无损检测委员会、国际机械工程学会联合会、国际食品工程协会、国际压力容器理事会、亚太地区无损检测委员会、太平洋地区焊接组织联合会

公开出版刊物（36种）：

中国科协业务主管的期刊（20种）

《机械工程学报》、*Chinese Journal of Mechanical Engineering*（《中

国机械工程学报》)、《中国机械工程》《材料热处理学报》《中国表面工程》《塑性工程学报》《压力容器》《流体机械》《中国铸造装备与技术》《特种铸造及有色合金》《焊接学报》《制造技术与机床》《机械设计》《粉末冶金技术》《无损检测》《润滑与密封》《设备管理与维修》《组合机床与自动化加工技术》《机床与液压》《汽车知识》

非中国科协业务主管的期刊（16种）

《铸造》《焊接》、*China Welding*（《中国焊接》)、《锻压技术》《金属热处理》《机械传动》《理化检验－物理分册》《理化检验－化学分册》《电加工与模具》《制造业自动化》《机械工程材料》《液压与气动》《包装与食品机械》《机械强度》《现代铸铁》《金刚石与磨料磨具工程》

设奖情况（2个）： 中国机械工程学会科技奖；中国机械工业科学技术奖

中国汽车工程学会

（信息截止日期为2019年3月31日）

统一社会信用代码：51100000500002256Q
法定代表人：张进华
办 公 地 址：北京市亦庄经济开发区荣华南路13号院7号楼（中航国际广场H5）6层
邮 政 编 码：100176
联 系 电 话：010-50911004
电 子 邮 箱：office@sae-china.org
网　　　址：http://www.sae-china.org

B-工科

中国汽车工程学会
Society of Automotive Engineers of China

成立时间： 1985年3月15日

历史简介： 前身是中国机械工程学会汽车工程分会，1963年成立于长春。由江泽民、胡亮、孟少农、吴正若等发起，江泽民任第一届理事会理事长，郭力、方传流、王能何、胡亮、张德庆任副理事长。1985年3月，经国家体改委批准设立“中国汽车工程学会”，胡亮任首届理事长，同年3月加入中国科协。1991年9月，经民政部批准成为社团法人。学会住所设在北京，历届理事长为：江泽民、胡亮、张兴业、张小虞、付于武、李骏，目前为第九届理事会。

业务主管单位： 中国科学技术协会

办事机构支撑单位： 中国机械工业联合会

个人会员数量： 75000 人

单位会员数量： 1600 个

第九届理事会选举时间： 2017 年 12 月 20 日

理事长： 李　骏　清华大学　中国汽车工程学会　教授　中国工程院院士

副理事长（14 人）：

张进华　中国汽车工程学会　常务副理事长兼秘书长　高工

陈　龙　江苏大学　副校长　教授

丁宏祥　中国机械工业集团有限公司　党委常委　副总经理　高级经济师

高和生　中国汽车技术研究中心　副主任　教授级高工

管　欣　吉林大学　汽车工程学院　院长　教授

李开国　中国汽车工程研究院股份有限公司　董事长　研究员级高工

刘　波　重庆长安汽车股份有限公司　副总裁　研究员级高工

刘卫东　东风汽车集团有限公司　党委常委　副总经理　研究员级高工

欧阳明高　清华大学　学术委员会副主任　教授　中国科学院院士

王秋景　广州汽车集团股份有限公司　院长　高工

项昌乐　北京理工大学　副校长　教授

余卓平　同济大学　校长助理　教授

赵　韩　合肥工业大学　教授

吕绍明　中国汽车工业协会　副会长兼秘书长　研究员级高工

秘书长： 张进华（兼）

党组织情况： 中国汽车工程学会党委　书记：张进华

中国汽车工程学会秘书处党支部　书记：侯福深

分支机构（49个）： 汽车制造分会、汽车产品分会、汽车经济发展研究分会、汽车应用与服务分会、汽车技术教育分会、汽车材料分会、汽车现代化管理分会、汽车发动机分会、专用车分会、矿用汽车分会、摩托车分会、电动汽车分会、科学技术咨询工作委员会、组织工作委员会、科学技术普及工作委员会、编辑工作委员会、汽车车身技术分会、代用燃料汽车分会、汽车智能交通分会、汽车燃料与润滑油分会、汽车非金属材料分会、汽车电子技术分会、汽车安全技术分会、科技奖励工作委员会、汽车环境保护技术分会、汽车转向技术分会、越野车技术分会、汽车测试技术分会、工程建设与装备技术分会、涂装技术分会、货运装备技术分会、悬架技术分会、广州办事处、振动噪声分会、齿轮技术分会、房车与营地工程技术分会、技术管理分会、防腐蚀老化分会、上海工作部、标准化工作委员会、人才评价工作委员会、青年工作委员会、知识产权分会、电磁兼容分会、汽车灯光分会、汽车信息安全工作委员会、电器技术分会、汽车可靠性技术分会、汽车空气动力学分会

已加入国际组织： 国际汽车工程师学会联合会（FISITA）

公开出版刊物（5种）：

中国科协业务主管的期刊（1种）

《汽车工程》、《汽车创新工程》（英文）Autometive Innovation

非中国科协业务主管的期刊（4种）

《汽车之友》《汽车工艺与材料》《汽车技术》《专用汽车》

设奖情况： 中国汽车工业科学技术奖

中国农业机械学会
（信息截止日期为2019年3月31日）

统一社会信用代码：51100000500005748O
法定代表人：王　博
办公地址：北京市朝阳区德胜门外北沙滩一号
邮政编码：100083
联系电话：010-64882291
电子邮箱：csam@caams.org.cn
网　　址：http://www.agro-csam.org

中国农业机械学会
Chinese Society for Agricultural Machinery

成立时间： 1963年3月3日

历史简介： 1951年1月18~27日，农业部召开“第一次全国农具工作会议”，首次酝酿成立“中国农业机械学会”。1956年2月9日，在北京成立筹备委员会，选举刘仙洲、蹇先达、吴湘淦、余友泰、李克佐、王万钧、曾德超、陈伯川、孙景鲁9人为委员，负责学会筹备工作。1958年底，并入中国农学会，定名为中国农学会农业机械学组。1963年3月3日，175位代表出席在北京召开的首次代表大会，正式宣告成立。首届理事长为刘仙洲，副理事长为唐有章、郭栋才、陶鼎来、王万钧、曾德超。同时成立党组，书记张文昂、副书记王更生。1963年3月，加入中国科协，业务主管单位先后历经农机部、一机部、机械部等多个部委。学会住所设在北京，历届理事长为：刘仙洲、郭栋才、何光远、李守仁、高元恩、陈志、罗锡文，目前为第十一届理事会。

业务主管单位： 中国科学技术协会

办事机构支撑单位： 中国农业机械化科学研究院

个人会员数量： 12510 人

单位会员数量： 140 个

第十一届理事会选举时间： 2018 年 11 月 25 日

理事长： 王　博　中国农业机械化科学研究院　院长　高级工程师

副理事长（11 人）：

于海业　吉林大学生物与农业工程学院　院长　教授

刘　旭　农业部农业机械试验鉴定总站　副站长　研究员

刘恒新　农业部农机化技术开发推广总站　站长　高级工程师

李安宁　农业农村部农业机械化管理司　副司长　高级工程师

杨　洲　华南农业大学　副校长　教授

赵春江　国家农业信息化工程技术研究中心　主任　研究员　中国工程院院士

赵剡水　中国一拖集团有限公司　董事长　教授级高级工程师

姜文娟（女）　山东五征集团有限公司　总经理　工程师

袁寿其　江苏大学　党委书记　研究员

隋　斌　农业部规划设计研究院　院长　研究员

傅泽田　中国农业大学　校委员会　副主任　教授

秘书长： 张咸胜　中国农业机械学会　研究员

党组织情况： 中国农业机械学会党委　书记：王博

中国农业机械学会秘书处党支部　书记：张咸胜

分支机构（27个）： 农业机械化分会、拖拉机分会、排灌机械分会、畜牧机械分会、耕作机械分会、收获加工机械分会、材料与制造技术分会、基础技术分会、农机维修分会、农机市场分会、地面机器系统分会、农垦农机化分会、标准化分会、能源动力分会、农机监理分会、农副产品加工机械分会、机械化养猪工程分会、现代物理农业工程分会、农业航空分会、教育工作委员会、青年工作委员会、编辑工作委员会、普及工作委员会、人工智能分会、检验检测技术分会、设施园艺与果蔬机械分会、丘陵山区农林机械分会

已加入国际组织（2个）： 国际农业与生物系统工程学会（CIGR）、亚洲农业工程学会（AAAE）

公开出版刊物（3种）：

中国科协业务主管的期刊（1种）

《农业机械学报》

非中国科协业务主管的期刊（2种）

《排灌机械工程学报》《拖拉机与农用运输车》

设奖情况（3个）： 中国农业机械学会中国农业机械发展贡献奖；中国农业机械学会青年科技奖；中国农业机械学会中国农业机械发展终身荣誉奖

中国农业工程学会

（信息截止日期为2019年3月31日）

统一社会信用代码：51100000500024085
法定代表人：朱　明
办 公 地 址：北京市朝阳区麦子店街41号
邮 政 编 码：100125
联 系 电 话：010-59197100
电 子 邮 箱：hqcsae@agri.gov.cn
网　　　址：http://www.csae.org.cn

B-工科

中国农业工程学会
Chinese Society of Agricultural Engineering

成立时间： 1979年11月

历史简介： 1948年1月15日，陶鼎来、张季高、余友泰、曾德超、何宪章、水新元等赴美国学习农业工程专业的19名留学生，在美国加利福尼亚州斯托克顿城召开了“中国农业工程师学会”首次筹备会。会议一致通过在美国成立筹备会，待多数人回国，即在国内成立“中国农业工程师学会”。1979年，经中国农学会同意成立作为中国农学会专业学会，并于11月14~20日在杭州召开成立大会。后经中国科协同意，并报国家体改委批准于1985年3月成为全国性学会。大会选举了第一届理事长为朱荣，副理事长为：王荫坡、方悴农、张庆海、张季高、陶鼎来、曾德超。1985年，加入中国科协，1989年加入国际农业工程学会。学会住所设在北京，历届理事长为：朱荣、刘江、洪绂曾、刘成果、徐文海、汪懋华、朱明、隋斌，目前为第十届理事会。

业务主管单位： 中国科学技术协会

办事机构支撑单位： 农业农村部规划设计研究院

个人会员数量： 11672 人

单位会员数量： 25 个

第十届理事会选举时间： 2017 年 8 月 25 日

理事长： 隋　斌　农业农村部规划设计研究院　院长　党委副书记　研究员

副理事长（11 人）：

方宪法　中国农业机械化科学研究院　副院长兼总工程师　研究员

包　军　东北农业大学　校长　教授

朱　明　农业农村部规划设计研究院　首席科学家　研究员

李天来　沈阳农业大学　副校长　教授　中国工程院院士

李瑞川　山东五征集团有限公司　副总经理　研究员

吴普特　西北农林科技大学　校长　党委副书记　研究员

张全国　河南农业大学　副校长　教授

陆华忠　广东省农业科学院　院长　教授

赵春江　国家农业信息化工程技术研究中心　主任　研究员　中国工程院院士

袁寿其　江苏大学　党委书记　研究员

康绍忠　中国农业大学　教授　中国农业水土问题研究中心主任　中国二程院院士

秘书长： 朱　明（兼）

监事长： 崔　明　农业农村部规划设计研究院　研究员

党组织情况： 中国农业工程学会党委　书记：隋斌

中国农业工程学会秘书处党支部　书记：秦京光

分支机构（25个）： 学术交流工作委员会、国际交流工作委员会、科普工作委员会、咨询工作委员会、青年科技工作委员会、教育委员会、电子技术与计算机应用专业委员会、农业遥感专业委员会、农业机械化电气化专业委员会、农业工程经济与管理专业委员会、设施园艺工程专业委员会、种子机械装备工程专业委员会、农村能源工程专业委员会、农产品加工与贮藏工程专业委员会、农业系统工程专业委员会、农业工程情报信息专业委员会、畜牧工程专业分会、农业水土工程专业委员会、农村工程标准化专业委员会、土地利用工程专业委员会、山区资源综合利用开发分会、特种水产工程分会、蓖麻经济技术分会、农业航空分会、《农业工程学报》编辑委员会

已加入国际组织： 国际农业与生物系统工程学会（CIGR）

公开出版刊物（2种）：

中国科协业务主管的期刊（1种）

《农业工程学报》

非中国科协业务主管的期刊（1种）

《农业工程技术》

设奖情况（2个）： 中国农业工程学会青年科技奖；中国农业工程学会先进工作者

中国电机工程学会
（信息截止日期为2019年3月31日）

统一社会信用代码：51100000500017988
法定代表人：郑宝森
办 公 地 址：中国北京市西城区白广路二条一号
邮 政 编 码：100761
联 系 电 话：010-63414442
电 子 邮 箱：zhb@csee.org.cn
网　　　址：http://www.csee.org.cn

中国电机工程学会
Chinese Society for Electrical Engineering

成立时间： 1934年10月14日

历史简介： 1933年2月，清华大学电机工程系主任顾毓琇等在《电工》刊物上发表了“中国电工学会的发起”一文，文中倡议成立电机工程界的学会，这是创建中国电机工程学会的先声。1934年7月，浙江大学工学院院长李熙谋、上海交通大学工学院院长张廷金等45人联合刊出“中国电机工程师学会缘起”一文，倡议国内电机工程事业同行组织学术性团体，得到广泛响应。1934年10月14日，“中国电机工程师学会”（中国电机工程学会前身）在上海成立，李熙谋为第一届董事会会长，张廷金、赵曾珏、顾毓琇、张惠康、陈良辅、包可永、胡瑞祥、裘维裕、恽震、庄仲文等10人为第一届董事会董事。1934~1948年历经九届董事会。中华人民共和国成立后，为适应电力工业和电机制造业发展的需要，中华全国自然科学专门学会联合会（中国科协前身）推请刘澜波、鲍国宝、马大猷负责，联系全国电机工程界专家学者300余名，共同具名发起筹建中国电机工程学会，于1956年6月成立“中国电机工程学会筹备委员会”，1956年7月经中华人民共和国内务部核准登记。1958年5月，在北京召开第一次全国会员代表大会，同年加入中国科协。学会住所设在北京，历届理事长为：刘澜波、程明陞、毛鹤年、张凤祥、陆延昌、郑宝森，目前为第十届理事会。

业务主管单位： 中国科学技术协会

办事机构支撑单位： 国家电网有限公司

个人会员数量： 148990人

单位会员数量： 494个

第十届理事会选举时间： 2014年5月20日

理事长： 郑宝森　中国电机工程学会　教授级高级工程师

副理事长（15人）：

张智刚　国家电网有限公司　副总经理

谢明亮　中国电机工程学会　副理事长兼秘书长

毕亚雄　中国南方电网有限责任公司　副总经理

刘国跃　中国华能集团有限公司　副总经理

邓建玲　中国华能集团有限公司　副总经理

金耀华　中国大唐集团有限公司　副总经理

米树华（蒙古族）　国家能源投资集团有限责任公司　副总经理

王树民　国家能源投资集团有限责任公司　副总裁

魏　锁　国家电力投资集团有限公司　副总经理

王良友　中国长江三峡集团公司　副总经理

姚　强　中国电力建设集团有限公司　副总经理

赵　洁（女）　中国能源建设股份有限公司　原副总经理

刘吉臻　华北电力大学　原校长　中国工程院院士

宋永华　澳门大学　校长

陈　斌　中国机械工业联合会　副会长

秘书长： 谢明亮（兼）

党组织情况： 中国电机工程学会党委　书记：郑宝森

分支机构（54个）： 组织工作委员会、学术工作委员会、科普工作委员会、外事工作委员会、咨询工作委员会、编辑工作委员会、青年工作委员会、名词术语工作委员会、标准工作委员会、安全技术专业委员会、变电专业委员会、测试技术及仪表专业委员会、超导与新材料应用技术专业委员会、城市供电专业委员会、电机专业委员会、电磁环境专业委员会、电工理论与新技术专业委员会、电工数学专业委员会、电力工程经济专业委员会、电力环境保护专业委员会、电力建设专业委员会、电力通信专业委员会、电力土建专业委员会、电力系统专业委员会、电力系统自动化专业委员会、电力信息化专业委员会、电站焊接专业委员会、动能经济专业委员会、风力与潮汐发电专业委员会、高电压专业委员会、核能发电分会、火力发电专业委员会、继电保护专业委员会、金属材料专业委员会、可靠性专业委员会、能源系统专业委员会、农村电气化专业委员会、清洁低碳发电专业委员会、燃气轮机发电专业委员会、热电专业委员会、热工自动化专业委员会、输电线路专业委员会、水电设备专业委员会、智慧用能与节能专业委员会、直流输电与电力电子专业委员会、电力储能专业委员会、电力防灾减灾专业委员会、电力市场专业委员会、分布式发电及智能配电专业委员会、太阳能热发电专业委员会、新能源并网与运行专业委员会、智能电子设备与系统专业委员会、人工智能专业委员会、能源互联网专业委员会

已加入国际组织（2个）： 国际大电网委员会、国际供电会议组织

公开出版刊物（9种）：

中国科协业务主管的期刊（4种）

《中国电机工程学报》《农村电气化》《农电管理》、*CSEE Journal of Power and Energy Systems*《中国电机工程学会电力与能源系统学报》

非中国科协业务主管的期刊（5种）

《中国电力》《高电压技术》《电力安全技术》《热力发电》《大电机技术》

设奖情况（3个）： 中国电力科学技术奖；中国电力年度科技人物奖；顾毓琇电机工程奖

中国电工技术学会
（信息截止日期为2019年3月31日）

统一社会信用代码：511000005000060469
法定代表人：裴相精
办 公 地 址：北京市西城区莲花池东路102号天莲大厦10层
邮 政 编 码：100055
联 系 电 话：010-63256857
电 子 邮 箱：cespublic@ces.org.cn
网　　　址：http://www.ces.org.cn/

中国电工技术学会
China Electrotechnical Society

成立时间： 1981年7月23日

历史简介： 由江泽民、褚应璜、张本鸿、何效宁、丁舜年、张大奇、顾谷同、汤明奇等发起，1981年7月在北京召开成立大会。首任理事长为高景德，秘书长为张本鸿。原业务主管单位为机械工业部，1985年3月经中国科协同意以及国家体改委批准为全国学会，同时加入中国科协。学会住所设在北京，历届理事长为：高景德、赵明生、沈烈初、关志成、吴晓华、孙昌基、杨庆新，目前为第八届理事会。

业务主管单位： 中国科学技术协会

办事机构支撑单位： 中国机械工业联合会

个人会员数量： 53929 人

单位会员数量： 1528 个

第八届理事会选举时间： 2015 年 3 月 21 日

理事长： 杨庆新　天津理工大学　校长　教授

副理事长（17 人）：

尹天文　上海电器科学研究院　院长　教授级高级工程师

叶向东　中国华能集团公司　副总经理　高级工程师

孙逢春　北京理工大学　原副校长　教授　中国工程院院士

朱元巢　中国东方电气集团有限公司　副总经理　教授级高级工程师

宋永华　澳门大学　校长　教授

宋晓刚　中国机械工业联合会　执行副会长　教授级高级工程师

张文亮　国家电网公司　副总工程师　教授级高级工程师

肖立业　中国科学院电工研究所　所长　研究员

荣命哲　西安交通大学　副校长　教授

郝玉成　中国机械工业集团有限公司　副总工程师　副院长　研究员

徐殿国　哈尔滨工业大学　副校长　教授

郭嵋俊　正泰集团股份有限公司　副总裁

梁曦东　清华大学　教授

陈干锦　上海电气集团股份有限公司　副总裁

管瑞良　常熟开关制造有限公司　常务副总经理　总工程师　高级工程师

裴振江　中国西电集团公司　总经理　高级工程师

裴相精　中国电工技术学会　高级工程师

秘书长： 裴相精（兼）

党组织情况： 中国电工技术学会党委　书记：郝玉成

中国电工技术学会秘书处党支部　书记：韩毅

分支机构（64个）： 学术工作委员会、组织工作委员会、编辑工作委员会、教育工作委员会、科普工作委员会、咨询工作委员会、国际交流工作委员会、青年工作委员会、电力电子专业委员会、电接触及电弧专业委员会、电工测试专业委员会、电池专业委员会、船舶电工专业委员会、低压电器专业委员会、绝缘材料与绝缘技术专业委员会、煤矿电工专业委员会、大电机专业委员会、中小型电机专业委员会、微特电机专业委员会、直线电机专业委员会、永磁电机专业委员会、小功率电机专业委员会、电线电缆专业委员会、碳－石墨材料专业委员会、电工产品可靠性专业委员会、电子束离子束专业委员会、电热专业委员会、电控系统与装置专业委员会、电工产品环境技术专业委员会、电工理论与新技术专业委员会、电工陶瓷专业委员会、超导应用技术专业委员会、工业与建筑应用电气专业委员会、自动化及计算机应用专业委员会、电磁兼容专业委员会、工程电介质专业委员会、电镀涂敷专业委员会、输变电设备专业委员会、电力电容器专业委员会、新能源发电设备专业委员会、电动车辆专业委员会、机电一体化专业委员会、电气节能专业委员会、电气工程教育专业委员会、电焊技术专业委员会、现代设计专业委员会、氢能发电装置专业委员会、电器智能化系统及应用专业委员会、电磁发射技术专业委员会、水工业电工专业委员会、石化电工专业委员会、大容量试验技术专业委员会、铅酸蓄电池专业委员会、电力系统控制与保护专业委员会、移动电站技术专业委员会、轨道交通电气设备技术专业委员会、无线电能传输技术专业委员会、风力发电技术专业委员会、半导体光源系统专业委员会、防爆电气技术专业委员会、等离子体及应用专业委员会、超级电容器与储能技术专业委员会、能源互联网装备技术专业委员会、电动汽车充换电系统与试验专业委员会

已加入国际组织（5个）： 国际电磁场计算学会、国际电磁发射技术会议常务委员会、亚太电动车协会、美国电气电子工程师学会（会员互认关系）、英国工程技术学会（会员互认关系）

公开出版刊物（3种）：

中国科协业务主管的期刊（3种）

《电工技术学报》《电气技术》《中国电工技术学会电机与系统学报（英文版）》（CES TEMS）

非中国科协业务主管的期刊（0种）

设奖情况（1个）： 中国电工技术学会科学技术奖

中国水力发电工程学会
（信息截止日期为2019年3月31日）

统一社会信用代码：51100000500003435６
法定代表人：袁柏松
办 公 地 址：北京市海淀区车公庄西路22号院A座11层
邮 政 编 码：100048
联 系 电 话：010-58382515
电 子 邮 箱：b07@cast.org.cn
网　　址：http://www.hydropower.org.cn/

中国水力发电工程学会
China Society for Hydropower Engineering

成立时间： 1980年6月

历史简介： 1980年6月，以李锐、施嘉炀、张铁铮、梁益华等为代表的中国水电专家，在新安江水电站共同发起组建并召开成立大会。1985年3月20日经国家体改委正式批准成立，同年加入中国科协。首届理事长为施嘉炀，李鹗鼎、黄文熙、张铁铮、张昌龄、覃修典、谷德振、沈信祥、徐治时、伍正诚、贺毅等为主要成员。学会住所设在北京，历届理事长为：施嘉炀、李鹗鼎、周大兵、张基尧、张野，目前为第八届理事会。

业务主管单位： 中国科学技术协会

办事机构支撑单位： 水电水利规划设计总院

个人会员数量： 38759 人

单位会员数量： 194 个

第八届理事会选举时间： 2016 年 11 月 22 日

理事长： 张　野　原国务院南水北调工程建设委员会办公室　副主任　教授级高级工程师

副理事长（16 人）：

袁柏松　中国水利发电工程学会　副理事长兼秘书长　高级经济师

韩　水　国家能源局　原总工程师　教授级高级工程师

么　虹　中国南方电网有限责任公司　副总工程师　教授级高级工程师

刘国跃　中国华能集团公司　副总经理　党组成员　高级工程师

王　森　中国大唐集团公司　副总经理　党组成员　高级工程师

杨清廷　中国华电集团公司　副总经理　党组成员　高级工程师

谢长军　原中国国电集团公司　副总经理　教授级高级工程师

夏　忠　国家电力投资集团公司　副总经理　党组成员　教授级高级工程师

王　琳　中国长江三峡集团公司　总经理　党组副书记　高级经济师

陈云华　国家开发投资集团公司　总裁助理　教授级高级工程师

晏志勇　中国电力建设集团有限公司　董事长　党委书记　教授级高级工程师

周厚贵　中国能源建设集团有限公司　副总经理　教授级高级工程师

张建民　清华大学土木水利学院　院长　教授
中国工程院院士

朱跃龙　河海大学　副校长　教授

张建云　南京水利科学研究院　院长　中国工程院院士
教授级高级工程师

郑声安　水电水利规划设计总院　院长　教授级高级工程师

秘书长： 袁柏松（兼）

党组织情况： 中国水力发电工程学会党委　书记：张野
中国水力发电工程学会秘书处党支部　书记：吴义航

分支机构（32个）： 国际河流水电开发生态环境研究工作委员会、高坝通航工程专业委员会、电网调峰与抽水蓄能专业委员会、信息化专业委员会、水电站运行管理专业委员会、混凝土面板堆石坝专业委员会、水工及水电站建筑物专业委员会、环境保护专业委员会、地质及勘探专业委员会、工程造价专业委员会、水能规划及动能经济专业委员会、水工金属结构专业委员会、水力机械专业委员会、水工水力学专业委员会、水文泥沙专业委员会、机械疏浚专业委员会、碾压混凝土筑坝专业委员会、大坝安全监测专业委员会、电气专业委员会、自动化专业委员会、水电监理专业委员会、水电控制设备专业委员会、抗震防灾专业委员会、继电保护专业委员会、施工专业委员会、电力系统自动化专业委员会、梯级调度控制专业委员会、小水电专业委员会、风险管理专业委员会、水库专业委员会、贯流式水电站专业委员会、清洁能源装备冷却技术专业委员会

已加入国际组织（2个）： 国际水利与环境工程学会（International

Association for Hydro-Environment Engineering and Research)、国际水电协会(International Hydropower Association)

公开出版刊物(6种):

中国科协业务主管的期刊(2种)

《水力发电学报》《岩土工程学报》

非中国科协业务主管的期刊(4种)

《水电能源科学》《大坝与安全》《小水电》《水电站机电技术》

设奖情况(5个): 水力发电科学技术奖;潘家铮奖;水电英才奖;潘家铮水电奖学金;《水力发电学报》优秀论文奖

中国水利学会

（信息截止日期为2019年3月31日）

统一社会信用代码：511000005000096690

法定代表人：胡四一

办 公 地 址：北京市西城区白广路二条16号

邮 政 编 码：100053

联 系 电 话：010-63204863

电 子 邮 箱：ches@mwr.gov.cn

网 址：http://www.ches.org.cn

中国水利学会
Chinese Hydraulic Engineering Society

成立时间： 1931年4月22日

历史简介： 1931年4月，以我国近代水利先驱李仪祉、李书田为首的一批学者，在南京发起成立了我国历史上第一个水利学术团体——中国水利工程学会。公推李仪祉为会长，李书田为副会长，张自立为总干事，茅以升、陈懋解、沈百先、张含英、须恺、孙辅世为董事。1957年4月，在张含英、严恺、郝执斋等倡议和努力下，在北京召开中华人民共和国成立后第一次全国会员代表大会，正式更名为“中国水利学会”。选出56人组成第一届理事会，张含英为理事长，冯仲云、须恺、李锐为副理事长，郝执斋为秘书长。1958年，加入中国科协。1966~1977年停止活动，1978年恢复活动。学会住所设在北京，历届理事长为：李仪祉、沈百先、须恺、张含英、严恺、杨振怀、严克强、朱尔明、高安泽、敬正书、胡四一，目前为第十届理事会。

业务主管单位： 中国科学技术协会

办事机构支撑单位： 水利部

个人会员数量： 85781 人

单位会员数量： 202 个

第十届理事会选举时间： 2015 年 6 月 30 日

理事长： 胡四一　第十三届全国政协提案委员会　副主任　水利部原副部长　教授级高级工程师

副理事长（8 人）：

匡尚富　中国水利水电科学研究院　院长　教授级高级工程师

张建云　南京水利科学研究院　院长　教授级高级工程师　中国工程院院士

马建华　长江水利委员会　副主任　总工程师　教授级高级工程师

薛松贵　黄河水利委员会　副主任　总工程师　教授级高级工程师

李新军　国务院南水北调工程建设委员会办公室　总工程师　教授级高级工程师

徐　辉　河海大学　校长　教授

陈永灿　清华大学土木水利学院　院长　教授

吴　澎　中交水运规划设计院有限公司　副总经理　总工程师　教授级高级工程师

秘书长： 汤鑫华　中国水利学会　秘书长　教授级高级工程师

党组织情况： 中国水利学会党委　书记：匡尚富

中国水利学会秘书处党支部　书记：汤鑫华

分支机构（51个）： 泥沙专业委员会、岩土力学专业委员会、施工专业委员会、水工结构专业委员会、水文专业委员会、农村水利专业委员会、水力学专业委员会、环境水利专业委员会、水利管理专业委员会、水利史专业委员会、港口航道专业委员会、遥感专业委员会、水利水电信息专业委员会、水利量测技术专业委员会、规划专业委员会、勘测专业委员会、水文气象学专业委员会、水生态专业委员会、水利信息化专业委员会、水法研究专业委员会、减灾专业委员会、滩涂湿地保护与利用专业委员会、水利统计专业委员会、淮河分会、水资源专业委员会、水利建设管理专业委员会、人力资源和社会保障专业委员会、泵及泵站专业委员会、水力发电专业委员会、地基与基础工程专业委员会、学术交流工作委员会、科普工作委员会、科技咨询工作委员会、青年科技工作委员会、《水利学报》编辑委员会、水利标准化工作委员会、国际合作与交流工作委员会、海峡两岸科技交流促进工作委员会、河口治理与保护专业委员会、水利水电风险管理专业委员会、地下水科学与工程专业委员会、雨水利用专业委员会、城市水利专业委员会、调水专业委员会、疏浚与泥处理利用专业委员会、牧区水利专业委员会、会计专业委员会、期刊工作委员会、水工金属结构专委会、混凝土面板堆石坝专委会、工程爆破专委会

已加入国际组织： 世界水理事会

公开出版刊物（6种）：

中国科协业务主管的期刊（4种）

《泥沙研究》《中国防汛抗旱》《水利学报》《岩土工程学报》

非中国科协业务主管的期刊（2种）

《灌溉排水学报》《水科学进展》

设奖情况： 大禹水利科学技术奖

中国内燃机学会

（信息截止日期为2019年3月31日）

统一社会信用代码：511000005000044034
法定代表人：李树生
办 公 地 址：上海市闵行区华宁路3111号
邮 政 编 码：201108
联 系 电 话：021-31310973
电 子 邮 箱：zhuweijin66@126.com
网 址：http://www.csice.org.cn

中国内燃机学会
Chinese Society for Internal Combustion Engines

成立时间： 1981年3月14日

历史简介： 由江厚渊、史绍熙、沈岳瑞、杨振汉等发起，1965年经中国科协同意开始筹备。1966年，经中国科协主席团讨论，同意成立，后因故未能正式成立。1978年又向原国家科学技术委员会、中国科协报告，建议成立“中国内燃机学会”。1981年3月14—17日，在上海召开成立大会。与会代表220名，选举产生了第一届理事长张逢时，洪宝顺、史绍熙、江厚渊、刘颖、李衡生为副理事长，江厚渊兼任秘书长。学会住所设在上海，历届理事长为：张逢时、史绍熙、何光远、李守仁、张小虞、金东寒，目前为第八届理事会。

业务主管单位： 中国科学技术协会

办事机构支撑单位： 中国船舶重工集团公司第七一一研究所

个人会员数量： 12397 人

单位会员数量： 150 个

第八届理事会选举时间： 2016 年 10 月 19 日

理事长： 金东寒　上海大学　校长　研究员　中国工程院院士

副理事长（9 人）：

孙少军　潍柴动力股份有限公司　执行总裁　高级工程师

刘志刚　哈尔滨工程大学　原校长　教授

李继凯　北京汽车集团有限公司整车事业部　部长　教授级高级工程师

许传国　中国石油集团济柴动力总厂　副厂长　总工程师　高级工程师

张树勇　中国北方发动机研究所　副所长　研究员级高级工程师

邵　煜　中船动力有限公司　总经理　研究员级高级工程师

董建福　中国船舶重工集团公司第七一一研究所　所长　党委副书记　研究员

舒歌群　天津大学　党委常务副书记　副校长　教授

谭贵荣　广西玉柴机器股份有限公司　副总裁　高级工程师　秘书长

秘书长： 李树生　中国船舶重工集团公司第七一一研究所　技术顾问　教授级高级工程师

党组织情况： 中国内燃机学会党委　书记：董建福

中国内燃机学会秘书处党支部　书记：曹健

分支机构（12 个）： 大功率柴油机分会、中小功率柴油机分会、汽油机气体机分会、燃烧节能净化分会、测试技术分会、基础件分会、设计与智能制造分会、特种发动机分会、燃料与润滑油分会、航空内燃机分会、后处理技术分会、编辑委员会

已加入国际组织： 国际内燃机学会（CIMAC）

公开出版刊物（3 种）：

中国科协业务主管的期刊（2 和）

《内燃机学报》《内燃机工程》

非中国科协业务主管的期刊（1 种）

《内燃机》

设奖情况（5 个）： 中国内燃机学会突出贡献奖；中国内燃机学会史绍熙人才奖；中国内燃机学会杰出成就奖；中国内燃机学会科学技术奖；中国内燃机学会优秀博士学位论文奖

中国工程热物理学会

（信息截止日期为2019年3月31日）

统一社会信用代码：5110000500005481D
法定代表人：金红光
办 公 地 址：北京市朝阳区北四环西路11号
邮 政 编 码：100190
联 系 电 话：010-82543040
电 子 邮 箱：cset@iet.cn
网　　址：http://www.cset.org.cn

中国工程热物理学会
Chinese Society of Engineering Thermophysics

成立时间： 1978年11月

历史简介： 由中国科学院主席团执行主席吴仲华发起，于1978年成立。1979年1月，加入中国科协。1980年召开第一届理事会，吴仲华任首届理事长，主要成员有梁守槃、史绍熙、陈学俊、王补宣等。学会住所设在北京，历届理事长为：吴仲华、梁守槃、蔡睿贤、徐建中、金红光，目前为第七届理事会。

业务主管单位： 中国科学技术协会

办事机构支撑单位： 中国科学院工程热物理研究所

个人会员数量： 2792人

单位会员数量： 13个

第七届理事会选举时间： 2014 年 11 月 01 日

理事长： 金红光　中国科学院工程热物理研究所　中国科学院院士

副理事长（7 人）：

陈　勇　中国科学院　广州能源研究所　中国工程院院士

李应红　空军工程大学　中国科学院院士

朱俊强　中国科学院　工程热物理所研究员

杨勇平　华北电力大学　教授

张　兴　清华大学力学系　教授

姚春德　天津大学　教授

郭烈锦　西安交通大学　教授

秘书长： 杜建一　中国科学院工程热物理研究所　研究员

党组织情况： 中国工程热物理学会党委　书记：朱俊强

中国工程热物理学会秘书处党支部　书记：淮秀兰

分支机构（7 个）： 工程热力学分会、热机气动热力学分会、多相流热物理分会、传热传质学分会、燃烧学分会、流体机械分会、能源利用专业委员会

已加入国际组织（3 个）： 国际吸气式发动机学会、国际燃烧学会、国际传热传质大会

公开出版刊物（1 种）：

中国科协业务主管的期刊（0 种）

非中国科协业务主管的期刊（1 种）

《工程热物理学报》

设奖情况（2 个）： 吴仲华优秀青年学者奖；吴仲华优秀研究生奖

中国空气动力学会
（信息截止日期为2019年3月31日）

统一社会信用代码：51100000500002387L
法定代表人：任玉新
办 公 地 址：北京市海淀区学院路37号
邮 政 编 码：100191
联 系 电 话：010-82317341
电 子 邮 箱：cars@cast.org.cn
网　　址：http://www.cars.org.cn

中国空气动力学会
Chinese Aerodynamics Research Society

成立时间： 1980年6月10日

历史简介： 在钱学森倡议下，1978年国防科委向中国科协请示成立“空气动力学学会”，北京设立联络点。1980年6月10日经中国科协同意在上海成立“中国空气动力学研究会”，钱学森、沈元当选为名誉会长，庄逢甘为会长，陆士嘉、王培生、曹鹤荪等为副会长，秘书长为韩志华，委员136名。1989年10月常务理事会决定改名为“中国空气动力学会”，1991年中国科协批复同意更改会名。学会历届理事长为：庄逢甘、张涵信、邓小刚、唐志共，目前为第七届理事会。

业务主管单位： 中国科学技术协会

办事机构支撑单位： 中国空气动力研究与发展中心

个人会员数量： 2104 人

单位会员数量： 64 个

第七届理事会选举时间： 2016 年 6 月 20 日

理事长： 唐志共　中国空气动力研究与发展中心　研究员

副理事长（8 人）：

任玉新　清华大学　所长　教授

孙　茂　北京航空航天大学　所长　研究员

赵　宁　南京航空航天大学　院长　教授

高正红　西北工业大学重点实验室　主任　教授

沈　清　中国航天空气动力技术研究院科技委　主任　总工程师

张新宇　高温气体动力学国家重点实验室　主任

杨　炯　中国空气动力研究与发展中心　副主任

张来平　空气动力学国家重点实验室　研究员

秘书长： 徐　翔　中国空气动力研究与发展中心科技部　部长

党组织情况： 中国空气动力学会党委　书记：唐志共

中国空气动力学会秘书处党支部　书记：唐志共

分支机构（9 个）： 风工程和工业空气动力学专业委员会、低跨超声速专业委员会、高超声速专业委员会、计算空气动力学专业委员会、空气弹性力学专业委员会、测控专业委员会、流动显示专业委员会、物理气体动力学专业委员会、风能空气动力学专业委员会

已加入国际组织： 无

公开出版刊物（1 种）：

中国科协业务主管的期刊（1 种）

《实验流体力学》

非中国科协业务主管的期刊（0 种）

设奖情况： 无

中国制冷学会
（信息截止日期为2019年3月31日）

统一社会信用代码：51100000500001392Y
法定代表人：金嘉玮
办 公 地 址：北京市海淀区阜成路67号银都大厦10层
邮 政 编 码：100142
联 系 电 话：010-68719985
电 子 邮 箱：car@car.org.cn
网　　　址：http://www.car.org.cn

中国制冷学会
Chinese Association of Refrigeration

成立时间： 1977年4月4日

历史简介： 由饶辅民等发起成立。1965年由商业部、第一工业机械部、轻工部、纺织部、中科院等组成“中国制冷工程学会筹备委员会”。1973年1月国际制冷学会致函我驻法使馆，邀请我国加入该会。经国务院批准，1977年4月25日，在北京召开第一次理事会议，正式宣布成立“中国制冷学会”。1978年1月，经国务院批准加入国际制冷学会。当月，国际制冷学会执行委员会一致讨论通过，接纳我国入会，我国正式成为该会二级会员国。同年8月在西安召开第一次会员代表大会，首届理事长为刘毅。学会住所设在北京，历届理事长为：刘毅、宋克仁、傅立民、何济海、田元兰、金嘉玮，目前为第九届理事会。

业务主管单位： 中国科学技术协会

办事机构支撑单位： 中国商业联合会

个人会员数量： 23040 人

单位会员数量： 639 个

第九届理事会选举时间： 2016 年 4 月 5 日

理事长： 金嘉玮　中国制冷学会　教授级高级工程师

副理事长（14 人）：

孟庆国　国内贸易工程设计研究院　院长
　　　　教授级高级工程师

江　亿　清华大学建筑节能研究中心　主任
　　　　教授　中国工程院院士

陈学东　合肥通用机械研究院　院长　教授级高级工程师
　　　　中国工程院院士

何雅玲（女）　西安交通大学热流科学与工程教育部重点实验室
　　　　　　　主任　教授　中国科学院院士

纪志坚　大连冰山集团有限公司　董事长　总裁
　　　　高级工程师

李增群　冰轮环境技术股份有限公司　董事长　高级工程师

罗二仓　中国科学院理化技术研究所　副所长　研究员

刘长永　国内贸易工程设计研究院　原副院长
　　　　教授级高级工程师

王祥雨　中铁特货运输有限责任公司　副总经理
　　　　高级工程师

路　宾　中国建筑科学研究院建筑环境与节能研究院
　　　　副院长　研究员

刘　挺　中国家用电器研究院　院长　教授级高级工程师

黄　辉　珠海格力电器股份有限公司　常务副总裁
教授级高级二程师

王如竹　上海交通大学制冷与低温工程研究所　所长　教授

李先庭　清华大学建筑学院建筑技术科学系　所长　教授

秘书长： 孟庆国（兼）

党组织情况： 中国制冷学会党委　书记：金嘉玮
中国制冷学会秘书处党支部　书记：杨一凡

分支机构（6个）： 中国制冷学会低温专业委员会、中国制冷学会制冷机械设备专业委员会、中国制冷学会冷藏冻结专业委员会、中国制冷学会冷藏运输委员会、中国制冷学会空调热泵专业委员会、中国制冷学会小型制冷机低温生物医学专业委员会

已加入国际组织： 国际制冷学会

公开出版刊物（2种）：

中国科协业务主管的期刊（1种）

《制冷学报》

非中国科协业务主管的期刊（1种）

《制冷技术》

设奖情况（4个）： 中国制冷学会科学技术奖；中国制冷学会优秀论文奖；Car-ASHRAE 学生设计竞赛、中国制冷学会创新大赛;《制冷学报》论文奖

中国真空学会
（信息截止日期为2019年3月31日）

统一社会信用代码：51100000500002803C
法定代表人：高鸿钧
办 公 地 址：北京市朝阳区建国路93号万达广场9号楼612室
邮 政 编 码：100022
联 系 电 话：010-58208908、58208985
电 子 邮 箱：cvs@chinesevacuum.com
网 址：http://www.chinesevacuum.com

中国真空学会
Chinese Vacuum Society

成立时间： 1979年10月

历史简介： 由金建中、华中一、龚求初、庞世瑾、袁磊等人发起，1979年3月经中国科协批准，同年10月成立并在兰州召开第一次全国会员代表大会。由79名理事组成第一届理事会，其中21名常务理事。选举金建中为首届理事长，华中一、龚求初为副理事长，高本辉为秘书长。最初挂靠航天部，办公室曾设在兰州510所。学会住所设在北京，历届理事长为：金建中、华中一、庞世瑾、侯建国、许宁生，目前为第八届理事会。

业务主管单位： 中国科学技术协会

办事机构支撑单位： 无

个人会员数量： 3355 人

单位会员数量： 402 个

第八届理事会选举时间： 2014 年 11 月 8 日

理事长： 许宁生　复旦大学　校长　教授　中国科学院院士

副理事长（10 人）：

高鸿钧　中国科学院前沿科学与教育局　局长　教授　中国科学院院士

李言荣　四川大学　校长　教授　中国工程院院士

巴德纯　东北大学真空与流体工程研究所　所长　教授

雷震霖　中国科学院沈阳科学仪器股份有限公司　董事长　研究员

彭练矛　北京大学电子学系　主任　教授

王西龙　浙江真空设备集团有限公司　董事长　高级工程师

董振超　中国科学技术大学合肥微尺度物质科学国家实验室原子分子科学部　主任　教授

于天化　北京北仪创新真空技术有限责任公司　董事长　高级工程师

李得天　中国航天科技集团公司第五院第五一〇研究所　副所长　研究员

苏　原　中国通用机械工业协会真空设备分会　秘书长　教授级高级工程师

秘书长： 郭海明　中国科学院物理研究所　研究员

党组织情况： 中国真空学会党委　书记：于天化

中国真空学会秘书处党支部　无

分支机构（12 个）： 真空冶金专业委员会、真空质谱分析与检漏专业委员会、薄膜专业委员会、真空工程专业委员会、表面与纳米科学专业委员会、电子材料与器件专业委员会、显示技术专业委员会、咨询工作委员会、真空科学与技术奖学金评审委员会、科学技术普及和教育委员会、《真空科学与技术学报》杂志社、中国真空网

已加入国际组织： 国际真空科技及应用联合会

公开出版刊物（1种）：

中国科协业务主管的期刊（1种）

《真空科学与技术学报》

非中国科协业务主管的期刊（0种）

设奖情况（4个）： 中国真空科技成就奖；中国真空科技青年创新奖；真空科学与技术硕士生奖学金；真空科学硕士、博士优秀论文奖学金

中国自动化学会
（信息截止日期为2019年3月31日）

统一社会信用代码：51100000500002862F
法定代表人：王成红
办 公 地 址：北京市海淀区中关村东路95号
邮 政 编 码：100190
联 系 电 话：010-82544542
电 子 邮 箱：caa@ia.ac.cn
网　　　址：www.caa.org.cn

B-工科

中国自动化学会
Chinese Association of Automation

成立时间： 1961 年 11 月 27 E

历史简介： 在钱学森、沈尚贤、钟士模、陆元九、郎世俊等倡议下，经过有关国家部门酝酿和全国科学联合会商定，1957 年 5 月，由钱学森等 29 人组成“中国自动化学会筹备委员会”，同年 6 月举行第一次筹备会议，推选钱学森等 9 人组成常委会，钱学森为主席。在筹备工作期间，曾派代表出席国际自动控制联合会（IFAC）成立大会，钱学森当选执委会委员。1961 年 11 月 27 日，在天津召开第一次全国代表大会，正式宣告“中国自动化学会”成立。钱学森为第一届理事会理事长。学会住所设在北京，历届理事长为：钱学森、宋健、胡启恒、杨嘉墀、陈翰馥、戴汝为、孙优贤、郑南宁，目前为第十一届理事会。

业务主管单位： 中国科学技术协会

办事机构支撑单位： 中国科学院自动化研究所

个人会员数量： 36215 人

单位会员数量： 182 个

第十一届理事会选举时间： 2018 年 12 月 29 日

理事长： 郑南宁　西安交通大学　教授　中国工程院院士

副理事长（12 人）：

张剑武　冶金自动化研究设计院　院长

张纪峰　中国科学院数学与系统科学研究院　研究员

陈　杰　同济大学　校长　教授　中国工程院院士

周东华　山东科技大学　副校长　教授

杨孟飞　中国空间技术研究院　研究员　中国科学院院士

于海斌　中国科学院沈阳自动化研究所　所长　研究员

李少远　上海交通大学　教授

戴琼海　清华大学　教授　中国工程院院士

侯增广　中国科学院自动化研究所　研究员

王成红　中国自动化学会　副理事长　研究员

陈俊龙　澳门大学　讲座教授

桂卫华　中南大学　教授　中国工程院院士

秘书长： 张　楠　中国自动化学会　秘书长

党组织情况： 中国自动化学会党委　书记：郑南宁

中国自动化学会秘书处党支部　书记：张楠

分支机构（60 个）： 系统工程专业委员会、大数据专业委员会、电气自动化专业委员会、发电自动化专业委员会、工程设计专业委员会、工业控制系统信息安全专业委员会、过程控制专业委员会、机器人专业委员会、集成自动化技术专业委员会、计算机图形学及辅助设计专业委员会、技术过程的故障诊断与安全性专业委员会、建筑机器人专业委员会、经济与管理系统专业委员会、空间及运动体控制专委会、控制理论专业委员会、粒计算及其应用专业委员会、模式识别与机器智能专业委员会、智慧农业专业委员会、平行控制与管理专业委员会、认知计算与系统专业委员会、生物控制论与生物医学工程专业委员会、数据驱动控制、学习与优化专业委会员、网络信息服务专业委员会、系统仿真专业委员会、系统复杂性专业委员会、信息物理系统控制与决策专业委员会、遥测遥感遥控专业委员会、仪表与装置专业委员会、应用专业委员会、制造技术专业委员会、制造系统控制专业委员会、智能分布式能源专业委员会、智能建筑与楼宇自动化专业委员会、智能自动化专业委员会、自适应动态规划与强化学习专业委员会、综合智能交通专业委员会、车辆控制与智能化专业委员会、智能制造专业委员会、环境感知与保护自动化专业委员会、混合智能专业委员会、边缘计算专业委员会、能源互联网专委会、可信控制系统专业委员会、智慧教育专业委员会、区块链专业委员会、导航制导与控制专业委员会、医学机器人专业委员会、平行智能专业委员会、无人飞行器自主控制专业委员会、国防大数据专业委员会、分数阶系统与控制专业委员会、机器人竞赛工作委员会、教育工作委员会、名词委员会、女科技工作者工作委员会、普及工作委员会、青年工作委员会、智慧城市工作委员会、智能车工作委员会、专家咨询工作委员会

已加入国际组织（2个）： 国际自动控制联合会、国际模式识别协会

公开出版刊物（9种）：

中国科协业务主管的期刊（3种）

《模式识别与人工智能》《自动化博览》《自动化学报》(英文版)

非中国科协业务主管的期刊（6种）

《中国自动化学会通讯》《自动化学报》《机器人》《信息与控制》《电气传动》《计算技术与自动化》

设奖情况（14个）： 杨嘉墀科技奖；中国自动化学会科学技术奖；中国自动化学会优秀博士学位论文奖；中国自动化学会优秀学会工作者；中国自动化学会五十年杰出贡献奖；中国自动化学会企业创新奖；中国自动化学会杰出自动化工程师奖；中国自动化学会小微创业奖；中国自动化学会青年科学家奖；中国自动化学会高等教育教学成果奖；中国自动化学会先进集体奖；中国自动化学会智慧系统创新解决方案奖；钱学森奖；中国自动化学会科普奖

中国仪器仪表学会
（信息截止日期为2019年3月31日）

统一社会信用代码：51100000500002563H
法定代表人：吴幼华
办 公 地 址：北京市海淀区知春路6号锦秋国际大厦A座23层
邮 政 编 码：100088
联 系 电 话：010-82800755
电 子 邮 箱：info@cis.org.cn
网　　址：http://www.cis.org.cn

中国仪器仪表学会
China Instrument & Control Society

成立时间： 1979年3月29日

历史简介： 由汪德昭、王大珩、杨嘉墀、苏天、陆廷杰等发起，1961年成立“中国计量技术与仪器制造学会筹委会”。1966年筹备工作中断。1978年以筹委会为基础，分别进行中国计量测试学会和中国仪器仪表学会的筹备工作。1979年3月29日～4月5日在北京正式成立“中国仪器仪表学会”。来自30多个部委系统，各省、市、自治区的330多名科技工作者出席了大会。大会选举产生第一届理事会，首届理事长为汪德昭，首届理事会主要成员有王大珩、杨嘉墀、苏天、王良楣、屈智潜、唐统一、鲁绍曾、李六平。学会住所设在北京，历届理事长为：汪德昭、王大珩、包叙定、李守仁、庄松林、李天初、尤政，目前为第九届理事会。

业务主管单位： 中国科学技术协会

办事机构支撑单位： 中国机械工业联合会

个人会员数量： 42186 人

单位会员数量： 1132 个

第九届理事会选举时间： 2018 年 8 月 28 日

理事长： 尤　政　清华大学　副校长　教授　中国工程院院士

副理事长（10 人）：

谭久彬　哈尔滨工业大学精密仪器工程研究院　院长　教授　中国工程院院士

王　巍　中国航天科技集团有限公司九院十三所　所长　中国科学院院士

刘文清　中国科学院合肥物质科学研究院安徽光机所　所长　研究员

黄　如（女，回族）　北京大学信息科学技术学院　院长　教授　中国科学院院士

钱　锋　华东理工大学　副校长　中国工程院院士

曾周末　天津大不平精密仪器与光电子工程学院　院长　教授

徐洪海　上海工业自动化仪表研究院有限公司　党委书记　董事长　教授级高级工程师

吴　朋　中国四联仪器仪表集团有限公司重新川仪自动化股份有限公司　总经理、董事长　教授级高级工程师

许大庆　上海自动化仪表股份有限公司　总经理　党委副书记　教授级高工

邵柏庆　和利时科技集团有限公司　董事长　总经理　研究员高级工程师

马玉山　吴忠仪表有限责任公司　董事长　教授级高级工程师

叶华俊　聚光科技（杭州）股份有限公司　董事长
　　　　教授级高级工程师

王东江　天津百利机械装备集团有限公司　党委副书记
　　　　总经理

张　彤　中国仪器仪表学会　副理事长兼秘书长

秘书长： 张　彤（兼）

党组织情况： 中国仪器仪表学会党委　书记：尤政
　　中国仪器仪表学会秘书处党支部　书记：吴幼华

分支机构（51 个）： 船舶仪器仪表分会、过程检测控制仪表分会、电磁测量信息处理仪器分会、分析仪器分会、光学仪器分会、仪表功能材料分会、仪表元件分会、仪表工艺分会、试验机分会、气象水文海洋仪器分会、机械量测试仪器分会、微型计算机应用分会、信号处理分会、实验室仪器分会、地质仪器分会、节能应用技术分会、管理科学分会、办公自动化分会、传感器分会、情报科学分会、精密机械分会、农业仪器应用技术分会、可靠性工程分会、电子测量与仪器分会、图像科学与工程分会、医疗仪器分会、智能化仪表及其控制网络分会、微纳器件与系统技术分会、数字城市测控技术分会、光机电技术与系统集成分会、生产执行系统分会、检验检疫仪器应用技术分会、虚拟仪器与网络化系统分会、嵌入式仪表及系统技术分会、环境与安全检测仪器分会、中国仪器仪表学会深圳联络处、自控工程设计委员会、节能检测与调试技术专业委员会、科学仪器学术工作委员会、产品信息工作委员会、仪器仪表用户工作委员会、专家工作委员会、教育工作委员会、青年工作委员会、科普工作委员会、期刊工作委员会、近红外光谱分会、设备结构健康监测与预警分会、智能车与

信息技术分会、空间仪器分会、标准化工作委员会

已加入国际组织： 无

公开出版刊物（14种）：

中国科协业务主管的期刊（7种）

《办公自动化》《仪器仪表学报》《化学传感器》《自动化仪表》《光学仪器》《气象水文海洋仪器》、*Instrumentation*（《仪器仪表学报》）

非中国科协业务主管的期刊（1种）

《光学精密工程》

设奖情况（4个）： 中国仪器仪表学会科学技术奖；中国仪器仪表学会奖学金；中国仪器仪表学会青年科技人才奖；测量控制与仪器仪表领域全国优秀博士学位论文。

中国计量测试学会
（信息截止日期为2019年3月31日）

统一社会信用代码：51100000500001O263
法定代表人：马爱文
办 公 地 址：北京市朝阳区育慧南路3号西门五层
邮 政 编 码：100029
联 系 电 话：010-84639756
电 子 邮 箱：Liujian4049@163.com
网　　　址：http://www.china-csm.org/

中国计量测试学会
Chinese Society for Measurement

成立时间： 1961年2月28日

历史简介： 1960年由国家科学技术委员会、教育部、第一机械工业部、中国科学院的有关部门倡议，决定联合组织筹建“中国计量技术与仪器制造学会筹备委员会”，并派代表参加了国际测量技术联合会(IMEKO)在匈牙利布达佩斯召开的筹备委员会会议和IMEKO第二届大会。1961年2月28日，学会筹备委员会在北京召开成立大会。同年经国务院外事办批准，代表中国正式加入了国际测量技术联合会(IMEKO)。1966年中国科学技术协会正式批准成立“中国计量技术与仪器制造学会”。1978年学会筹备委员会根据全国科学大会和中国科协主席团扩大会议的精神，经与第一机械工业部、第四机械工业部有关领导研究商定，依据学科发展将“中国计量技术与仪器制造学会”分成两个学会，即“中国计量测试学会”和“中国仪器仪表学会”。1978 年 7 月 28 日经中国科协同意正式更名。1979 年经外交部和中国科协批准，学会在 IMEKO 注册名正式更名为“中国计量测试学会”。学会住所设在北京，历届理事长为：鞠抗捷、王大珩、鲁绍增、王以铭、王秦平、蒲长城，目前为第七届理事会。

业务主管单位： 中国科学技术协会

办事机构支撑单位： 国家市场监督管理总局

个人会员数量： 8500 人

单位会员数量： 238 个

第七届理事会选举时间： 2015 年 2 月 5 日

理事长： 蒲长城　第十二届全国人大常委会环境与资源保护委员会委员

副理事长（9 人）：

丁雪梅（女）　哈尔滨工业大学　副校长　教授

于化东　长春理工大学　校长　教授

张广军　东南大学　校长　中国工程院院士

林建忠　浙江大学　教授

方　向　中国计量科学研究院　院长　研究员

钟新明　原国家质检总局计量司　副司长

王　巍　中国航天科技集团公司 13 所　所长　中国科学院院士

万立骏　中国科学技术大学　校长　中国工程院院士

尤　政　清华大学机械工程学院　院长　中国工程院院士

秘书长： 马爱文　中国计量测试学会　秘书长

党组织情况： 中国计量测试学会党委　无

中国计量测试学会秘书处党支部　书记：马爱文

分支机构（33 个）： 组织工作委员会、学术工作委员会、科普与教育工作委员会、编辑工作委员会、技术推广与转化工作委员会、几何量专业委员会、力学计量专业委员会、电子计量专业委员会、光辐射计量专业委员会、真空计量专业委员会、压力计量专业委员会、计量仪器专业委员会、生物计量专业委员会、多相流测试专业委员会、玻璃分析检验技术专业委员会、自动计量测控技术专业委员会、温度计量专业委员会、电磁专业委员会、时间频率专业委员会、电离辐射专业委员会、热物性专业委员会、流量计量专业委员会、在线检测技术专业委员会、标准物质与化学计量专业委员会、质量计量测试专业委员会、容量计量专业委员会、通信计量专业委员会、运动信息测试专业委员会、声学计量测试分会、地质矿产实验测试分会、室内环境及材料测试分会、医学计量测试分会、集成电路测试专业委员会

已加入国际组织： 国际测量技术联合会（International Measurement Confederation ）

公开出版刊物（1 种）：

中国科协业务主管的期刊（0 种）

非中国科协业务主管的期刊（1 种）

《计量学报》

设奖情况： 中国计量测试学会科学技术进步奖

中国标准化协会
（信息截止日期为2019年3月31日）

统一社会信用代码：511000005000024160
法定代表人：高建忠
办 公 地 址：北京市海淀区增光路33号
邮 政 编 码：100048
联 系 电 话：010-68482899
电 子 邮 箱：cas@china-cas.org
网 址：http://www.china-cas.org

中国标准化协会
China Association for Standardization

成立时间： 1978年8月16日

历史简介： 由岳志坚、须浩风、董跃先、吴伯文、李玉恩、杨济之发起，1978年8月16日，经中国科协和国家标准总局批准成立，首届理事长为岳志坚。学会住所设在北京，历届理事长为：岳志坚、戴荷生、程传辉、李瑞、李忠海、纪正昆，目前为第八届理事会。

业务主管单位： 中国科学技术协会

办事机构支撑单位： 国家市场监督管理总局

个人会员数量： 3049人

单位会员数量： 2899个

第八届理事会选举时间： 2016年10月25日

理事长： 纪正昆　国家标准化管理委员会　原主任　高级工程师

副理事长（14 人）：

王　晔　青岛海尔智能技术研发有限公司　副总裁　副高级工程师

王中丹　ABB（中国）有限公司　首席代表

王宗龄　中国标准化研究院　党委书记　高级工程师

刘泽洪　国家电网公司　副总经理　教授级高级工程师

吴江徽　御温泉国际度假酒店管理（集团）有限公司　首席执行官　中级经济师

吴道洪　北京神雾环境能源科技股份有限公司　董事长　教授级高级工程师

宋明顺　中国计量大学　校长　教授

陈　璐　中国建材检验认证集团股份有限公司　副总经理　教授级高级工程师

季　飞　上海市质量监督检验技术研究院　院长　教授级高级工程师

贾　科　应急管理部　政治部副主任

钱建林　亨通集团有限公司　副总裁　高级工程师

高建忠　中国标准化协会　高级工程师

董若琳（女）　易储仓储服务有限公司　执行董事

冀晓东　方圆标志认证集团有限公司　董事长兼总经理　工程师

秘书长： 高建忠（兼）

党组织情况： 中国标准化协会党委　书记：纪正昆

中国标准化协会党总支　书记：纪正昆

分支机构（15个）： 纤维分会、汽车分会、冶金分会、化工分会、企业分会、媒体受众率调查分会、电子商务与现代物流分会、海洋分会、太阳能应用分会、中医药分会、电器电子分会、城市家具分会、服务贸易分会、城镇基础设施分户不、装备制造业工作委员会

已加入国际组织： 国际标准用户联盟（IFAN）

公开出版刊物（5种）：

中国科协业务主管的期刊（0种）

非中国科协业务主管的期刊（5种）

《中国标准化》、*China Standardization*（《中国标准化》英文版）、《标准科学》《标准生活》《产品安全与召回》

设奖情况（2个）： 标准化助力奖；标准化优秀论文奖

中国图学学会

（信息截止日期为2019年3月31日）

统一社会信用代码：51100000500002395F

法定代表人：赵昱

办 公 地 址：北京市海淀区知春路1号学院国际大厦1006室

邮 政 编 码：100191

联 系 电 话：010-62165986

电 子 邮 箱：cgsmsc@cgn.net.cn

网　　　址：http://www.cgn.net.cn

B－工科

中国图学学会
China Graphics Society

成立时间： 1980年5月15日

历史简介： 1979年初，赵学田教授代表全国工程图学工作者，向中国科协提出申请成立“中国工程图学学会”，1979年夏，“中国工程图学学会筹备委员会”成立。1979年8月4日经中国科协主席团批准，同意成立“中国工程图学学会”。1980年5月15日在武汉市正式成立并召开第一次全国代表大会。大会选举产生第一届理事会，赵学田为首任理事长，主要成员有赵学田、朱福熙、张九垣、朱育万、赵擎寰、陈剑南、余庭和等。1986年，学会办事机构由武汉转移至北京。为适应学科发展的需要，2010年7月经民政部批准，正式更名为“中国图学学会”。学会住所设在北京，历届理事长为：赵学田、朱福熙、陈剑南、唐荣锡、孙家广，目前为第七届理事会。

业务主管单位： 中国科学技术协会

办事机构支撑单位： 北京航空航天大学

个人会员数量： 75310 人

单位会员数量： 74 个

第七届理事会选举时间： 2015 年 8 月 15 日

理事长： 孙家广　清华大学　教授　中国工程院院士

副理事长（8 人）：

许杰峰　中国建筑科学研究院　高级工程师

孙林夫　西南交通大学　首席教授

李　华　中国科学院计算技术研究所　研究员

陈锦昌　华南理工大学　教授

赵　罡　北京航空航天大学　教授

韩宝玲（女）北京理工大学　教授

强　毅　机械科学研究总院　研究员　首席专家

魏小鹏　大连理工大学　教授

秘书长： 赵　罡（兼）

党组织情况： 中国图学学会党委　书记：赵罡

中国复合材料学会、中国仿真学会、中国图学学会秘书处联合党支部　书记：王晓峰

分支机构（24 个）： 图学教育专业委员会、制图标准化专业委员会、制图技术专业委员会、理论图学专业委员会、计算机图学专业委员会、应用图学专业委员会、产品信息建模专业委员会、数字化设计与制造专业委员会、数字媒体专业委员会、计算机辅助工业设计专业委员会、土木工程图学分会、建筑信息模型（BIM）专业委员会、医学图像与设备专业委员会、动漫图学工程专业委员会、图学

大数据专业委员会、学术工作委员、科普工作委员会、组织工作委员会、编辑工作委员会、青年工作委员会、国际联络工作委员会、企业工作委员会、奖励工作委员会、图学学科发展工作委员会

已加入国际组织： 国际几何与图学学会

公开出版刊物（3 种）：

中国科协业务主管的期刊（3 种）

《图学学报》、*Visual Computing for Industry, Biomedicine, and Art*（《工医艺的可视计算》）、《土木建筑工程信息技术》

非中国科协业务主管的期刊（0 种）

设奖情况（7 个）： 中国图学学会终身成就奖；中国图学学会科技进步奖；中国图学学会优秀科技工作者奖；中国图学学会优秀博士学位论文奖；中国图学学会图学教育奖；中国图学学会先进团体奖；中国图学学会杰出贡献奖

中国电子学会
（信息截止日期为2019年3月31日）

统一社会信用代码：511000005000052548
法定代表人：徐晓兰
办 公 地 址：北京市海淀区玉渊潭南路普惠南里13号楼
邮 政 编 码：100036
联 系 电 话：010-68277281
电 子 邮 箱：dzxh@cie-info.org.cn
网　　址：http://www.cie-info.org.cn

中国电子学会
Chinese Institute of Electronics

成立时间： 1962 年 4 月 10 日

历史简介： 1956 年，国家“1956-1967 年科学技术发展远景规划”中“无线电电子学规划”的研究制订负责人王诤，与当时国家无线电通信事业的有关负责人王子纲、刘寅、王士光等商议，组建关于无线电电子学的学术团体，并建立了筹备委员会。后经中华全国自然科学专门学会联合会和中国科学技术普及协会的同意，中国电子学会筹备委员会于 1956 年 6 月在北京召开成立会议。1962 年 4 月 10 日，经国务院、中国科协批准，中国电子学会成立大会暨第一届学术年会召开，大会选举王子纲任理事长。1962 年 4 月 13 日，中国科协党组批复同意，成立中国电子学会党领导小组。历届理事长为：王子纲、刘寅、孙俊人、胡启立、吴基传、娄勤俭、怀进鹏、张峰，目前学会为第十届理事会。

业务主管单位： 中国科学技术协会

办事机构支撑单位： 工业和信息化部

个人会员数量： 128605 人

单位会员数量： 620 个

第十届理事会选举时间： 2018 年 12 月

理事长： 张　峰　工业和信息化部　党组成员　总工程师

副理事长（11 人）：

王海峰　北京百度网讯科技有限公司　高级副总裁
　　　　教授级高工

吴一戎　中国科学院空天信息研究院　院长
　　　　中国科学院大学　电子电气与通信工程学院
　　　　院长　中国科学院院士

张建锋　阿里巴巴（中国）有限公司　首席技术官兼任达
　　　　摩院院长

陆建华　清华大学信息科学技术学院　院长　教授
　　　　中国科学院院士

周子学　中芯国际集成电路制造有限公司　董事长
　　　　执行董事

房建成　北京航空航天大学　党委常委　副校长
　　　　中国科学院院士

郝　跃　国家自然科学基金委员会信息科学部　主任
　　　　中国科学院院士　电子学报编委会主任

徐晓兰（女）　全国政协委员　中国科协常委
　　　　　　　中国电子学会　副理事长兼秘书长

黄　维　西北工业大学　党委常委　常务副校长
中国科学院院士
蒋亚非　华为技术有限公司　副总裁
潘建伟　中国科学技术大学　常务副校长　教授
中国科学院院士

秘书长：徐晓兰（兼）

党组织情况：中国电子学会党委　书记：张峰
中国电子学会秘书处党支部　书记：张宏图

分支机构（59个）：组织工作委员会、学术工作委员会、国际合作工作委员会、教育工作委员会、普及工作委员会、科技咨询工作委员会、编辑出版工作委员会、青年工作委员会、标准工作委员会、《电子学报》编辑委员会、半导体与集成技术分会、真空电子学分会、元件分会、电子材料学分会、化学与物理电源技术分会、应用磁学分会、通信分会、雷达分会、导航分会、电子对抗分会、计算机工程与应用分会、电子测量与仪器分会、广播电视技术分会、微波分会、天线分会、电波传播分会、信息论分会、电路与系统分会、信号处理分会、生物医学电子学分会、核电子学与核探测技术分会、量子电子学与光电子学分会、空间电子学分会、电子制造与封装技术分会、可靠性分会、电子机械工程分会、情报分会、洁净技术分会、医药信息学分会、遥感遥测遥控分会、工业工程分会、电子系统工程分会、传感与微系统技术分会、电子产业战略研究分会、射电天文分会、声频工程分会、超导电子学分会、生命电子学分会、消费电子分会、电磁兼容分会、有线电视综合信息技术分会、现代教育技术分会、信息系统集成分会、太赫兹分会、嵌入式系统与机器人分会、虚拟/增强现实技术与产业分会、量子信息分

会、智能无人系统分会、区块链分会

已加入国际组织（6个）： 国际信息处理联合会、国际无线电科学联盟、国际医药信息联合会、国际污染控制学会联盟、世界工程组织联合会创新专委会秘书处、联合国咨商工作信息通讯技术专业委员会

公开出版刊物（18种）：

中国科协业务主管的期刊（12种）

《微波学报》《电波科学学报》《电子学报》、Chinese Journal of Electronics(《电子学报》)、《电子世界》《电子技术与软件工程》《信号处理》《数据采集与处理》《电子商务》《软件》《网友世界》《电子测量与仪器学报》

非中国科协业务主管的期刊（6种）

《半导体学报》《电子元件与材料》《洁净与空调技术》《雷达科学与技术》《中国新通信》《核电子学与探测技术》

设奖情况： 中国电子学会科学技术奖

中国计算机学会
（信息截止日期为2019年3月31日）

统一社会信用代码：51100000500004665U
法定代表人：孙凝晖
办 公 地 址：北京市海淀区科学院南路6号
邮 政 编 码：100190
联 系 电 话：010-62562503
电 子 邮 箱：ccf@ccf.org.cn
网　　址：http://www.ccf.org.cn

中国计算机学会
China Computer Federation

成立时间： 1985年3月5日

历史简介： 前身是1962年6月成立的中国电子学会的电子计算机专业委员会。1985年3月5日，经中国科协以及国家体改委批准成立“中国计算机学会”。原专业委员会改组为第三届理事会。首届理事长为胡启恒，副理事长为蒋士騛、王湘浩、刘世骅、吴几康、洪民光、郭平欣、徐家福、陈力为、陈仁甫、莫根生、张效祥、张梓昌、冯康、慈云桂，秘书长为陈树楷。1985年3月20日，加入中国科协。学会住所设在北京，历届理事长为：胡启恒、张效祥、李树贻、唐泽圣、李国杰、郑纬民、高文，目前为第十一届理事会。

业务主管单位： 中国科学技术协会

个人会员数量： 55804 人

单位会员数量： 121 个

第十一届理事会选举时间： 2015 年 10 月 19 日

理事长： 高　文　北京大学　教授　中国工程院院士

副理事长（3 人）：

吕　建　南京大学　副校长　教授　中国科学院院士

孙凝晖　中国科学院计算所　研究员　所长

王巨宏　腾讯公司　副总裁

秘书长： 杜子德　中国科学院计算所　研究员

党组织情况： 中国计算机学会党委　书记：杨士强

中国计算机学会秘书处临时党支部　书记：唐卫清

分支机构（48 个）： 网络与数据通信专业委员会、互联网专业委员会、计算机辅助设计与图形学专业委员会、多媒体技术专业委员会、计算机安全专业委员会、虚拟现实与可视化技术专业委员会、软件工程专业委员会、计算机应用专业委员会、信息存储技术专业委员会、人工智能与模式识别专业委员会、工业控制计算机专业委员会、数据库专业委员会、抗恶劣环境计算机专业委员会、容错计算专业委员会、计算机工程与工艺专业委员会、体系结构专业委员会、嵌入式系统专业委员会、信息系统专业委员会、系统软件专业委员会、信息保密专业委员会、分布式计算与系统专业委员会、理论计算机科学专业委员会、教育专业委员会、普适计算专业委员会、高性能计算专业委员会、物联网专业委员会、协同计算专业委员会、服务计算专业委员会、中文信息技术专业委员会、大数据专家委员会、人机交互专业委员会、计算机视觉专业委员会、形式化方法专业委员会、生物信息学专业委员会、区块链专业委员会、语音对话与听觉专业组、学术工作委员会、专委工作委员会、教育工作委员会、普及工作委员会、企业与职业发展工作委员会、出版工作委员会、女计算机工作者委员会、青年工作委员会、会员与分部工作委员会、公共政策委员会、外联部、计算机术语审定工作委员会

已加入国际组织： 无

公开出版刊物（13种）：

中国科协业务主管的期刊（1种）

《计算机辅助设计与图形学学报》

非中国科协业务主管的期刊（12种）

《计算机学报》《软件学报》、*Journal of Computer Science and Technology*（《计算机科学技术学报》）《计算机研究与发展》《计算机技术与发展》《计算机工程与应用》《计算机科学》《计算机应用》《计算机科学与探索》《计算机工程与设计》《小型微型计算机系统》《计算机工程与科学》

设奖情况（13个）： CCF王选奖；CCF海外杰出贡献奖；CCF优秀博士学位论文奖；CCF终身成就奖；CCF-IEEE CS青年科学家奖；CCF杰出贡献奖；CCF卓越服务奖；CCF科学技术奖；CCF杰出教育奖；CCF优秀大学生奖；CCF计算机企业家奖；CCF夏培肃奖（女计算机工作者奖）；CCF杰出工程师奖

中国通信学会

（信息截止日期为2019年3月31日）

统一社会信用代码：51100000500008746F

法定代表人：衣雪青

办 公 地 址：北京市海淀区万寿路27号8号楼

邮 政 编 码：100036

联 系 电 话：010-68209078

电 子 邮 箱：xuzhijun@china-cic.cn

网　　　址：http://www.china-cic.cn

B-工科

中国通信学会
China Institute of Communications

成立时间： 1978年5月5日

历史简介： 原名中国邮电通信学会，1978年5月5日，经中国科协批准筹备成立。1979年9月21日，成立临时常务理事会，有常务理事42人。1980年6月10日，更名为中国通信学会，同年12月14日，在天津成立，首届理事长为王子纲。学会住所设在北京，历届理事长为：王子纲、李玉奎、宋直元、林金泉、周德强、尚冰、陈肇雄，目前为第八届理事会。

业务主管单位： 中国科学技术协会

办事机构支撑单位： 工业和信息化部

个人会员数量： 56678人

单位会员数量： 82 个

第八届理事会选举时间： 2016 年 12 月 16 日

理事长： 陈肇雄　工业和信息化部　党组成员　副部长　研究员

副理事长（10 人）：

余少华　中国信息通信科技集团有限公司党委常委
副总经理　总工　教授级高级工程师
中国工程院院士

张延川　中国通信学会　副理事长兼秘书长　教授级高工

衣雪青　中国通信学会　七届副理事长　高级工程师

张新生　工信部通信科技委员会　秘书长　教授级高级工程师

乔建永　北京邮电大学　校长　教授

高步文　中国铁塔股份有限公司　副总经理　高级工程师

江　阳（女）腾讯科技公司　副总裁　高级工程师

许家奇　国家新闻出版广电总局　科技司司长

李正茂　中国移动通信集团有限公司　副总经理、党组成员
教授级高工

刘桂清　中国电信集团有限公司　副总经理、党组成员
教授级高工

秘书长： 张延川（兼）

监事长： 季仲华　中国工信出版传媒集团有限责任公司　董事长

党组织情况： 中国通信学会党委　书记：衣雪青
中国通信学会秘书处党支部　书记：张延川

分支机构（28 个）： 经济与管理创新委员会、天线与射频技术委员会、通信学报编委会、信息通信发展战略与政策委员会、信息通信网络技术委员会、光通信委员会、无线及移动通信委员会、卫星通

信委员会、IP 应用与增值电信技术委员会、通信软件技术委员会、通信理论与信号处理委员会、通信专用集成电路委员会、国防通信技术委员会、通信安全技术委员会、电磁兼容委员会、通信设备制造技术委员会、云计算和大数据应用委员会、通信建设工程技术委员会、通信线路委员会、通信电源委员会、邮政通信委员会、无线电应用与管理委员会、物联网委员会、信息通信测试技术委员会、学术工作委员会、普及与教育工作委员会、组织工作委员会、青年工作委员会

已加入国际组织（3 个）： 国际电信联盟(ITU)、亚太通信会议(APCC)、IEEE 通信分会(IEEE ComSoc)

公开出版刊物（6 种）：

中国科协业务主管的期刊（5 和）

China Communications（《中国通信》）、《通信学报》《电信科学》《中国电信业》《爱上机器人》

非中国科协业务主管的期刊（1 种）

《中国通信年鉴》

设奖情况（2 个）： 中国通信学会科学技术奖；中国通信学会全国信息通信领域优秀博士学位论文奖

中国中文信息学会

（信息截止日期为2019年3月31日）

统一社会信用代码：511000005000050941
法定代表人：孙乐
办 公 地 址：北京市海淀区中关村南四街4号
邮 政 编 码：100190
联 系 电 话：010-62562916
电 子 邮 箱：cips@iscas.ac.cn
网　　址：http://www.cipsc.org.cn/

中国中文信息学会
Chinese Information Processing Society of China

成立时间： 1981年6月

历史简介： 原为中国中文信息研究会，1981年6月在天津成立，主要发起人为钱伟长、甄健民、安其春等。首届理事长为钱伟长，副理事长为安其春、陈力为、闫沛霖、刘涌泉、聂春容、甄建民和许孔时，秘书长为许孔时。1986年经国家科委同意更名为“中国中文信息学会”。办会宗旨是“团结中文信息处理学科的广大科技工作者及海外学术界朋友，促进学科发展，繁荣我国中文信息处理事业”。学术研究内容是利用计算机对中文（汉语及少数民族语言）的音、形、义等语言文字信息进行的加工，包括对字、词、短语、句、篇章的输入、输出、识别、转换、压缩、存储、检索、分析、理解和生成等各方面处理技术。学会住所设在北京，历届理事长为：

钱伟长、陈力为、许孔时、倪光南、李生、方滨兴，目前为第八届理事会。

业务主管单位： 中国科学技术协会

办事机构支撑单位： 中国科学院软件研究所

个人会员数量： 4398 人

单位会员数量： 61 个

第八届理事会选举时间： 2016 年 12 月 24 日

理事长： 方滨兴　中国电子信息产业集团有限公司　中国工程院院士

副理事长（10 人）：

马少平　清华大学　教授

王海峰　北京百度网讯科技有限公司　副总裁

刘庆峰　科大讯飞股份有限公司　董事长　总裁

那顺乌日图（蒙古族）内蒙古大学　教授

张桂平（女）沈阳航空航天大学　教授

李宇明　北京语言大学　教授

宗成庆　中国科学院自动化研究所　研究员

施水才　北京拓尔思信息技术股份有限公司　总裁

黄河燕（女）北京理工大学计算机学院　院长　教授

孙　乐　中国科学院软件研究所　研究员

秘书长： 孙　乐（兼）

党组织情况： 中国中文信息学会党委　书记：方滨兴

中国中文信息学会秘书处党支部　书记：吴健

分支机构（20 个）： 学术工作委员会、组织工作委员会、国际联络工作委员会、语言资源建设和管理工作委员会、青年工作委员会、语言学奥赛工作委员会、评测工作委员会、战略工作委员会、民族语言文字信息专业委员会、机器翻译专业委员会、计算语言学专业委员会、汉字字形信息专业委员会、速记专业委员会、信息检索与内容安全专业委员会、语音信息专业委员会、社会媒体处理专业委员会、语言与知识计算专业委员会、医疗健康与生物信息处理专业委员会、网络空间大搜索专业委员会、大数据安全与隐私保护专业委员会

已加入国际组织： 国际信息与通信处理联合会

公开出版刊物（1 种）：

中国科协业务主管的期刊（1 种）

《中文信息学报》

非中国科协业务主管的期刊（0 种）

设奖情况（2 个）： 钱伟长中文信息处理科学技术奖；中国中文信息学会（CIPS）优秀博士学位论文

中国测绘学会
（信息截止日期为2019年3月31日）

统一社会信用代码：5110000150000191 5G
法定代表人：彭震中
办 公 地 址：北京市海淀区莲花池西路28号
邮 政 编 码：100830
联 系 电 话：010-63881320
电 子 邮 箱：315230923@qq.com
网　　址：http://www.csgpc.org

B-工科

中国测绘学会
Chinese Society for Geodesy Photogrammetry and Cartography

成立时间： 1959年2月19日

历史简介： 中国测绘学会于1956年7月5日开始筹建，1959年2月19日在北京成立。由夏坚白、方俊、白敏等发起成立。首届理事长为陈外欧，副理事长为白敏、夏坚白、赵之炎，秘书长为李旭之。2012年4月，国家测绘地理信息局研究同意更名为“中国测绘地理信息学会”。2012年12月，中国科协批准更名事宜。2013年5月，民政部批准更名事宜。2018年7月，经民政部批准，复名为中国测绘学会。学会住所设在北京，历届理事长为：陈外欧、李廷赞、王之卓、陈俊勇、金祥文、李德仁、杨凯、李维森，宋超智，目前为第十二届理事会。

业务主管单位： 中国科学技术协会

办事机构支撑单位： 自然资源部

个人会员数量： 34988 人

单位会员数量： 603 个

第十二届理事会选举时间： 2017 年 11 月 10 日

理事长： 宋超智　原国家测绘地理信息局　副局长

副理事长（11 人）：

彭震中　中国测绘学会　副理事长兼秘书长　高工

李建成　武汉大学　党委常委、副校长　院士

李清泉　深圳大学　校长　教授

程鹏飞　中国测绘科学研究院　院长　研究员

赖百炼　中国煤炭地质总局航测遥感局 / 中煤航测遥感集团有限公司　局长　正高

张建平　中国土地勘测规划院　副院长　高工

徐　文　中国四维测绘技术有限公司　董事长、党委书记　研究员

宋关福　超图集团　总裁　正高

陈　平　中国地图出版集团　董事、副总经理　副编审

陈　军　国家基础地理信息中心　总工程师　教授

刘耀林　武汉大学资源与环境科学学院　院长　教授

秘书长： 彭震中（兼）

党组织情况： 中国测绘学会党委　书记：宋超智

中国测绘学会秘书处党支部　书记：彭震中

分支机构（25 个）： 中国测绘学会发展战略工作委员会、中国测绘学会《测绘学报》编辑工作委员会、中国测绘学会科学普及工作委

员会、中国测绘学会教育工作委员会、中国测绘学会测绘学名词审定工作委员会、中国测绘学会地理国情监测工作委员会、中国测绘学会注册测绘师工作委员会、中国测绘学会产品质量工作委员会、中国测绘学会卫星测绘应用工作委员会、中国测绘学会电子商务工作委员会、中国测绘学会地图大数据创新工作委员会、中国测绘学会无人机创新工作委员会、中国测绘学会地下管网工作委员会、中国测绘学会边海地图工作委员会、中国测绘学会位置服务工作委员会、中国测绘学会智慧城市工作委员会、中国测绘学会科技信息网分会、中国测绘学会工程测量分会、中国测绘学会大地测量与导航专业委员会、中国测绘学会摄影测量与遥感专业委员会、中国测绘学会地图学与地理信息系统专业委员会、中国测绘学会仪器装备专业委员会、中国测绘学会海洋测绘专业委员会、中国测绘学会矿山测量专业委员会、中国测绘学会文化遗产保护专业委员会

已加入国际组织（4个）： 国际大地测量协会(IAG)、国际地图制图协会(ICA)、国际摄影测量与遥感学会(ISPRS)、国际测量师联合会(FIG)

公开出版刊物（4种）：

中国科协业务主管的期刊（1种）

Journal of Geodesy and Geoinformation Science（《测绘学报（英文版）》）及《测绘学报》

非中国科协业务主管的期刊（2种）

Journal of Navigation and Positioning（《导航定位学报》）、*China Surveying and Mapping*（《中国绘测》）

设奖情况： 测绘科技进步奖、优秀测绘工程奖、优秀测绘地理信息期刊奖、优秀地图作品裴秀奖、青年测绘地理信息科技创新人才奖、测绘地理信息科技创新型百强单位奖

中国造船工程学会
（信息截止日期为2019年3月31日）

统一社会信用代码：51100000500003881M
法定代表人：李长印
办 公 地 址：北京市西城区月坛北街5号
邮 政 编 码：100861
联 系 电 话：010-59517929
电 子 邮 箱：msc@csname.org.cn
网　　　址：http://www.csname.org.cn

中国造船工程学会
The Chinese Society of Naval Architects and Marine Engineers

成立时间： 1943年2月1日

历史简介： 由马德骥、王公衡、王荣瑸、宋建勋、王超、张令法、徐祖善、张文智等发起，1943年2月1日在重庆千厮门街航业大楼成立，海军江南造船所所长马德骥出任第一届理事长。首届理事会主要成员有宋建勋、王超、张令法、徐祖善、叶在馥、王荣瑸、张文治、王世铨。1958年，加入中国科协。1966~1976年，学会中断活动。1977年经国务院、中央军委批准，恢复活动。学会住所设在北京，历届理事长为：马德骥、徐祖善、李允成、叶在馥、杨俊生、张文治、张有萱、潘曾锡、王荣生、黄平涛、李长印，目前为第十四届理事会。

业务主管单位： 中国科学技术协会

办事机构支撑单位： 中国船舶重工集团公司

个人会员数量： 32033 人

单位会员数量： 1041 个

第十四届理事会选举时间： 2017 年 3 月 18 日

理事长： 李长印　中国船舶重工集团公司　原总经理

副理事长（8 人）：

李国安　中国造船工程学会　研究员

孙　伟　中国船舶工业集团公司　副总经理　党组成员　高级工程师

金晓剑　中国海洋石油总公司　部门总经理

石　林　中国石油集团钻井工程技术研究院　院长　党委书记

刘志刚　哈尔滨工程大学　原校长

刘祖源　武汉理工大学　副校长

张宏军　中国船舶工业系统工程研究院　院长兼党委副书记

周希辰　中国船舶重工集团第七研究院　院长

秘书长： 林宪东　中国船舶重工集团公司科技部　副主任

监事长： 罗季燕　中国船舶重工集团公司科技委　常委

党组织情况： 中国造船工程学会党委　书记：李国安

中国科协科技社团党委学会联合党支部　书记：陈晨光

分支机构（22 个）： 船舶力学学术委员会、船舶设计学术委员会、船舶轮机学术委员会、仪器仪表学术委员会、电子技术学术委员会、造船工艺学术委员会、船舶材料学术委员会、计算机应用学术委员会、水中兵器学术委员会、管理科学学术委员会、水面兵器学术委员会、军船学术委员会、修船技术学术委员会、海洋工程学术委员会、船史研究学术委员会、人才与教育学术委员会、游艇设计制造学术委员会、舰船航空保障学术委员会、船舶标准化学术委员会、学术工作委员会、科技咨询工作委员会、科普工作委员会

已加入国际组织（5个）： 国际船舶结构大会（ISSC）、国际拖曳水池大会（ITTC）、国际船舶实用设计会议（PRADS）、世界海事科技论坛（WMTC）、计算机在船厂管理和船舶设备自动化应用的国际会议（ICCAS）

公开出版刊物（14种）：

中国科协业务主管的期刊（0种）

非中国科协业务主管的期刊（14种）

《中国造船》《船舶工程》《舰船知识》《船舶力学》《船电技术》《机电设备》《中国修船》《中国海洋平台》《舰船电子工程》《水中兵器》《水面兵器》《材料开发与应用》《热加工工艺》《船舶与海洋工程学报》

设奖情况（1个）： 中国造船工程学会科学技术奖

中国航海学会

（信息截止日期为2019年3月31日）

统一社会信用代码：51100000500001982O

法定代表人：王群

办 公 地 址：北京市东城区和平里东街10号院1号楼401室

邮 政 编 码：100013

联 系 电 话：010-65299790

电 子 邮 箱：cinnet@163.com

网　　　址：http://www.cinnet.cn

中国航海学会
China Institute of Navigation

成立时间： 1979年4月1日

历史简介： 1962年，以交通部副部长于眉同志为代表的航海界知名人士建议在北京筹建学会。1963年5月，国务院领导责成原国家科委成立“航海学科专业组”。1963年8月15日，中国科协函复交通部同意成立“中国航海学会”。1965年3月经中国科协批准在北京召开“中国航海学会筹备会暨1965年学术年会”，并出版《中国航海》。党的十一届三中全会后，正式恢复建设进程。经中国科协批准，1979年4月1~7日在广州召开成立大会及第一次全国会员代表大会。经民主选举，首届理事长为曾生，副理事长为彭德清、贺崇生、张序三、梁广、邓兆祥、高原、卓友瞻、周启新，秘书长为王志远。学会住所设在北京，学会历届理事长为：曾生、彭德清、林祖乙、洪善祥、徐祖远、黄有方，目前为第八届理事会。

业务主管单位： 中国科学技术协会

办事机构支撑单位： 无

个人会员数量： 4415 人

单位会员数量： 334 个

第八届理事会选举时间： 2015 年 12 月 12 日

理事长： 黄有方　上海海事大学　校长　教授

副理事长（8 人）：

曹　迪　中国船级社　原副总工程师　教授级高级工程师

丁　农　中国远洋海运集团有限公司　副总经理　高级工程师

丁小岗　中国海员建设　工会主席　高级经济师

苏新刚　招商局集团有限公司　副总经理　高级经济师

李　甄　中国外运长航集团有限公司　总裁助理　国际商务师

潘新祥　大连海事大学　副校长　教授

丁平生　交通运输部救捞局　原副局长

李　扬　交通运输部水运科学研究院　院长

秘书长： 王　群　交通运输部救助打捞局　政工师

监事长： 郭洁平　中国海事服务中心　原主任

党组织情况： 中国航海学会党委　书记：黄有方

中国航海学会秘书处党支部　书记：王群

分支机构（22 个）： 通信导航专业委员会、海洋船舶驾驶专业委员会、船舶机电专业委员会、内河船舶驾驶专业委员会、水运管理专业委员会、内河航运开发建设专业委员会、内河海事专业委员会、航标专业委员会、船舶防污染专业委员会、危险货物运输专业委员会、救助打捞专业委员会、集装箱运输专业委员会、海运法规研究专业委员会、船闸专业委员会、船舶检验专业委员会、航海历史与文化研究专业委员会、水运规划与技术经济专业委员会、引航专业委员会、航海心理学专业委员会、航海遥感专业委员会、极地航行装备专业委员会、航运保险专业委员会

已加入国际组织（4个）： 国际航行学会联合会、国际海上救助联盟、国际航标协会、内河电子航道图协调组织

公开出版刊物（2种）：

中国科协业务主管的期刊（2种）

《中国航海》《航海技术》

非中国科协业务主管的期刊（0种）

设奖情况： 中国航海学会科学技术奖

中国铁道学会
（信息截止日期为2019年3月31日）

统一社会信用代码：51100000500017395
法定代表人：马福海
办 公 地 址：北京市海淀区复兴路10号
邮 政 编 码：100844
联 系 电 话：010-51847402，51841782
电 子 邮 箱：zgtdxhbgs@126.com
网　　址：http://www.crs.org.cn

中国铁道学会
China Railway Society

成立时间： 1978年4月1日

历史简介： 1912年，詹天佑在广州创建广东中华工程师会，颜德庆在上海创建中华工学会，徐文炯在上海创建中华铁路路工同人共济会。1913年，三会合并，成立中华工程师会，1915年更名为“中华工程师学会”。1931年，与在美国成立的中国工程学会合并成立“中国工程师学会”。詹天佑曾于1915~1919年担任会长、名誉会长，茅以升曾于1948年担任会长。1949~1966年，铁道行业的科技工作者曾多次召开学术会议酝酿成立铁道行业独立的科技社团。1977年11月24日，原铁道部向中国科协提出申请成立“中国铁道学会”。1978年4月2日，原铁道部印发“关于成立‘中国铁道学会’的通知”，宣告“中国铁道学会”于1978年4月1日成立。

1978 年 5 月经中国科协批准开始筹建工作。1979 年 7 月，第一届代表大会在北京召开。首届理事会共有 157 名理事，其中常务理事 32 名。理事长为刘建章，副理事长为：赵锡纯、韩力平、宁致远、李洋明、唐振绪、谭葆宪、茅以新。学会住所设在北京，历届理事长为：刘建章，谭葆宪，屠由瑞，国林、孙永福、卢春房，目前为第七届理事会。

业务主管单位： 中国科学技术协会

办事机构支撑单位： 中国铁路总公司

个人会员数量： 67589 人

单位会员数量： 183 个

第七届理事会选举时间： 2017 年 1 月 4 日

理事长： 卢春房　中国铁路总公司　原副总经理　中国工程院院士

副理事长（15 人）：

余邦利　中国铁路总公司　总会计师

康高亮　中国铁路总公司　安全总监兼安全监督管理局局长

赵国堂　中国铁路总公司　科信部主任

周　黎　中国铁道科学研究院集团有限公司　党委书记　董事长

程先东　中国铁路太原局集团有限公司　党委书记　董事长

耿志修　原铁道部　安全总监兼副总工程师

马福海　中国铁道学会　副理事长兼秘书长

叶阳升　中国铁道科学研究集团有限公司　副董事长　总经理

孙永才　中国中车股份有限公司　总裁

庄尚标　中国铁建股份有限公司　总裁

张宗言　中国中铁股份有限公司　总裁

周志亮　中国铁路通信信号股份有限公司　董事长　党委副书记

郑　健　中国铁路总公司　总工程师

徐　飞　西南交通大学　党委副书记　校长

傅选义　原国家铁路局　副局长　党组成员

秘书长： 马福海（兼）

党组织情况： 中国铁道学会党委　书记：马福海

中国铁道学会秘书处党支部　书记：马福海

分支机构（26 个）： 运输委员会、车辆委员会、自动化委员会、电气化委员会、材料工艺委员会、牵引动力委员会、工程分会、科技情报委员会、物资管理委员会、重载委员会、信息化委员会、经济委员会、劳动和卫生委员会、工务委员会、安全委员会、文秘档委员会、环境保护委员会、铁路文化与博物馆工作委员会、轨道交通工程分会、通信信号分会、工程管理分会、计划统计委员会、高速铁路委员会、轨道交通装备分会、经济规划委员会、桥隧委员会

已加入国际组织（2 个）： 国际重载协会、国际桥梁与结构工程协会

公开出版刊物（7 种）：

中国科协业务主管的期刊（3 种）

《铁道学报》《铁道知识》《铁道工程学报》

非中国科协业务主管的期刊（4 种）

《铁道机车车辆》《铁路计算机应用》《铁道建筑技术》《电气化铁道》

设奖情况： 中国铁道学会科学技术奖

中国公路学会

（信息截止日期为2019年3月31日）

统一社会信用代码：5110000050000397X1

法定代表人：刘文杰

办 公 地 址：北京市朝阳区安华路17号院1号楼中国公路学会

邮 政 编 码：100029

联 系 电 话：010-64951487

电 子 邮 箱：b27@cast.org.cn

网　　　址：http://www.chts.cn

B-工科

中国公路学会
China Highway & Transportation Society

成立时间： 1978年8月28日

历史简介： 前身是1921年5月在上海成立的中华全国道路建设协会。20世纪60年代初期，开始建立有关公路交通的各专业学术组织，如道路工程、桥梁工程和汽车运用于保修及筑路机械专业委员会。1963年，道路工程委员会成立，挂靠在公路交通部门。1978年在潘琪、马奔、曹英宪、周赤民、吴善瑞、刘以成等著名公路专家的共同倡导和发起下，经中国科协及交通部批准成立“中国公路学会”，并于1978年8月28日在江苏省无锡市召开成立大会。选举潘琪为第一届理事长，刘以成为秘书长。交通部为业务主管单位（挂靠单位）。1978年，加入中国科协。学会住所设在北京，历届理事长为：潘琪、王展意、李居昌、胡希捷、翁孟勇，目前为第八届理事会。

业务主管单位： 中国科学技术协会

办事机构支撑单位： 无

个人会员数量： 72743 人

单位会员数量： 2451 个

第八届理事会选举时间： 2016 年 1 月 8 日

理事长： 翁孟勇　第十三届全国人大常委会委员　交通运输部原党组副书记　副部长

副理事长（12 人）：

周纪昌　中国公路建设行业协会　理事长

郑健龙　长沙理工大学　教授　中国工程院院士

孟凤朝　中国铁建股份有限公司　董事长

陈奋健　中国交通建设集团有限公司　副董事长　党委副书记　总经理

游庆仲　江苏省交通运输厅　厅长

冯西宁　陕西省交通运输厅　党组书记　厅长

刘文杰　中国公路学会　副理事长兼秘书长

邓仁杰　招商局集团有限公司　副总经理

马　建　长安大学　校长　教授

唐伯明　重庆交通大学　校长　教授

王　民　徐州工程机械集团有限公司　董事长

张喜刚　中国交通建设股份有限公司　总工程师

秘书长： 刘文杰（兼）

党组织情况： 中国公路学会党委　书记：翁孟勇

中国公路学会秘书处党总支　书记：巨荣云

分支机构（19个）： 道路工程分会、桥梁和结构工程分会、运输与物流分会、筑路机械分会、交通工程与信息化分会、客车分会、工程地质和岩土分会、隧道工程分会、工程设计分会、高速公路运营管理分会、公路环境与可持续发展分会、养护与管理分会、城市交通分会、交通投融资分会、服务区工作委员会、交通院校工作委员会、旅游交通工作委员会、交通史志与文化工作委员会、自动驾驶工作委员会

已加入国际组织（2个）： 国际道路联盟（IRF）、国际桥梁隧道和收费公路协会（IBTTA）

公开出版刊物（3种）：

中国科协业务主管的期刊（3种）

《中国公路学报》《中国公路》《中国交通信息化》

设奖情况（1个）： 中国公路学会科学技术奖

中国航空学会
（信息截止日期为2019年3月31日）

统一社会信用代码：51100000500003419G
法定代表人：林左鸣
办 公 地 址：北京市朝阳区安外北苑2号院
邮 政 编 码：100012
联 系 电 话：010-84924375
电 子 邮 箱：office@csaa.org.cn
网 址：http://www.csaa.org.cn/

中国航空学会
Chinese Society of Aeronautics and Astronautics

成立时间： 1964年2月20日

历史简介： 1962年6月，在北京航空学院院长武光支持下，王俊奎等教授联名写信给中国科协，建议成立学会。同年12月北京航空学院正式致函中国科协书记处，表示支持成立，并愿作为挂靠单位。1964年，经中国科协同意组建，2月20~28日，成立大会在北京科技会堂隆重举行。选举沈元任第一届理事长。1966~1972年，学会停止活动。1973年3月，恢复活动。学会住所设在北京，历届理事长为沈元、季文美、朱育理、刘高倬、林左鸣，目前为第九届理事会。

业务主管单位： 中国科学技术协会

办事机构支撑单位： 中国航空工业集团有限公司

个人会员数量： 101124 人

单位会员数量： 185 个

第九届理事会选举时间： 2014 年 10 月 19 日

理事长： 林左鸣　中国航空工业集团有限公司　科技委主任　研究员

副理事长（8 人）：

王　政　中国电子科技集团公司　副总经理　研究员

吴　松　中国航空学会　副理事长　研究员

汪劲松　西北工业大学　校长　教授

张新国　中国航空工业集团有限公司　副总经理　研究员

罗荣怀　中国航空工业集团有限公司　总经理　研究员

聂　宏　南京航空航天大学　校长　教授

徐惠彬　北京航空航天大学　校长　教授　中国工程院院士

高建设　中国机械工业集团有限公司　副总经理　研究员

秘书长： 姚俊臣　中国航空学会　秘书长

党组织情况： 中国航空学会党委　书记：林左鸣

中国航空学会秘书处党支部　书记：姚俊臣

分支机构（54 个）： 动力分会，材料工程分会，结构与强度分会，空气动力学分会，制导、导航与控制分会，制造工程分会，复合材料分会，航空机电、人体与环境工程分会，航空维修工程分会，航空电子与空中交通管理分会，管理科学分会，飞行力学与飞行试验分会，无人机及微型飞行器分会，直升机分会，测试技术分会，航空武器系统分会，可靠性工程分会，计量技术分会，科技情报分会，标准分会，飞机总体分会，飞行技术分会，失效分析分会，档案分会，航空经济分会，飞行器适航分会，浮空器分会，信息融合分会，通用航空分会，舰载机分会，机载武器试验与鉴定研究分会，临近空间飞行器分会，航空产业政策法规研究分会，航空声学分会，民用飞机运行支持技术专业分会，鸟撞分会，学术工作委员会，科普工作委员会，国际合作工作委员会，人才工作委员会，老专家工作委员会，青年工作委员会，组织工作委员会，科技奖评审委员会，无人驾驶航空器系统专门委员会，航空航天工程教育认证委员会，科技咨询工作委员会，沈阳会员工作站，西安会员工作站，南京会员工作站，江西会员工作站，成都会员工作站，贵阳会员工作站，上海会员工作站

已加入国际组织： 国际航空科学理事会

公开出版刊物（7种）：

中国科协业务主管的期刊（5种）

《航空学报》、*Chinese Journal of Aeronautics*（《中国航空学报》）、《航空材料学报》《航空知识》《航空模型》

非中国科协业务主管的期刊（2种）

《航空工程进展》《航空动力学报》

设奖情况（3个）： 中国航空学会科学技术奖；中国航空学会冯如航空科技精英奖；中国航空学会青年科技奖

中国宇航学会

（信息截止日期为2019年3月31日）

统一社会信用代码：51100000500006038E

法定代表人：王一然

办 公 地 址：北京市海淀区阜成路8号院主办公楼3层

联 系 电 话：010-68768625

电 子 邮 箱：office_csa@163.com

网　　址：http://www.csaspace.org.cn

中国宇航学会
Chinese Society of Astronautics

成立时间： 1979年10月20日

历史简介： 由钱学森、任新民、张震寰发起，1978年10月经中国科协批准成立，1979年10月正式成立于天津并召开第一次全国会员代表大会。首届理事长任新民，名誉理事长钱学森。学会住所设在北京，历届理事长为：任新民、刘纪原、张庆伟、马兴瑞、许达哲、雷凡培，目前为第七届理事会。

业务主管单位： 中国科学技术协会

办事机构支撑单位： 中国航天科技集团有限公司

个人会员数量： 25499人

单位会员数量： 137个

第七届理事会选举时间： 2017 年 5 月 6 日

理事长： 雷凡培　中国船舶工业集团有限公司　董事长　党组书记　研究员

副理事长（9 人）：

王一然　中国宇航学会　副理事长兼秘书长　研究员
王兆耀　中央军委装备发展部　副部长
刘石泉　航天科工集团　副总经理　党组成员　研究员
李　跃　航天科工集团　总经理　党组副书记　研究员
杨保华　航天科技集团　副总经理　党组成员　研究员
吴燕生　航天科技集团　董事长　党组书记　研究员
袁　洁　航天科技集团　副总经理　党组副书记　研究员
徐　强　航天科工集团　董事　党组副书记　研究员
潘旭东　航天科工集团　总经理助理　研究员

秘书长： 王一然（兼）

党组织情况： 中国宇航学会党委　书记：王一然
中国宇航学会秘书处党支部　书记：王一然

分支机构（39 个）： 空间电子学专业委员会、飞行器总体专业委员会、液体火箭推进专业委员会、飞行器惯性器件专业委员会、计量与测试专业委员会、空间控制专业委员会、材料工艺专业委员会、遥测专业委员会、飞行器测控专业委员会、结构强度与环境工程专业委员会、固体火箭推进专业委员会、特种装备专业委员会、发射工程与地面设备专业委员会、战术导弹系统工程专业委员会、无人飞行器分会、返回与再入专业委员会、空气动力学与飞行力学专业委员会、空间能源专业委员会、飞行器制造工艺专业委员会、发射试验专业委员会、机器人专业委员会、计算机应用专业委员会、质量与可靠性专业委员会、航天运载系统专业委员会、空间遥感专业委员会、光电技术专业委员会、深空探测技术专业委员会、航天技术经济专业委员会、系统工程与项目管理专业委员会、电磁信息专业委员会、航天医学工程与空间生物学专业委员会、探测与导引技术专业委员会、卫星应用专业委员会、航天科技期刊工作委员会、弹药安全技术专业委员会、电推进专业委员会、飞行器任务规划专业委员会、先进小卫星技术与应用专业委员会、标准化分会

已加入国际组织： 国际宇航联合会

公开出版刊物（6种）：

中国科协业务主管的期刊（2种）

《宇航学报》《太空探索》

非中国科协业务主管的期刊（4种）

Advances in Aerospace Science and Technology(《航天科技前沿》)《固体火箭技术》《系统工程与电子技术》、*Journal of Systems Engineering and Electronics*（《系统工程与电子技术》）

设奖情况： 杨嘉墀科技奖

B-工科

中国兵工学会

（信息截止日期为2019年3月31日）

统一社会信用代码：51100000500001499A

法定代表人：于小虎

办 公 地 址：北京市海淀区车道沟十号院

邮 政 编 码：100089

联 系 电 话：010-68962962

电 子 邮 箱：bgxh@cos.org.cn

网　　址：http://www.cos.org.cn

中国兵工学会
China Ordnance Society

成立时间： 1964 年 3 月 30 日

历史简介： 1964 年，由王立、吴运铎、魏兆融等 70 位老一辈科学家和领导发起，经国务院国防工业办公室和中国科协批准，于 1964 年 3 月成立并在北京科技会堂召开第一次全国会员代表大会。选举王立为理事长，周发岐、胥治中、徐之仁、麻志皓、贾克为副理事长，高俊岩为秘书长。第二名称为“中国精密机械学会”。1979 年，加入中国科协。1990 年 2 月，第二名称改为“中国现代技术装备学会”。学会住所设在北京，历届理事长为：王立、唐仲文、来金烈、马之庚、尹家绪，目前为第八届理事会。

业务主管单位： 中国科学技术协会

办事机构支撑单位： 中国兵器工业集团有限公司

个人会员数量： 33057 人

单位会员数量： 235 个

第八届理事会选举时间： 2014 年 10 月 27 日

理事长： 尹家绪　中国兵器工业集团有限公司　科技委主任　研究员级高级工程师

副理事长（7 人）：

曾　毅　中国兵器工业集团有限公司　原副总经理　党组成员　研究员级高级工程师

聂晓夫　中国兵器装备集团有限公司　原副总经理　党组成员　研究员级高级工程师

邓智尤　中国兵器装备集团有限公司　原副总经理　党组成员　研究员级高级工程师

胡海岩　北京理工大学　原校长　教授　中国科学院院士

王晓锋　北京理工大学　副校长　教授

刘仓理　中国工程物理研究院　院长　研究员

于小虎　中国兵工学会　副理事长兼秘书长　研究员级高级工程师

秘书长： 于小虎（兼）

党组织情况： 中国兵工学会理事会党委　书记：于小虎

中国兵工学会秘书处党委　书记：于小虎

分支机构（52 个）： 计算机技术与应用专业委员会、坦克装甲车专业委员会、轻武器专业委员会、引信专业委员会、民用爆破器材专业委员会、弹道专业委员会、标准化专业委员会、先进制造技术专业委员会、系统工程专业委员会、应用力学专业委员会、活性炭专业委员会、发动机专业委员会、火箭导弹专业委员会、火工烟火专业委员会、光学专业委员会、阻燃专业委员会、环保劳保专业委员会、情报专业委员会、测试技术专业委员会、特种加工专业委员会、可靠性工程专业委员会、光电子专业委员会、火炮专业委员会、弹药专业委员会、火炸药专业委员会、材料科学与技术专业委员会、工程装备专业委员会、自动控制专业委员会、精密成形工程专业委员会、应用数学专业委员会、爆炸与安全技术专业委员会、夜视技术专业委员会、装药装备专业委员会、维修专业委员会、电磁技术专业委员会、信息安全与对抗专业委员会、装备保障专业委员会、定向能技术专业委员会、太赫兹应用技术专业委员会、防腐包装专业委员会、军工科技管理研究专业委员会、复杂辐射场技术专业委员会、反恐装备与技术专业委员会、含能材料制造技术专业委员会、无人智能平台技术专业委员会、毁伤评估技术专业委员会、军用防护技术专业委员会、安全防范专业委员会、防爆安检专业委员会、激光技术专业委员会、发射动力学专业委员会、智能武器装备技术专业委员会

已加入国际组织： 国际弹道学会

公开出版刊物（14 种）：

中国科协业务主管的期刊（10 种）

《兵工学报》、*Defence Technology*（《防务技术》）、《兵器知识》《火炸药学报》《弹箭与制导学报》《火炮发射与控制学报》《弹道学报》《爆破器材》《车辆与动力技术》《兵器材料科学与工程》

非中国科协业务主管的期刊（4 种）

《应用光学》《光学技术》《测试技术学报》《探测与控制学报》

设奖情况： 中国兵工学会科学技术奖

中国金属学会

（信息截止日期为2019年3月31日）

统一社会信用代码：51100000500002993B
法定代表人：赵　沛
办 公 地 址：北京市海淀区学院南路76号
邮 政 编 码：100081
联 系 电 话：010-65270210
电 子 邮 箱：csmoffice@csm.org.cn
网　　　址：http://www.csm.org.cn

B-工科

中国金属学会
The Chinese Society for Metals

成立时间： 1956年11月26日

历史简介： 由周仁、王之玺、靳树梁、张文奇、魏寿昆、李熏等发起，1954年开始筹备，1955年2月，经中央人民政府内务部核准登记。1956年11月，在北京召开第一次全国会员代表大会，首届理事长为周仁。1966~1977年停止活动。1978年恢复活动。1958年，加入中国科协。学会住所设在北京，历届理事长为：周仁、叶志强、黎明、刘淇、蒲海清、翁宇庆、徐匡迪、干勇，目前为第十届理事会。

业务主管单位： 中国科学技术协会

办事机构支撑单位： 中国钢铁工业协会（代管）

个人会员数量： 90295人

单位会员数量： 175 个

第十届理事会选举时间： 2016 年 10 月 30 日

理事长： 干　勇　钢铁研究总院　原院长　中国工程院原副院长
教授级高级工程师　中国工程院院士

副理事长（12 人）：

赵　沛　中国金属学会　常务副理事长　教授
陈德荣　中国宝武钢铁集团有限公司　董事长　党委书记
教授级高级工程师
姚　林　鞍钢集团有限公司　董事长　党委书记
教授级高级工程师
赵民革　首钢集团有限公司　党委常委　董事　副总经理
张少明　中国钢研集团有限公司董事长、党委书记
教授级高级工程师
左　良　中国科学院院金属材料研究所所长　教授
张欣欣　北京科技大学　原校长　教授
赵　继　东北大学　校长　教授
于　勇　河钢集团　董事长　党委书记　教授级高级工程师
沈　彬　江苏沙钢集团有限公司　常务副总裁　党委书记
高级经济师
曲　阳　中冶集团暨中国中冶　党委常委　中国中冶副总裁
教授级高级工程师
王新江　中国金属学会　副理长兼秘书长　教授级高级工程师

秘书长： 王新江（兼）

党组织情况： 中国金属学会党委　书记：赵沛
中国金属学会秘书处党支部　书记：倪伟明

分支机构（44 个）： 科普工作委员会、采矿分会、炼铁分会、炼钢分会、材料科学分会、粉末冶金分会、冶金设备分会、冶金过程物理化学分会、轧钢分会、特殊钢分会、铁合金分会、选矿分会、能源与热工分会、连续铸钢分会、炭素材料分会、耐火材料分会、炼焦化学分会、冶金环境保护分会、冶金建筑分会、冶金地质分会、冶金安全与健康分会、情报分会、冶金自动化分会、冶金信息化分会、铸铁管分会、冶金运输分会、废钢铁分会、分析测试分会、冶金技术经济分会、冶金管理现代化分会、青年工作委员会、高速线材轧机装备技术分会、电磁冶金与强磁场材料科学分会、高温材料分会、功能材料分会、金属涂镀层技术分会、低合金钢分会、电工钢分会、冶金反应工程分会、金属材料深度加工分会、非晶合金分会、熔盐化学与技术分会、冶金固废资源利用分会、电冶金分会

已加入国际组织（2 个）： 国际钢铁协会，国际矿业、冶金和材料联合会

公开出版刊物（16 种）：

中国科协业务主管的期刊（8 种）

《金属学报》、*Acta Metallurgica Sinica*（《金属学报》）、*Journal of Materials Science & Technology*（《材料科学技术》）、《钢铁》《中国冶金》《金属世界》《连铸》《粉末冶金》

非中国科协业务主管的期刊（8 种）

《矿冶工程》《金属矿山》《冶金分析》《炼钢》《冶金经济与管理》《特殊钢》《金属功能材料》《冶金设备》

设奖情况（3 个）： 中国钢铁工业协会、中国金属学会冶金科学技术奖；中国金属学会冶金青年科技奖；中国金属学会冶金医学奖

中国有色金属学会
（信息截止日期为2019年3月31日）

统一社会信用代码：51100000500004788W
法定代表人：张洪国
办 公 地 址：北京市海淀区复兴路乙12号
邮 政 编 码：100038
联 系 电 话：010-63965399、63971450
电 子 邮 箱：nfsoc@163.com
网 址：http://www.nfsoc.org.cn

中国有色金属学会
The Nonferrous Metals Society of China

成立时间： 1984 年 11 月 28 日

历史简介： 由邱纯甫等发起，1984 年 11 月 28 日经国家体改委批准成立。同年 12 月 11—13 日在北京召开成立大会，第一届理事长为邱纯甫。学会住所设在北京，历届理事长为：邱纯甫、费子文、吴建常、康义、贾明星。目前为第七届理事会。

业务主管单位： 中国科学技术协会

办事机构支撑单位： 中国有色金属工业协会（代管）

个人会员数量： 43000 人

单位会员数量： 238 个

第七届理事会选举时间： 2016 年 6 月 15 日

理事长： 贾明星　中国有色金属工业协会　专职副会长兼秘书长

副理事长（14 人）：

葛红林　中国铝业公司　党组书记　董事长

李福利　中国五矿集团公司中国五矿股份有限公司　副总经理

桂卫华　中南大学　中国工程院院士

严纯华　北京大学化学院稀土材料及生物无机化学实验室主任　中国科学院院士

孙加林　中国有色矿业集团有限公司　原副总经理

杨志强　金川集团股份有限公司　原董事长

刘江浩　江西铜业股份有限公司　副总经理

胡岳华　中南大学　副校长

彭金辉　昆明理工大学　原党委副书记　校长

杨　斌　江西理工大学　党委副书记　校长

张少明　北京有色金属研究总院　原党委副书记　院长

蒋开喜　国务院国有资产监督管理委员会　专职外部董事

北京矿冶研究总院　首席科学家

陆志方　中国恩菲工程技术有限公司　董事长

张洪国　中国有色金属学会　副理事长兼秘书长

秘书长： 张洪国（兼）

党组织情况： 中国有色金属学会党委　书记：贾明星

中国有色金属学会秘书处党支部　书记：张洪国

分支机构（31 个）： 地质学术委员会、采矿学术委员会、选矿学术委员会、轻金属冶金学术委员会、重有色金属冶金学术委员会、稀有金属冶金学术委员会、铜合金加工学术委员会、半导体材料学术委员会、粉末冶金及金属陶瓷学术委员会、材料科学与工程学术委员会、自动化学术委员会、环境保护学术委员会、冶金物理化学学术委员会、冶金设备学术委员会、安全学术委员会、理化检验学术委员会、统计学术委员会、信息学术委员会、贵金属学术委员会、矿山信息智能化专业委员会、冶金反应工程专业委员会、宽禁带半导体专业委员会、节能减排专业委员会、熔盐化学与技术专业委员会、特种冶金专业委员会、青年工作委员会、出版工作委员会、创新发展工作委员会、有色冶金资源综合利用专业委员会、稀有金属材料专业委员会、钒资源清洁利用专业委员会

已加入国际组织（2个）： 国际铜组织、国际铅锌组织

公开出版刊物（14种）：

中国科协业务主管的期刊（10种）

《中国有色金属学报》、*Transactions of Nonferrous Metals Society of China*（《中国有色金属学报》英文版）、《稀有金属材料与工程》、*Rare Metal Meterials and Engineering*（《稀有金属材料与工程》英文版）、《稀有金属》、*Rare Metals*（《稀有金属》英文版）、《金属世界》《粉末冶金技术》《分析实验室》《分析检测》

非中国科协业务主管的期刊（4种）

《矿业研究与开发》《贵金属》《有色设备》《稀有金属与硬质合金》

设奖情况： 无

中国稀土学会

（信息截止日期为2019年3月31日）

统一社会信用代码：51100000500002774l

法定代表人：李春龙

办 公 地 址：北京市海淀区学院南路76号

邮 政 编 码：100081

联 系 电 话：010-62173497、62173501

电 子 邮 箱：csre@cs-re.org.cn

网 址：http://www.cs-re.org.cn

中国稀土学会

The Chinese Society of Rare Earths

成立时间： 1979年11月14日

历史简介： 由方毅副总理、原国家经委主任袁宝华和郭承基、袁承业、李熏、徐光宪等老科学家建议发起，1979年11月14日经中国科协批准成立，并加入中国科协。1980年12月3~7日，召开“中国稀土学会成立大会暨第一届学术会议”，首届理事长为原冶金工业部副部长周传典，副理事长为徐光宪、刘耀宗、林华、郭承基、李东英（兼秘书长）。隶属原冶金工业部。1998年冶金工业部改革后，学会支撑单位改为国务院国有资产监督管理委员会，由中国钢铁工业协会代管至今。学会住所设在北京，历届理事长为：周传典、毕群、干勇、李春龙，目前为第六届理事会。

业务主管单位： 中国科学技术协会

办事机构支撑单位： 中国钢铁工业协会（代管）

个人会员数量： 4400 人

单位会员数量： 73 个

第六理事会选举时间： 2016 年 12 月 18 日

理事长： 李春龙　中国稀土学会　理事长　教授级高级工程师

副理事长（12 人）：

严纯华　兰州大学　校长　中国科学院院士

龚　斌　虔东稀土集团股份有限公司　董事长　总经理

李　波　中国钢铁科技集团有限公司　党委常委　副总经理

杨占峰　包头稀土研究院　董事长

黄松涛　有研科技集团有限公司　副总经理　党委委员

胡伯平　北京中科三环高技术股份有限公司　高级副总裁　副董事长

黄长庚　厦门钨业股份有限公司　董事长

张尚虎　甘肃稀土新材料股份有限公司　副总经理

薛冬峰　中国科学院长春应用化学研究所　副所长

谢志宏　中国南方稀土集团　董事长

王　涛　五矿有色金属控股有限公司　副总经理

李　琼　包头稀土高新区　副主任

秘书长： 牛京考　中国稀土学会　秘书长　教授级高级工程师

监事长： 林东鲁　中国稀土学会　原秘书长

党组织情况： 中国稀土学会党委　书记：李春龙

中国稀土学会秘书处党支部　书记：牛京考

分支机构（15 个）： 地质矿山选矿专业委员会、化学和湿法冶金专业委员会、火法冶金专业委员会、稀土钢专业委员会、铸造合金专业委员会、理化检验专业委员会、固体科学与新材料专业委员会、农医专业委员会、催化专业委员会、玻璃陶瓷专业委员会、环境保护专业委员会、发光专业委员会、永磁专业委员会、信息专业委员会、技术经济专业委员会

已加入国际组织： 无

公开出版刊物（4 种）：

中国科协业务主管的期刊（2 种）

《中国稀土学报》、*Journal of Rare Earths*（《稀土学报》）

非中国科协业务主管的期刊（2 种）

《稀土》、*China Rare Earth Information*（《中国稀土信息》）

设奖情况： 无

中国腐蚀与防护学会
（信息截止日期为2019年3月31日）

统一社会信用代码：51100000500005510Q
法定代表人：王福会
办 公 地 址：北京市海淀区学院路30号
邮 政 编 码：100083
联 系 电 话：010-62320080，62397591
电 子 邮 箱：mail@cscp.org.cn
网　　　址：http://www.cscp.org.cn

中国腐蚀与防护学会
Chinese Society for Corrosion and Protection

成立时间： 1979年11月

历史简介： 由秦力生、张文奇、沈增祚、羡书锦、石声泰、翁心源等发起，1960年5月在腐蚀防护组第一次会议上提出建议成立。1964年8月中国科协批复同意成立筹备委员会，主任委员秦力生。1966年停止筹备。1976年10月，原国家科委确定并公布腐蚀与防护学科组新的成员名单。1979年3月，在三明召开腐蚀学科组第一次会议，会上提出恢复筹建工作。1979年7月5日，中国科协正式批复同意成立。1979年11月在杭州召开全国会员代表大会，成立“中国腐蚀与防护学会”，首届理事长为李苏。学会住所设在北京，历届理事长为：李苏、张文奇、肖纪美、曹楚南、柯伟、陈光章、王福会，目前为第十届理事会。

业务主管单位： 中国科学技术协会

个人会员数量： 7979 人

单位会员数量： 208 个

第九届理事会选举时间： 2018 年 6 月 23 日

理事长： 王福会　中国科学院金属所　研究员

副理事长（11 人）：

李晓刚　北京科技大学　教授

孙明先　中船重工七二五所青岛分部　副总工程师　研究员

李　劲　复旦大学　教授

吴建华　第七二五所厦门分部　主任　研究员

张　盾（女）　中国科学院海洋研究所　研究员

张政军　清华大学材料学院　院长　教授

宫声凯　北京航空航天大学　教授

陆　峰　北京航空材料研究院　副总工程师　研究员

董俊华　中国科学院金属研究所　研究员

韩　冰　中国钢研集团钢研纳克检测技术有限公司
副总经理　教授级高工

汪的华　武汉大学　教授

秘书长： 杜翠薇（女）　北京科技大学腐蚀控制系统工程研究所
所长　教授

党组织情况： 中国腐蚀与防护学会党委　书记：杜翠薇
中国腐蚀与防护学会秘书处党支部　书记：于露

分支机构（24 个）： 航空航天专业委员会、能源工程专业委员会、水环境专业委员会、高温专业委员会、腐蚀电化学及测试专业委员会、建筑工程专业委员会、缓蚀剂专业委员会、环境敏感断裂专业委员会、耐蚀金属材料专业委员会、土壤专业委员会、化工过程专业委员会、非金属材料专业委员会、涂料涂装及表面保护专业委员会、学术工作委员会、外事工作专业委员会、咨询工作委员会、科普教育工作委员会、青年工作委员会、防腐蚀施工与技术专业委员会、热浸镀专业委员会、承压设备专业委员会、高分子管道和容器专业委员会、中国腐蚀与防护学会汽车腐蚀与防护专业委员会、中国腐蚀与防护学会石油化工腐蚀与安全专业委员会

已加入国际组织（3个）： 国际腐蚀理事会（ICC）、亚太地区材料和腐蚀协会（APCCC）、世界腐蚀组织（WCO）

公开出版刊物（4种）：

中国科协业务主管的期刊（1种）

《中国腐蚀与防护学报》

非中国科协业务主管的期刊（3种）

《材料保护》《腐蚀防护学报》《腐蚀与防护之友》

设奖情况（5个）： 中国腐蚀与防护学会科学技术奖；中国腐蚀与防护最高学术成就奖；中国腐蚀与防护最高工程技术成就奖；中国腐蚀与防护杰出青年学术成就奖；中国腐蚀与防护国际合作奖

（信息截止日期为2019年3月31日）

统一社会信用代码：51100000500002440G
法定代表人：华　炜
办 公 地 址：北京市朝阳区安定路33号化信大厦B座7层
邮 政 编 码：100029
联 系 电 话：010-64449479
电 子 邮 箱：wangyan@ciesc.cn
网　　　址：http://www.ciesc.cn

B-工科

中国化工学会
The Chemical Industry and Engineering Society of China

成立时间： 1922年4月23日

历史简介： 由陈世璋、余同奎发起，1922年4月23日，“中华化学工业会”（前身之一）在北京成立，张新吾为会长。1923年，创办会刊《中华化学工业会杂志》。由顾毓珍、张洪沅等9人发起，1930年，“中华化学工程学会”（前身之二）在美国麻省理工学院成立，程耀椿为会长。1934年出版《化学工程》。中华化学工业会自1922年成立到1956年与中国化学工程学会合并共产生过22届理事会。中国化学工程学会自1930年成立共产生过5届理事会。1956年夏，两会合并成立“中国化工学会筹委会”。1959年6月，与中国化学会合并，成立“中国化学化工学会”，侯德榜为理事长。1963年，中国化学化工学会分成“中国化学会”和“中国化工学会"，并分别在青岛和哈尔滨举行年会，选举新的理事会。1966~1977 年，学会停止活动。1978 年，学会恢复活动，同年 11 月 15~22 日在湖南长沙召开代表大会，陶涛当选理事长。2017 年中国化工学会成立 95 周年，选举产生第四十届理事会。学会住所设在北京，历届理事长为：张新吾、曹惠群、曹梁夏、吴蕴初、陈世璋、徐作和、程耀椿、张洪沅、侯德榜、陶涛、杨光启、潘连生、王心芳、阎三忠、曹湘洪、李勇武、戴厚良，目前为第四十届理事会。

业务主管单位： 中国科学技术协会

办事机构支撑单位： 中国石油和化学工业联合会

个人会员数量： 14858 人

单位会员数量： 162 个

第四十届理事会选举时间： 2017 年 10 月 13 日

理事长： 戴厚良　中国石油化工集团公司　董事长　党组书记
中国工程院院士

副理事长（14 人）：

李静海　国家自然科学基金委员会　主任　党组书记
中国科学院院士

蔺爱国　中国石油天然气股份有限公司　原总工程师
教授级高工

华　炜（女）　中国化工学会副理事长兼秘书长
教授级高工

何仲文　中海石油炼化有限责任公司　党委书记　董事长
教授级高工

胡徐腾　中国化工集团公司　副总经理　教授级高工

黄　维　西北工业大学　常务副校长　中国科学院院士

李良君　上海化工研究院有限公司　总经理　教授级高工

刘良炎　华烁科技股份有限公司　董事长　教授级高工

潘正安　化学工业出版社　总编辑　编审

谭天伟　北京化工大学　校长　中国工程院院士

辛　忠　华东理工大学　副校长　教授

张　方　中国中化集团公司　创新与战略部总监　教授级高工

张传江　中国神华煤制油化工有限公司　董事长　教授级高工

张锁江　中国科学院过程工程研究所　所长　中国科学院院士

秘书长： 华炜（兼）

党组织情况： 中国化工学会党委　书记：华炜

中国化工学会秘书处党支部　书记：华炜

分支机构（33个）： 化学工程专业委员会、石油化工专业委员会、生物化工专业委员会、精细化工专业委员会、煤化工专业委员会、化工安全专业委员会、环境保护专业委员会、工业水处理专业委员会、化工机械专业委员会、化工新材料专业委员会、无机酸碱盐专业委员会、化肥专业委员会、橡胶专业委员会、农药专业委员会、染料专业委员会、涂料涂装专业委员会、信息技术应用专业委员会、化工自动化及仪表专业委员会、特种化工专业委员会、矿业工程专业委员会、离子液体专业委员会、储能工程专业委员会、水性技术应用专业委员会、混合与搅拌专业委员会、橡塑绿色制造专业委员会、过程模拟及仿真专业委员会、石化设备检维修专业委员会、超临界流体技术专业委员会、硫磷钛资源化工专业委员会、微波能化工应用专业委员会、过滤与分离专业委员会、过程强化专业委员会、工程热化学专业委员会

已加入国际组织（4个）： 世界化学工程联合会(World Chemical Engineering Council, WCEC)、亚太化工联盟（Asian Pacific Confederation of Chemical Engineering, APCChE）、国际橡胶会议组织（International Rubber Conference Organization, IRCO）、欧洲化学工程联盟（European Federation of Chemical Engineering, EFCE）

公开出版刊物（13种）：

中国科协业务主管的期刊（3种）

《化工学报》《化工进展》、*Chinese Journal of Chemical Engineering*（《中国化学工程学报》英文版）

非中国科协业务主管的期刊（10种）

《精细化工》《无机盐工业》《化工机械》《石油化工》《涂料工业》《涂料技术与文摘》《储能科学与技术》《化工环保》《染料与染色》《粉末涂料与涂装》

设奖情况（2个）： 侯德榜化工科学技术奖；中国化工学会科学技术奖

中国核学会

（信息截止日期为2019年3月31日）

统一社会信用代码：51100000500002985G

法定代表人：李冠兴

办 公 地 址：北京市西城区三里河南三巷1号

邮 政 编 码：100322

联 系 电 话：010-68555559

电 子 邮 箱：cns@ns.org.cn

网　　　址：http://www.ns.org.cn/

B-工科

中国核学会
Chinese Nuclear Society

成立时间： 1980年2月28日

历史简介： 由王淦昌、钱三强、姜圣阶等发起，1978年经国务院批准成立“中国核能学会”。1980年2月，经中国科协同意改为现名，同年加入中国科协。第一届理事长为王淦昌，理事会主要成员有姜圣阶、李觉、赵忠尧、张文裕、朱光亚、张震寰、金实遽等。学会住所设在北京，历届理事长为：王淦昌、姜圣阶、汪德熙、钱皋韵、王乃彦、李冠兴、王寿君，目前为第九届理事会。

业务主管单位： 中国科学技术协会

办事机构支撑单位： 核工业集团

个人会员数量： 8512人

单位会员数量： 164个

第九届理事会选举时间： 2018 年 5 月 26 日

理事长： 王寿君　全国政协常委　原中国核工业集团有限公司董事长、党组书记

副理事长（15 人）：

王风学　国家电力投资集团有限公司　总监　高级工程师
田东风　中国工程物理研究院　党委常委　副院长　研究员级高级工程师
刘永德　国家国防科技工业局　司长　研究员
张志俭　哈尔滨工程大学　副校长　教授
宠松涛　中国广核集团有限公司　党委常委　副总经理　研究员级高级工程师
孙汉虹　国家核电技术有限公司　党组成员　副总经理　高级工程师
余剑锋　国家电力投资集团公司　党组副书记　副总经理　研究员级高级工程师
张廷克　中国华能集团公司　副总经理　高级工程师
姜胜耀　清华大学　党委常务副书记　副校长　教授
祖　斌　中国核工业集团有限公司　董事　党组副书记　研究员级高级工程师　高级经济师
赵　军　军委科学技术委员会　正军职干部　高级工程师
赵永明　生态环境部（国家核安全局）副司长　高级工程师
赵宪庚　中国工程院　原副院长　中国工程院院士
詹文龙　中国科学院　原副院长　党组成员　中国科学院院士
雷增光　中国核工业集团有限公司　总工程师　研究员级高级工程师

秘书长： 于鉴夫　中国核学会秘书长

党组织情况： 中国核学会党委 书记：王寿君

中国核学会党委副书记兼党支部 书记：于鉴夫

分支机构（33 个）： 辐射防护分会、计算物理分会、铀矿地质分会、同位素分离分会、辐射研究与应用分会、核电子学与核探测技术分会、核化工分会、核物理分会、核能动力分会、核技术经济与管理现代化研究分会、核医学分会、核材料分会、核聚变与等离子体物理分会、原子能农学分会、核化学与放射化学分会、铀矿冶分会、核科技情报研究分会、同位素分会、粒子加速器分会、核技术工业应用分会、脉冲功率技术及其应用分会、辐射物理分会、核测试与分析分会、核安全分会、核工程力学分会；锕系物理与化学分会、放射性药物分会、核安保分会、船用核动力分会、辐照效应分会

学术工作委员会、组织工作委员会、科普咨询教育工作委员会、编辑工作委员会、财务工作委员会、妇女工作委员会、青年工作委员会、标准工作委员会

已加入国际组织（5 个）： 太平洋地区核理事会、世界核妇女组织、国际青年核理事会、国际辐射防护协会、世界核医学与生物学联盟

公开出版刊物（10 种）：

中国科协业务主管的期刊（2 种）

《核科学与工程》《计算物理》

非中国科协业务主管的期刊（8 种）

《核技术》《强激光与粒子束》《辐射防护》《核化学与放射化学》《同位素》《铀矿地质》《铀矿冶》、*Nuclear Science and Technology*（《核技术》英文版）

设奖情况（5 个）： 中国核科普奖；第六届“魅力之光”杯全国中学生核电科普知识竞赛；中国核学会学术年会优秀论文奖；中国（国际）核电仪控技术大会优秀论文奖；中国十大核科技进展

中国石油学会
（信息截止日期为2019年3月31日）

统一社会信用代码：511000000500005668C
法定代表人：于明祥
办 公 地 址：北京市西城区六铺炕街6号
邮 政 编 码：100724
联 系 电 话：010-62067135
电 子 邮 箱：syxhqn@126.com
网　　址：http://www.cps.org.cn

中国石油学会
Chinese Petroleum Society

成立时间： 1978 年 8 月

历史简介： 由侯祥麟等发起，1978 年 6 月 27 日，原石油工业部致函中国科协，申请成立中国石油学会；8 月，经中国科协批准成立；12 月成立临时理事会，理事长为石油工业部副部长侯祥麟，秘书长为石油工业部科技司副司长蒋其恺，发展会员 5400 人。1979 年 4 月 10 日在成都召开第一次全国会员代表大会，选举产生第一届理事会理事 141 人，常务理事 27 人，理事长侯祥麟，副理事长阎敦实、闵豫、李天相、申力生、顾敬心、张文佑、翁文波、潘钟祥，秘书长蒋其恺，副秘书长秦同洛、张金泉。学会住所设在北京，历届理事长为：侯祥麟、李天相、金钟超、邱中建、黄炎、贾承造、曾玉康、赵政璋，目前为第九届理事会。

业务主管单位： 中国科学技术协会

办事机构支撑单位： 中国石油天然气集团有限公司

个人会员数量： 33471 人

团体会员数量： 4 个

第九届理事会选举时间： 2016 年 3 月 18 日

理事长： 赵政璋　中国石油天然气集团公司　原副总经理　党组成员

教授级高级工程师

副理事长（6 人）：

孙龙德　中国石油天然气股份有限公司　副总裁

教授级高级工程师　中国工程院院士

刘中民　中国科学院大连化学物理研究所　所长

研究员　中国工程院院士

陈　伟　中国海洋石油集团有限公司　总经理助理

教授级高级工程师

金之钧　中国石油化工股份有限公司　原副总地质师

教授　中国科学院院士

黎　明　国家自然科学基金委员会工程与材料学部

常务副主任　研究员

于明祥　中国石油学会　副理事长兼秘书长

教授级高级工程师

秘书长： 于明祥（兼）

党组织情况： 中国石油学会党委　书记：周抚生

中国石油学会秘书处党支部　书记：于明祥

分支机构（21）： 石油炼制分会、海洋石油分会、石油地质专业委员会、石油工程专业委员会、石油物探专业委员会、石油测井专业委员会、石油储运专业委员会、天然气专业委员会、石油经济专业委员会、石油统计专业委员会、石油科技装备专业委员会、石油腐蚀与防护专业委员会、石油物资管理工程专业委员会、石油质量可靠性专业委员会、石油管材专业委员会、非常规油气专业委员会、石油通信专业委员会、国际交流委员会、科学普及教育委员会、石油储量工作委员会、青年工作委员会

公开出版刊物（6 种）：

中国科协业务主管的期刊（4 种）

《石油学报》《石油学报（石油加工）》《石油知识》、*Petroleum Research*（《石油研究》英文版）

非中国科协业务主管的期刊（2 种）

《国际石油经济》《石油机械》

设奖情况（2 个）： 中国石油学会双年度百篇优秀（会议）论文奖；全国石油石化优秀科技工作者

中国煤炭学会

（信息截止日期为2019年3月31日）

统一社会信用代码：51100000500001894H

法定代表人：田　会

办公地址：北京市朝阳区青年沟路5号

邮政编码：100013

联系电话：010-84262778

电子邮箱：mtxh@chinacs.org.cn

网　　址：http://www.chinacs.org.cn

中国煤炭学会
China Coal Society

成立时间： 1962年11月28日

历史简介： 由何以端、王德滋、何杰、贺秉章、张培江5位煤炭行业科技事业奠基人发起，1962年建立筹备委员会。在筹建过程中，开展国内外学术交流活动，发展会员，筹建地方学会，编辑出版了《煤炭学报》。1962年11月28日，加入中国科协。至1964年，已有北京、辽宁、吉林、黑龙江、新疆、山东、湖北、云南、四川9个省、自治区、直辖市成立了煤炭学会。1966年停止活动。1972年，恢复对外学术交流活动，1978年，煤炭工业部下文，由贺秉章任理事长，开展恢复与创建工作，全面恢复活动。1979年8月，召开首届全国会员代表大会，选举贺秉章任理事长。学会住所设在北京，历届理事长为：贺秉章、叶青、范维唐、濮洪九、王显政、刘峰，目前为第七届理事会。

业务主管单位： 中国科学技术协会

办事机构支撑单位： 煤炭科学研究总院

个人会员数量： 21000 人

单位会员数量： 192 个

第七届理事会选举时间： 2013 年 10 月 23 日

理事长： 刘　峰　中国煤炭学会　研究员

副理事长（12 人）：

卜昌森　山西煤矿安监局　教授级高级工程师
王　安　中国国际工程咨询公司　教授级高级工程师
　　　　中国工程院院士
田　会　中国煤炭科工集团公司技术委员会　研究员
刘建功　河北工程大学　教授
张玉卓　中国神华集团有限责任公司　教授级高级工程师
　　　　中国工程院院士
张铁岗　平煤集团公司　教授级高级工程师　中国工程院院士
武华太　山西晋城无烟煤矿业集团公司　教授级高级工程师
袁　亮　安徽理工大学　教授　中国工程院院士
葛世荣　中国矿业大学　教授
谢和平　四川大学　教授　中国工程院院士
王显政　中国煤炭工业协会　会长　教授级高级工程师

秘书长： 刘　峰（兼）

党组织情况： 中国煤炭学会党委　书记：刘峰
中国煤炭学会秘书处党支部　书记：刘富

分支机构（33 个）： 科普工作委员会、青年工作委员会、史志工作委员会、学术期刊工作委员会、煤矿开采损害技术鉴定委员会、煤炭地质专业委员会、矿井地质专业委员会、瓦斯地质专业委员会、矿山建设与岩土工程专业委员会、煤矿建筑工程专业委员会、开采专业委员会、露天开采专业委员会、水力采煤专业委员会、岩石力学与支护专业委员会、矿山测量专业委员会、爆破专业委员会、煤矿机电一体化专业委员会、煤矿自动化专业委员会、计算机通讯专业委员会、煤矿运输专业委员会、煤矿系统工程专业委员会、选煤专业委员会、煤化工专业委员会、煤矿安全专业委员会、环境保护专业委员会、煤矿土地复垦与生态修复专业委员会、科学技术情报专业委员会、经济管理专业委员会、短壁机械化开采专业委员会、煤层气专业委员会、煤炭装载技术专业委员会、钻探工程专业委员会、矿用油品专业委员会

已加入国际组织（2个）： 国际矿山测量学会、世界采矿大会

公开出版刊物（3种）：

中国科协业务主管的期刊（3种）

《煤炭学报》、*International Journal of Coal Science & Technology*（《国际煤炭科学技术学报》英文版）、《当代矿工》

非中国科协业务主管的期刊（0种）

设奖情况（3个）： 中国煤炭工业协会科学技术奖；煤炭青年科技奖；全国煤炭工业生产一线青年技术创新优秀论文

中国可再生能源学会
（信息截止日期为2019年3月31日）

统一社会信用代码：5110000050000221 3b
法定代表人：谭天伟
办 公 地 址：北京市海淀区中关村北二条6号
邮 政 编 码：100190
联 系 电 话：010-82547225
电 子 邮 箱：cres@mail.iee.ac.cn
微信公众号：cres2017
网　　址：http://www.cres.org.cn

中国可再生能源学会
China Renewable Energy Society（CRES）

成立时间： 1979年9月6日

历史简介： 原名为中国太阳能学会，于1979年3月，经中国科协批准成立。1979年9月6日在西安市举行成立大会，并召开了第一次全国会员代表大会，王补宣当选为首届理事长。学会住所设在北京，历届理事长为：王补宣、龚堡、朱亚杰、严陆光、石定寰、谭天伟，目前为第九届理事会。

业务主管单位： 中国科学技术协会

办事机构支撑单位： 中国科学院电工研究所

个人会员数量： 2000余人

单位会员数量： 100 余个

第九届理事会选举时间： 2017 年 2 月 18 日

理事长： 谭天伟　北京化工大学　校长　中国工程院院士

副理事长（9 人）：

仲继寿　中国建筑学会　秘书长　教授级高级工程师

许洪华　北京科诺伟业科技股份有限公司　董事长　研究员

李宝山　科学技术部　原巡视员　高级工程师

吴创之　中国科学院广州分院　书记　研究员

赵　颖　南开大学电子信息与光学工程学院　院长　教授

柳　地　中国长江三峡集团公司　原总经理助理　高级工程师

姚兴佳　沈阳工业大学新能源工程学院　名誉院长　教授

喜文华　联合国工业发展组织国际太阳能技术促进转让中心　主任　研究员

蒋利军　北京有色金属研究总院　所长　教授级高级工程师

秘书长： 祁和生　中国农机工业协会风能设备分会　秘书长　教授级高级工程师

党组织情况： 中国可再生能源学会党委　书记：谭天伟

中国可再生能源学会秘书处党支部　无

分支机构（19 个）： 光伏专业委员会、生物质能专业委员会、热利用专业委员会、风能专业委员会、光化学专业委员会、氢能专业委员会、太阳能建筑专业委员会、海洋能专业委员会、天然气水合物专业委员会、可再生能源发电并网专业委员会、储能专业委员会、地热能专业委员会、太阳能热发电专业委员会、学术交流工作委员会、科普工作委员会、国际联络工作委员会、编辑出版工作委员会、产学研工作委员会、青年工作委员会

已加入国际组织（3个）： 世界风能协会、国际氢能协会、国际太阳能学会

公开出版刊物（2种）：

中国科协业务主管的期刊（2种）

《太阳能杂志》《太阳能学报》

非中国科协业务主管的期刊（0种）

设奖情况（1种）： 中国可再生能源学会科学技术奖

中国能源研究会

（信息截止日期为2019年3月31日）

统一社会信用代码：51100000500002248X
法定代表人：周大地
办 公 地 址：北京市西城区三里河路54号469室
邮 政 编 码：100045
联 系 电 话：010-56034652，010-56034653
电 子 邮 箱：cers@cei.gov.cn
网　　址：www.cers.org.cn

B-工科

中国能源研究会
China Energy Research Society

成立时间： 1981年1月

历史简介： 1979年国家科委在杭州召开第一次能源座谈会，与会代表一致要求成立中国能源研究会，以积极推进我国能源政策、能源经济、能源系统工程和能源管理的研究工作。1980年8月17日经中国科协二届二次常委会批准正式筹备成立中国能源研究会。1980年12月26日~1981年1月9日在北京召开成立大会，选举林汉雄为首届理事长，朱亚杰、吴京、吕应中、杨纪珂、徐士高、秦同洛为副理事长，吕应中兼任秘书长，同年10月加入中国科协。学会住所设在北京，历届理事长为：林汉雄、朱亚杰、杨纪珂、黄毅诚、范维唐、柴松岳、吴新雄，目前为第七届理事会。

业务主管单位： 中国科学技术协会

办事机构支撑单位： 中国科学技术协会学会服务中心

个人会员数量： 2011 人

单位会员数量： 255 个

第七届理事会选举时间： 2015 年 12 月 15 日

理事长： 吴新雄　第十二届全国政协经济委员会　副主任
国家发改委　原副主任　国家能源局　原局长

副理事长（15 人）：

王　敏　国家电网公司　副总经理　党组成员
王禹民　国家能源局　原副局长　党组成员
第十二届全国政协委员
史玉波　国家能源局　原副局长　党组成员
第十二届全国政协委员
李　东　神华集团有限责任公司　党组成员　副总经理
李　辉　中国海洋石油总公司　副总经理　党组成员
李庆奎　中国南方电网　党组书记　董事长
杨长利　中国核工业集团公司　党组成员　副总经理
吴　吟　国家能源局　原副局长　党组成员
沙先华　中国长江三峡集团公司　副总经理　党组成员
陆启洲　原中国电力投资集团公司　党组书记　总经理
陈进行　中国大唐集团公司　党组书记　董事长
祖　斌　中国核工业建设集团公司　副总经理
贺锡强　中国南方电网有限责任公司　副总经理
曹培玺　中国华能集团公司　总经理　党组副书记
喻宝才　中国石油天然气集团公司　副总经理

秘书长： 郑玉平（女）　华北能源监管局　原巡视员

党组织情况： 中国能源研究会党委　书记：吴新雄

中国自然辩证法研究会、中国科技新闻学会、中国能源研究会联合党支部　书记：赵月刚

分支机构（25 个）： 组织工作委员会、学术工作委员会、科普工作委员会、编辑工作委员会、咨询工作委员会、外事工作委员会、标准工作委员会、能源系统工程专业委员会、能源经济专业委员会、能源与环境专业委员会、城市能源专业委员会、农村能源专业委员会、可再生能源专业委员会、节能与企业管理专业委员会、能效与投资评估专业委员会、热力学及工程应用专业委员会、地热专业委员会、分布式能源专业委员会、能源监管专业委员会、能源互联网专业委员会、储能技术专业委员会、电能技术专业委员会、燃料电池专业委员会、核能专业委员会、智能发电专业委员会

已加入国际组织： 国际地热学会（IGA）

公开出版刊物（1 种）：

中国科协业务主管的期刊（1 种）

《中外能源》

非中国科协业务主管的期刊（0 种）

设奖情况（1 个）： 中国能源研究会能源创新奖

中国硅酸盐学会
（信息截止日期为2019年3月31日）

统一社会信用代码：51100000500002176
法定代表人：晋占平
办 公 地 址：北京市海淀区三里河路11号
邮 政 编 码：100831
联 系 电 话：010-57811248
电 子 邮 箱：guisuanyanxuehui@ceramsoc.com
网　　址：http://www.ceramsoc.com/

中国硅酸盐学会
The Chinese Ceramic Society

成立时间： 1945年3月18日

历史简介： 20世纪30年代初期，我国著名硅酸盐科学家赖其芳发起成立硅酸盐学科学会组织的倡议，因抗日战争爆发，使此倡议暂时搁置。1944年，赖其芳再次提出并开始筹备，并于1945年3月18日在重庆正式成立了“中国陶学学会”（学会前身），赖其芳当选第一届理事会理事长。1949年10月15日，中国陶学会与上海分会共同创办《陶工通讯》。1950年12月10日，经第二届理事会第四次会议通过，自1951年1月起学会更名为“中国窑业工程学会”，同年10月因故停止活动。1956年12月，在北京成立了“中国矽酸盐学会筹委会”，并于1957年3月经中华全国自然科学专门学会联合会以及中华人民共和国内务部批准备案。1959年11月25日，在上海召开了第一次全国会员代表大会，大会决定学会定名为“中国硅酸盐学会”。学会原主管单位为国家建材局，1980 年，加入中国科协。学会住所设在北京，历届理事长为：赖其芳、任国常、陈云涛、白向银、严东生、王燕谋、张人为、徐永模，目前为第九届理事会。

业务主管单位： 中国科学技术协会

办事机构支撑单位： 中国建筑材料联合会

个人会员数量： 21020 人

单位会员数量： 50 个

第九届理事会选举时间： 2019 年 3 月 30 日

理事长： 高瑞平（女） 国家自然科学基金委员会 副主任 研究员

副理事长（11 人）：

周　玉　哈尔滨工业大学　校长　教授　中国工程院院士

南策文　清华大学材料学院　教授　中国科学院院士

晋占平　中国硅酸盐学会　副理事长　高级工程师

彭　寿　中国建材股份有限公司　总裁　教授级高级工程师

李新华　中国建材集团有限公司　副董事长　教授级高级工程师

缪昌文　东南大学材料科学与工程学院　教授　中国工程院院士

宋力昕　中国科学院上海硅酸盐研究所　所长　研究员

程　新　济南大学材料科学与工程学院　教授

陈　文　武汉理工大学　副校长　教授

颜碧兰（女）　中国建筑材料科学研究总院　副院长　教授级高级工程师

刘建华　中国硅酸盐学会　副理事长

秘书长： 谭　抚　中国硅酸盐学会　秘书长

党组织情况： 中国硅酸盐学会党委　书记：高瑞平

中国硅酸盐学会办事机构党支部　书记：晋占平

分支机构（29个）： 水泥分会、房屋建筑材料分会、混凝土与水泥制品分会、陶瓷分会、特种陶瓷分会、耐火材料分会、玻璃钢分会、晶体生长与材料分会、非金属矿分会、玻璃分会、电子玻璃分会、特种玻璃分会、玻璃纤维分会、工艺岩石学分会、自动化分会、环境保护分会、固态离子学分会、搪瓷分会、科普工作委员会、学术工作委员会、科技咨询工作委员会、溶胶凝胶分会、薄膜与涂层分会、测试技术分会、固废分会、工程技术分会、绝热材料分会、矿物材料分会、微纳技术分会

已加入国际组织（5个）： 国际玻璃协会、国际陶瓷联合会、国际晶体生长组织、国际耐火材料学术会议联合组织、亚洲－大洋洲陶瓷联合会

公开出版刊物（5种）：

中国科协业务主管的期刊（3种）

《硅酸盐学报》、*Journal of Materiomics*（《无机材料学学报》）、《硅酸盐通报》

非中国科协业务主管的期刊（2种）

《现代技术陶瓷》《人工晶体学报》

设奖情况： 中国建筑材料联合会·中国硅酸盐学会建筑材料科学技术奖

中国建筑学会
（信息截止日期为2019年3月31日）

统一社会信用代码：51100000500009191A
法定代表人：赵　琦
办 公 地 址：北京市海淀区三里河路9号
邮 政 编 码：100835
联 系 电 话：010-88082223/24
电 子 邮 箱：zhb@chinaasc.org
网　　　址：http://www.chinaasc.org

中国建筑学会
The Architectural Society of China

成立时间： 1953年10月23日

历史简介： 由梁思成等建筑专家学者发起，1953年10月23日，在北京成立并召开第一次会员代表大会，周荣鑫当选首届理事长，副理事长为梁思成、杨廷宝。1954年6月，创办《建筑学报》。1958年，加入中国科协。1972年6月，学会恢复外事活动。1977年，学会工作全面恢复。学会住所设在北京，历届理事长为：周荣鑫、杨春茂、戴念慈、杨廷宝、阎子祥、叶如棠、宋春华、车书剑、修龙，目前为第十三届理事会。

业务主管单位： 中国科学技术协会

办事机构支撑单位： 住房和城乡建设部

个人会员数量： 8221 人

单位会员数量： 495 个

第十三届理事会选举时间： 2016 年 8 月 23 日

理事长： 修　龙　中国建设科技集团　董事长

副理事长（15 人）：

曹嘉明　上海市建筑学会　理事长　教授级高级工程师

崔　愷　中国建筑设计研究院　名誉院长　总建筑师
　　　　中国工程院院士　教授级高级建筑师

丁　建　中国中元国际工程公司　董事长　总经理
　　　　教授级高级工程师

刘　军　天津市建筑设计院　院长　党委书记
　　　　正高级建筑师

龙卫国　中国建筑西南设计研究院有限公司　院长
　　　　教授级高级工程师

孟建民　深圳市建筑设计研究总院有限公司　总建筑师
　　　　教授级高级工程师　中国工程院院士

王　俊　中国建筑科学研究院　院长　研究员

王建国　东南大学　教授　中国工程院院士

徐　建　中国机械工业集团有限公司　总经理
　　　　教授级高级工程师

张　桦　华东建筑集团股份有限公司　总裁
　　　　教授级高级工程师

赵　琦　住房和城乡建设部人事司　原副巡视员　高级工程师

朱小地　北京市建筑设计研究院有限公司　董事长
　　　　总建筑师　教授级高级工程师

庄惟敏　清华大学建筑学院　院长　博导　教授
全国工程勘察设计大学
丁烈云　华中科技大学　土木工程与力学学院　教授
中国工程院院士
官　庆　中国建筑工程总公司　总经理　教授级高级工程师

秘书长： 仲继寿　中国建筑设计研究院有限公司　副总建筑师

党组织情况： 中国建筑学会党委　书记：修龙
中国建筑学会秘书处党支部　书记：张百平

分支机构（48 个）： 建筑师分会、建筑史学分会、建筑物理分会、室内设计分会、工程勘察分会、建筑结构分会、地基基础分会、抗震防灾分会、建筑施工分会、建筑材料分会、暖通空调分会、建筑热能动力分会、建筑电气分会、建筑防火综合技术分会、体育建筑分会、生土建筑分会、小城镇建筑分会、建筑经济分会、工程管理研究分会、建筑给水排水研究分会、工业建筑分会、建筑教育评估分会、注册建筑师分会、BIM 分会、城市设计分会、园林景观分会、城乡建成遗产学术委员会、产业园区学术委员会、地下空间学术委员会、高层建筑人居学术委员会、工程总承包专业委员会、工业化建筑学术委员会、工业建筑遗产学术委员会、寒地建筑学术委员会、建筑产业现代化发展委员会、建筑传媒学术委员会、建筑幕墙学术委员会、建筑评论学术委员会、健康人居学术委员会、岭南建筑学术委员会、主动式建筑学术委员会、生态人居学术委员会、适老性建筑学术委员会、数字建造学术委员会、零能耗建筑学术委员会、工程建设学术委员会、建筑防水学术委员会、建筑雷电防护学术委员会

已加入国际组织（4 个）： 国际建筑师协会，亚洲建筑师协会，亚太经合组织建筑师项目中央理事会，堪培拉建筑教育协议

公开出版刊物（6种）：

中国科协业务主管的期刊（2种）

《建筑学报》《建筑结构学报》

非中国科协业务主管的期刊（4种）

《建筑实践》《建筑热能通风空调》《岩土工程学报》《亚洲建筑与建筑工程》

设奖情况（2个）： 梁思成建筑奖；建筑设计奖

中国土木工程学会

（信息截止日期为2019年3月31日）

统一社会信用代码：511000005000088931
法定代表人：郭允冲
办 公 地 址：北京市西城区三里河路9号
邮 政 编 码：100835
联 系 电 话：010-58933958
电 子 邮 箱：cceszhb@163.com
网　　址：http://www.cces.net.cn

B-工科

中国土木工程学会
China Civil Engineering Society

成立时间： 1912年

历史简介： 前身是中国工程师学会。1912年，由詹天佑等人发起，在广东、上海分别建立了中华工程师会、中华工学会和中华铁路路工同人共济会三个团体，1913年该三个团体合并建立“中华工程师会”，1915年更名为“中华工程师学会”。1918年，留美的中国工程师和学生在纽约发起组建中国工程学会，1923年，总部迁回国内。1931年，中华工程师学会与中国工程学会在南京联合，统一定名为“中国工程师学会”，并确认1912年为创始年。中国工程师学会会员以土建工程技术人员为主体（约占80%），1936年与新成立的中国土木工程师学会组成联合执行部。中华人民共和国成立后，在中华全国自然科学专门学会联合会的统一筹划与领导下，由茅以升等重新发起，1953 年 9 月 20 日，中国土木工程学会在北京宣布重建，茅以升当选为理事长。同年 9 月在北京召开了第一次全国会员代表大会，选举产生了以茅以升为理事长，王明之、曹方行为副理事长的第一届理事会。同年 10 月，经中央人民政府内务部核准登记成立。1958 年加入中国科协。学会住所设在北京，历届理事长为：茅以升、李国豪、许溶烈、侯捷、谭庆琏、郭允冲，目前为第十届理事会。

业务主管单位： 中国科学技术协会
办事机构支撑单位： 住房和城乡建设部
个人会员数量： 43417 人
单位会员数量： 962 个
第十届理事会选举时间： 2018 年 6 月 2 日
理事长： 郭允冲　住房和城乡建设部　原副部长
副理事长（9 人）：

戴东昌　交通运输部　副部长
王同军　中国铁路总公司　副总经理
王祥明　中国建筑工程总公司董事、总经理　党组副书记
张宗言　中国中铁股份有限公司　总裁
刘起涛　中国交通建设集团有限公司　董事长　党委书记
王　俊　中国建筑科学研究院　院长
李　宁　中国铁建股份有限公司　副总裁
顾祥林　同济大学　副校长
聂建国　清华大学　教授　中国工程院院士
徐　征　上海建工集团股份有限公司　党委书记　董事长

秘书长： 李明安　中国中元国际工程有限公司　专项总工程师
党组织情况： 中国土木工程学会党委　书记：郭允冲
中国土木工程学会秘书处党支部　书记：李明安

分支机构（21个）： 桥梁及结构工程分会、隧道及地下工程分会、土力学及岩土工程分会、混凝土及预应力混凝土分会、港口工程分会、防护工程分会、市政工程分会、计算机应用分会、水工业分会、城市公共交通分会、燃气分会、建筑市场与招标投标研究分会、住宅工程指导工作委员会、总工程师工作委员会、工程质量分会、防震减灾工程技术推广委员会、轨道交通分会、工程风险与保险研究分会、工程防火技术分会、学术与标准工作委员会、教育工作委员会

已加入国际组织（7个）： 国际公共交通联合会（UITP）、国际燃气联盟（IGU）、国际结构混凝土协会（FIB）、国际隧道与地下空间协会（ITA）、国际土力学及岩土工程学会（ISSMGE）、国际桥梁与结构工程协会（IABSE）、国际地下空间联合研究中心（ACUUS）

公开出版刊物（8种）：

中国科协业务主管的期刊（2种）

《城市公共交通》《岩土工程学报》

非中国科协业务主管的期刊（6种）

《土木工程学报》《施工技术》《建筑结构》《给水排水》《地震工程学报》《现代隧道技术》

设奖情况（3个）： 中国土木工程詹天佑奖；中国土木工程学会高校优秀毕业生奖；中国土木工程学会优秀论文奖

中国生物工程学会
（信息截止日期为2019年3月31日）

统一社会信用代码：51100000500013078L
法定代表人：马树恒
办 公 地 址：北京市朝阳区北辰西路1号院3号微生物所B座411
邮 政 编 码：100101
联 系 电 话：010-64807678
电 子 邮 箱：xh@im.ac.cn
网　　址：http://www.biotechchina.org

中国生物工程学会
Chinese Society of Biotechnology

成立时间： 1993年6月7日

历史简介： 由中国科学院生命科学与生物技术局、中国生物技术发展中心和中国科学院文献情报中心《生物工程进展》编辑部（现名称为《中国生物工程杂志》编辑部）等单位共同发起成立了"中国生物工程学会筹备委员会"。1993年6月7日在北京举行成立大会暨首届学术研讨会，选举谈家桢为第一届理事长。2000年10月，加入中国科协。2005年起，正式挂靠中国科学院微生物研究所。学会住所设在北京，历届理事长为：谈家桢、莽克强、陈竺、杨胜利、欧阳平凯、高福，目前为第六届理事会。

业务主管单位： 中国科学技术协会

办事机构支撑单位： 中国科学院微生物研究所

个人会员数量： 2661 人

单位会员数量： 133 个

第六届理事会选举时间： 2015 年 11 月 07 日

理事长： 高　福　中国疾病预防控制中心主任　研究员
中国科学院院士

副理事长（9 人）：

陈惠鹏　军事医学科学院　研究员
林　敏　中国农业科学院生物技术研究所　所长　研究员
刘双江　中国科学院微生物研究所　所长　研究员
麦康森　中国海洋大学水产学院　名誉院长　教授
中国工程院院士
马延和　中国科学院天津工业生物技术研究所　所长　研究员
岳国君　国家开发投资公司　首席科学家　中国工程院院士
张　偲　中国科学院南海海洋研究所　所长　中国工程院院士
张先恩　中国科学院生物物理研究所　研究员
马树恒　中国科学院微生物研究所　高级工程师

秘书长： 马树恒（兼）

党组织情况： 中国生物工程学会党委　书记：高福
中国生物工程学会、中国微生物学会、中国菌物学会
秘书处联合党支部　书记：杨海花

分支机构（20 个）： 农业生物工程专业委员会、工业及环境生物技术专业委员会、医学生物技术专业委员会、海洋生物技术专业委员会、糖生物工程专业委员会、生物资源专业委员会、计算生物学与生物信息学专业委员会、转化医学专业委员会、氨基酸生物技术专

业委员会、生命科学仪器专业委员会、生物传感、生物芯片与纳米生物技术专业委员会、林业生物工程专业委员会、微生物组学与技术专业委员会、精准医疗与伴随诊断专业委员会、生物技术促进工作委员会、国际合作与海外事务工作委员会、科普工作委员会、继续教育工作委员会、生物技术与生物产业信息工作委员会、青年工作委员会

已加入国际组织： 亚洲生物技术联合会

公开出版刊物（2种）：

中国科协业务主管的期刊（0种）

非中国科协业务主管的期刊（2种）

《中国生物工程杂志》《生物产业技术》

设奖情况： 无

中国纺织工程学会

（信息截止日期为2019年3月31日）

统一社会信用代码：51100000500001 0931
法定代表人：尹耐冬
办 公 地 址：北京市朝阳区延静里中街3号
邮 政 编 码：100025
联 系 电 话：010-65016537
电 子 邮 箱：ctesny@163.com
网　　址：http://www.ctes.com.cn

B-工科

中国纺织工程学会
China Textile Engineering Society

成立时间： 1930年4月20日

历史简介： 前身是中国纺织学会，由朱仙舫等科技工作者于1930年4月20日在上海自发组织成立。1931年5月，由朱仙舫等人主持举行了第一届年会，首届理事长为朱仙舫。1949年8月在上海举行第十四届年会，更名为“中国纺织染工作者协会”。1950年11月中国纺织染工作者协会全国代表会议在北京举行，决定恢复原名“中国纺织学会”。1954年2月在北京召开第十五届年会，更名为“中国纺织工程学会”。学会住所设在北京，历届理事长为：朱仙舫、陈维稷、何正璋、季国标、刘珩、杜钰洲、孙瑞哲，目前为第二十五届理事会。

业务主管单位： 中国科学技术协会

办事机构支撑单位： 中国纺织工业联合会

个人会员数量： 53000 人

单位会员数量： 210 个

第二十五届理事会选举时间： 2015 年 10 月 14 日

理事长： 孙瑞哲　中国纺织工业联合会　会长　教授级高级工程师

副理事长（16 人）：

伏广伟　中国纺织工程学会　常务副理事长　教授级高级工程师

龚进礼　中国纺织工程学会　（驻会）副理事长　高级经济师

刘　迪（女）　北京三联虹普新合纤技术服务股份有限公司　董事长　教授级高级工程师

刘子斌　鲁泰纺织股份有限公司　总经理　高级工程师

李鹏飞　西安工程大学　副校长　教授

陈建勇　浙江理工大学　教授

封亚培　上海纺织（集团）有限公司　副总裁　教授级高级工程师

胡　克　中国恒天集团公司　副总裁　高级工程师

俞建勇　东华大学　教授　中国工程院院士

夏志林　中国纺织工程学会　副理事长　研究员

徐卫林　武汉纺织大学　教授

高卫东　江南大学　教授

崔世忠　中原工学院　党委书记　教授

彭燕丽（女）　中国纺织工业联合会　副秘书长　教授级高级工程师

程博闻　天津工业大学　副校长　教授

蒲宗耀　四川省纺织科学研究院　教授级高级工程师

秘书长： 尹耐冬（女）中国纺织工程学会　秘书长　教授级高级工程师

党组织情况： 中国纺织工程学会党委　书记：孙瑞哲

中国纺织工程学会秘书处党支部　书记：郭建伟

分支机构（21个）： 棉纺织专业委员会、毛纺织专业委员会、麻纺织专业委员会、针织专业委员会、化纤专业委员会、染整专业委员会、丝绸专业委员会、纺机器材专业委员会、纺织设计专业委员会、家用纺织品专业委员会、服装服饰专业委员会、标准与检测专业委员会、空调除尘专业委员会、产业用纺织品专业委员会、技术经济专业委员会、信息专业委员会、新型纺纱专业委员会、环保专业委员会、学术工作委员会、标准化技术委员会、青年工作委员会

已加入国际组织： 亚洲纺织学会联盟

公开出版刊物（2种）：

中国科协业务主管的期刊（1种）

《纺织学报》

非中国科协业务主管的期刊（1种）

《毛纺科技》

设奖情况（2个）： 中国纺织工程学会学术奖（下设4个子奖项：纺织学术大奖、纺织学术带头人；纺织技术带头人、纺织青年科技奖）；陈维稷优秀论文奖

中国造纸学会

（信息截止日期为2019年3月31日）

统一社会信用代码：51100000500001923W
法定代表人：曹春昱
办 公 地 址：北京市朝阳区望京启阳路4号中轻大厦B座10层
邮 政 编 码：100102
联 系 电 话：010-64778760
电 子 邮 箱：123123@ctapi.org.cn
网　　址：http://www.ctapi.org.cn

中国造纸学会
China Technical Association of Paper Industry

成立时间： 1964年6月4日

历史简介： 由王新元、陈晓岚、陈彭年、张永惠、虞颂舜、戴家璋、王炼、李树植、余贻骥等发起，1959年由轻工业部造纸局负责筹备。1964年6月4日，在北京成立并召开第一次全国会员代表大会，选举产生了第一届理事会。王新元为第一届理事长。1966~1977年，学会停止活动，1979年恢复活动，并于同年12月召开了第一届理事会扩大会议，选举王毅之为理事长，薛灵山为秘书长。学会住所设在北京，历届理事长为：王新元、王毅之、潘蓓蕾、陈思亮、陈学忠，目前为第七届理事会。

业务主管单位： 中国科学技术协会

办事机构支撑单位： 中国轻工业联合会

个人会员数量： 12294 人

单位会员数量： 209 个

第七届理事会选举时间： 2014 年 5 月 21 日

理事长： 暂无

副理事长（13 人）：

曹振雷　中国轻工集团有限公司　副总经理
　　　　研究员级高级工程师

刘　忠　天津科技大学造纸学院　院长　教授

李　耀　中国中轻国际工程有限公司
　　　　副总经理兼总工程师　教授级高级工程师

李义民　中国轻工集团有限公司党委办公室　主任
　　　　教授级高级工程师

李友生　中国诚通控股集团有限公司　副总裁

何北海　华南理工大学　教授

张　辉　南京林业大学　教授

张美云（女）　陕西科技大学　教授

陈鄂生　中国轻工集团有限公司　原董事长
　　　　教授级高级工程师

陈嘉川　齐鲁工业大学　校长兼党委副书记　教授

赵　伟　中国造纸协会　理事长　高级工程师

胡开堂　浙江科技学院　教授

姜海斌　上海新江南纸业有限公司　董事长　高级经济师

秘书长： 曹春昱　中国造纸学会　教授级高级工程师

党组织情况： 中国造纸学会党委　书记：曹振雷

中国照明学会、中国造纸学会联合党支部

书记：高　飞

分支机构（21 个）： 学术交流工作委员会、科普工作委员会、编辑工作委员会、组织工作委员会、咨询工作委员会、中国造纸学会涂布加工纸专业委员会、中国造纸学会新闻纸专业委员会、中国造纸学会书写印刷纸专业委员会、中国造纸学会特种纸专业委员会、中国造纸学会包装纸和纸板专业委员会、中国造纸学会非木材制浆专业委员会、中国造纸学会木材制浆专业委员会、中国造纸学会手工纸与造纸史专业委员会、中国造纸学会节能与环保专业委员会、中国造纸学会造纸器材专业委员会、中国造纸学会制浆造纸化学品专业委员会、中国造纸学会废纸回收利用专业委员会、中国造纸学会机械设备专业委员会、中国造纸学会自动化专业委员会、中国造纸学会造纸技术经济专业委员会、中国造纸学会纳米纤维素及材料专业委员会

已加入国际组织： 无

公开出版刊物（5 种）：

中国科协业务主管的期刊（2 种）

《中国造纸学报》《纸和造纸》

非中国科协业务主管的期刊（3 种）

《造纸信息》《中国造纸》、*Paper and Biomaterials*（《造纸与生物质材料》英文版）

设奖情况： 中国造纸蔡伦奖

中国文物保护技术协会
（信息截止日期为2019年3月31日）

统一社会信用代码：51100000500005502X
法定代表人：杜晓帆
办 公 地 址：北京市东城区景山前街4号故宫博物院内
邮 政 编 码：100009
联 系 电 话：010-85007412
电 子 邮 箱：cactch1980@hotmail.com
网　　址：无

B-工科

中国文物保护技术协会
China Association for Conservation Technology of Cultural Heritage

成立时间： 1980年12月29日

历史简介： 由王书庄、陈滋德等十人发起，1979年8月4日经中国科协主席团批准成立，1980年12月29日，在北京召开成立大会，批准了协会章程，并选出王书庄等33人的第一届理事会。茅以升被推选为名誉理事长，王书庄为理事长，叶作舟、陈滋德等为副理事长。学会住所设在北京，历任理事长为：王书庄、于倬云、陆寿麟、李化元、王时伟，目前为第七届理事会。

业务主管单位： 中国科学技术协会

办事机构支撑单位： 故宫博物院

个人会员数量： 1337人

单位会员数量： 0 个

第七届理事会选举时间： 2018 年 3 月 9 日

理事长： 王时伟　故宫博物院古建部　原总工程师　研究馆员

副理事长（8 人）：

杜晓帆　复旦大学国土与文化资源研究中心主任　教授

郭　宏　北京科技大学　教授

黄　滋　浙江省古建筑设计研究院　院长　研究员

黄继忠　上海大学文化遗产保护基础科学研究院　院长　教授

苏伯民　敦煌研究院保护研究所　所长　研究馆员

谭玉峰　上海市文物局　研究馆员

铁付德　中国国家博物馆　研究馆员

赵西晨　陕西省考古研究院　副院长　研究馆员

秘书长： 曲　亮　故宫博物院文保科技部　副研究馆员

党组织情况： 中国文物保护技术协会党委　书记：王时伟

中国文物保护技术协会秘书处党支部　书记：曲亮

分支机构（9 个）： 文物保护技术专业委员会、古建筑保护技术专业委员会、石窟与土遗址保护技术专业委员会、释光与电子自旋共振测定年代专业委员会、考古遗址与出土文物保护技术专业委员会、近现代建筑保护专业委员会、文物建筑安全检测鉴定与抗震评估专业委员会、文物保护专业教育委员会、分析测试技术专业委员会

已加入国际组织（1 个）： 东亚文化遗产保护学会

公开出版刊物（0 种）：

中国科协业务主管的期刊（0 种）

非中国科协业务主管的期刊（0 种）

设奖情况： 无

中国印刷技术协会

（信息截止日期为2019年3月31日）

统一社会信用代码：51100000500003005C
法定代表人：于永湛
办 公 地 址：北京市西城区太平街6号富力摩根中心E818
邮 政 编 码：100050
联 系 电 话：010-59361480
电 子 邮 箱：chinaprint@chinaprint.org
网　　址：http://www.chinaprint.org/

中国印刷技术协会
The Printing Technology Association of China

成立时间： 1980年3月12日

历史简介： 1933年，有关人士曾在上海创建中国印刷学会，由郁仲华任理事会主席，几年后停止活动。1964年，柳溥庆、徐仲文等建议成立印刷学会，由文化部出版局开始筹建，1966年，中断筹建。1977年，国家出版局发动印刷科技工作者建立印刷学会。1978年，国家出版事业管理局在石家庄召开印刷技术科研规划会议，王益、王仿子等再次建议建立印刷学会。1979年开始筹备，1980年3月12日，在北京召开中国印刷技术协会成立大会，接受中国科协和国家出版局的双重领导，中国科协明确为业务主管单位。2010年6月协会业务主管单位变更为新闻出版总署，仍保留中国科协团体会员资格。首届理事会理事长王益，副理事长史育才、王仿子、周永生、万启盈、陈平舟、陈化敏。协会住所设在北京，历届理事会理事长为：王益、王仿子、于永湛、武文祥、于永湛、王岩镔，目前为第八届理事会。

业务主管单位： 国家新闻出版广电总局

办事机构支撑单位： 无

个人会员数量： 1063 人

单位会员数量： 2141 个

第八届理事会选举时间： 2015 年 6 月 24 日

理事长： 王岩镔（女） 原国家新闻出版广电总局印刷发行司司长

副理事长（26 人）：

褚庭亮 中国印刷科学技术研究院 原院长

陈 彦 中国文化产业发展集团公司董事 总经理 副编审

马五一 荣宝斋 党委书记 总经理 编审

万 捷 雅昌文化集团 董事长 高级工程师

王 冰 国家新闻出版广电总局出版产品质量监督检测中心主任 高级记者

朱 敏（女） 北京华联印刷有限公司 董事 总经理

乔鲁予 深圳劲嘉彩印集团股份有限公司 董事长

张 亦 北京印刷协会 理事长

刘 杰 山东鸿杰印务集团有限公司 董事长 高级工程师

许文才 北京印刷学院 原副校长 教授

李 莉（女） 天津长荣科技股份有限公司 董事长 高级经济师

李新立 上海市印刷行业协会 会长

卢卫东　北京北大方正电子有限公司　副总经理

汤　帜　北大计算机科学技术研究所　副所长　研究员

陈邦设　北人智能装备科技有限公司　董事长
　　　　教授级高级工程师

陈　均　原深圳中华商务安全印务股份有限公司　总经理
　　　　广东省印刷复制业协会　顾问

陈　斌　上海理工大学　副校长
　　　　上海出版印刷高等专科学校　校长　教授

罗　龙　上海烟草包装印刷有限公司　总经理　高级工程师

费屹立　上海界龙实业集团股份有限公司　董事长

栗延秋　北京盛通印刷股份有限公司　总经理

钱　薇（女）　江苏省印刷行业协会　会长　经济师

郭　全　新疆新华印刷厂　厂长　党委副书记
　　　　新疆出版印刷集团公司　总经理　高级经济师

蒲嘉陵　北京印刷学院　副校长　中国感光学会理事长
　　　　国际印刷标准化技术委员会 ISO/TC130　主席
　　　　教授

管政明　浙江茉织华印刷有限公司　董事长　总经理
　　　　高级经济师

黎　雪　江苏凤凰出版传媒集团　原副总经理　编审　研究员

张　涛　乐凯华光印刷科技有限公司　党委副书记　总经理
　　　　高级工程师

秘书长： 陈迎新　中国印刷技术协会　秘书长　高级工程师

党组织情况： 中国印刷技术协会党委　无

中国印刷技术协会党支部　书记：褚庭亮

分支机构（14个）： 网印及制像分会、商业票据印刷分会、凹版印刷分会、数字印刷分会、柔性版印刷分会、信息系统应用分会、标签与特种印刷分会、学术委员会、普及与教育委员会、企业管理专业委员会、《中国印刷》编辑委员会、印刷史研究委员会、创意设计专业委员会、团体标准工作委员会

已加入国际组织（5个）： 世界印刷与传播论坛、亚太印刷技术论坛、国际标准化组织第130号技术委员会——印刷技术委员会、欧洲网印协会联合会、亚太网印及制像协会

公开出版刊物（2种）：

中国科协业务主管的期刊（0种）

非中国科协业务主管的期刊（2种）

《中国印刷》《印刷质量与标准化》

设奖情况： 毕昇印刷技术奖

中国材料研究学会

（信息截止日期为2019年3月31日）

统一社会信用代码：5110000050001138x9
法定代表人：谢建新
办 公 地 址：北京市海淀区紫竹院路62号4102室
邮 政 编 码：100048
联 系 电 话：010-68475052、68710443
电 子 邮 箱：chinese_mrs@163.com
网 址：http://www.c-mrs.org.cn

中国材料研究学会
Chinese Materials Research Society

成立时间： 1991年5月16日

历史简介： 由师昌绪、林兰英、李恒德等人发起，1986年开始筹备，由中国金属学会、中国航空学会、中国兵器学会、中国有色金属学会、中国机械工程学会、中国电子学会等27个全国一级学会的材料科学/工程二级分会联合发起成立，于1991年5月16日在北京成立。2000年10月，加入中国科协。学会为国际材料研究学会联合会的创始单位之一，并代表国家作为该组织的成员。学会住所设在北京，历届理事长为：李恒德、周廉、黄伯云、李元元，魏炳波，目前为第七届理事会。

业务主管单位： 中国科学技术协会

办事机构支撑单位： 中国科学院重大科技任务局

个人会员数量： 5760 人

单位会员数量： 188 个

第七届理事会选举时间： 2016 年 4 月 16 日

理事长： 魏炳波　西北工业大学　副校长　教授　中国科学院院士

副理事长（14 人）：

丁文江　上海交通大学　教授　中国工程院院士
李元元　吉林大学　校长　教授　中国工程院院士
韩高荣　浙江大学材料学院　院长　教授
聂祚仁　北京工业大学　副校长　教授　中国工程院院士
潘复生　重庆大学国家镁合金工程研究中心　主任　教授　中国工程院院士
王迎军　华南理工大学　校长　国家人体组织功能重建工程技术研究中心　主任　教授　中国工程院院士
翁　端　清华大学　教授
谢建新　北京科技大学　教授　中国工程院院士
杨　锐　中国科学院金属研究所　所长　研究员
姚　燕（女）　中国建筑材料集团有限公司　副董事长　中国建筑材料科学研究总院　院长　教授级高级工程师
张平祥　西北有色金属研究院　院长　教授
周科朝　中南大学　副校长　教授
周少雄　中国钢研科技集团　副总工程师　安泰科技　技术总监　总工程师　教授级高级工程师

朱美芳（女） 东华大学材料科学与工程学院　院长

纤维材料改性国家重点实验室　主任　教授

秘书长： 暂无

党组织情况： 中国材料研究学会党委　书记：魏炳波

中国材料研究学会秘书处党支部　书记：韩雅芳

分支机构（22个）： 青年工作委员会、疲劳分会、环境材料分会、计算材料学分会、金属间化合物与非晶合金、超导材料技术委员会、磁性材料及应用分会、热电材料及应用分会、镁合金材料及应用分会、超硬材料及制品分会、粉末冶金分会、太阳能材料及应用分会、纳米材料与器件分会、高分子材料与工程分会，凝固科学与技术分会、材料基因组分会、极端条件材料与器件分会、能源转换与存储材料分会、功能分子材料与器件分会、超材料分会、纤维材料改性与复合技术分会、多孔材料分会

已加入国际组织： 国际材料研究学会联合会

公开出版刊物（7种）：

中国科协业务主管的期刊（3种）

Progress in Natural Science: Materials International（《自然科学进展：国际材料》英文版）、*Journal of Materials Science & Technology*（《材料科学技术学报》英文版）、《稀有金属材料与工程》

非中国科协业务主管的期刊（4种）

《中国材料进展》《功能材料与器件学报》《材料研究学报》《材料科学与工艺》

设奖情况： 中国材料研究学会科学技术奖

B-工科

中国食品科学技术学会
（信息截止日期为2019年3月31日）

统一社会信用代码：51100000500006433M
法定代表人：邵　薇
办 公 地 址：北京市海淀区阜成路北三街6号轻苑大厦三层
邮 政 编 码：100048
联 系 电 话：010-65265375
电 子 邮 箱：cifst@126.com
网　　址：www.cifst.org.cn

中国食品科学技术学会
Chinese Institute of Food Science and Technology

成立时间： 1980年11月

历史简介： 前身是中国轻工业协会食品学会。由贺志华、张学元、尹宗伦、秦含章等食品工业领域著名专家发起。1985年3月经中国科协、国家体改委批准成立，同年加入中国科协。第一届理事长为贺志华。原业务主管单位为中国轻工业部（现中国轻工业联合会）。学会住所设在北京，历届理事长为贺志华、潘蓓蕾、孟素荷，目前为第六届理事会。

业务主管单位： 中国科学技术协会

办事机构支撑单位： 中国轻工业联合会

个人会员数量： 652人

单位会员数量： 186 个

第六届理事会选举时间： 2016 年 11 月 8 日

理事长： 孟素荷（女） 中国食品科学技术学会 教授级高级工程师

副理事长（12 人）：

孙宝国 北京工商大学 校长 教授 中国工程院院士

周光宏 南京农业大学食品科技学院 校长 教授

朱蓓薇（女） 大连工业大学食品学院 教授
中国工程院院士

金征宇 江南大学 原副校长 教授

丁钢强 中国疾病预防控制中心营养与健康所 所长 教授

岳国君 国投生物科技投资有限公司 董事长
教授级高级工程师 中国工程院院士

吴清平 广东省微生物研究所 所长 研究员
中国工程院院士

李 宁（女） 国家食品安全风险评估中心 副主任 研究员

石维忱 中国生物发酵产业协会 理事长 教授级高级工程师

谢明勇 南昌大学 教授

路福平 天津科技大学 副校长 教授

邵 薇（女） 中国食品科学技术学会 教授级高级工程师

秘书长： 邵 薇（兼）

党组织情况： 中国食品科学技术学会党委 书记：邵薇
中国食品科学技术秘书处党支部 书记：蔡立文

分支机构（25 个）： 黄酒分会、儿童食品分会、有机酸分会、酶制剂分会、面制品分会、冷冻与冷藏食品分会、食品添加剂分会、食品机械分会、运动营养食品分会、大豆食品分会、保健食品分会、果蔬加工技术分会、益生菌分会、食品营养与健康分会、食品产化信息化与智能技术分会、食品安全与标准技术分会、非热加工技术分会、休闲食品加工技术分会、葡萄酒分会、食品真实性与溯源分会、青年工作委员会、科普工作委员会、学术工作委员会、国际交流工作委员会、产业创新工作委员会

已加入国际组织： 国际食品科技联盟

公开出版刊物（2 种）：

中国科协业务主管的期刊（1 种）

《中国食品学报》

非中国科协业务主管的期刊（1 种）

《中外食品》

设奖情况（1 个）： 中国食品科学技术学会科技创新奖

中国粮油学会

（信息截止日期为2019年3月31日）

统一社会信用代码：51100000500000522XJ
法定代表人：王莉蓉
办 公 地 址：北京市西城区百万庄大街13号院3号楼2层
邮 政 编 码：100037
联 系 电 话：010-68357522
电 子 邮 箱：yong@ccoaonline.com
网　　　址：http://www.ccoaonline.com

中国粮油学会
Chinese Cereals & Oils Association

成立时间： 1985年3月5日

历史简介： 原名为中国粮食油脂学会。由杨少桥、傅立民、王瑞元等发起，1979年开始筹备，1985年3月5日经中国科协和国家体制改革委员会批准成立，同年3月20日，加入中国科协。1986年1月在北京召开“中国粮食油脂学会成立大会”，选举产生由70名理事组成的第一届理事会。理事长为杨少桥，副理事长为傅立民、丁霄霖、顾尧臣，秘书长为傅立民。1987年7月学会更名为“中国粮油学会”。1989年经中国科协和原国家科委批准成为国际谷物科技协会（ICC）的国家会员。学会住所设在北京，历届理事长为：杨少桥、白美清、朱长国、张桂凤，目前为第八届理事会。

业务主管单位： 中国科学技术协会

办事机构支撑单位： 国家粮食和物资储备局

个人会员数量： 20004 人

单位会员数量： 1928 个

第八届理事会选举时间： 2018 年 10 月 16 日

理事长： 张桂凤（女） 原国家粮食局 副局长 高级经济师

副理事长（14 人）：

王莉蓉（女） 中国粮油学会 副理事长兼秘书长 正高级工程师

翟江临 国家粮食和物资储备局科学研究院 院长 高级工程师

陶 英 国家粮食和物资储备局标准质量中心 原副主任 高级工程师

刘民钢 武汉轻工大学 原校长 教授

卞 科 河南工业大学 校长 教授

顾正彪 江南大学 副校长 教授

邱伟芬（女） 南京财经大学 副校长 教授

俞学锋 安琪酵母股份有限公司 党委书记、董事长 高级经济师

丹志国（回族） 五得利面粉集团有限公司 总裁

宫旭洲 山东鲁花集团有限公司 执行总裁 高级工程师

谢松柏 福娃集团有限公司 董事长 高级经济师

佟 毅（满族） 中粮集团中粮生化专业化平台 总经理 正高级工程师

马 俊 北京粮食集团有限责任公司 总经理

涂长明 益海嘉里投资有限公司 油脂总监 高级经济师

秘书长： 王莉蓉（兼）

党组织情况： 中国粮油学会党委　书记：张桂凤

中国粮油学会秘书处党支部　书记：王莉蓉

分支机构（18个）： 学术工作委员会、技术普及工作委员会、组织工作委员会、青年工作委员会、储藏分会、油脂分会、食品分会、饲料分会、信息与自动化分会、玉米深加工分会、粮油质检研究分会、粮油营养分会、粮油营销技术分会、米制品分会、粮食物流分会、发酵面食分会、面条制品分会、花生食品分会

已加入国际组织（2个）： 国际谷物科技协会（ICC）、国际储藏物气调与熏蒸大会（CAF）常设委员会

公开出版刊物（2种）：

中国科协业务主管的期刊（1种）

《中国粮油学报》

非中国科协业务主管的期刊（1种）

《粮食与食品工业》

设奖情况（3个）： 中国粮油学会科学技术奖（粮油科技奖、终身成就奖、青年科技奖）

中国职业安全健康协会
（信息截止日期为2019年3月31日）

统一社会信用代码：5110000050000461 4K
法定代表人：马　骏
办 公 地 址：北京市朝阳区安外大街外管斜街甲1号泰利明苑A座3602
邮 政 编 码：100713
联 系 电 话：010-64463210
电 子 邮 箱：cosha@cosha.org.cn
网　　　址：http://www.cosha.org.cn

中国职业安全健康协会
China Occupational Safety and Health Association

成立时间： 1983年3月

历史简介： 原名为中国劳动保护科学技术学会。由章萍、江涛、朱光、佟浪、刘世杰等发起，1980年3月开始筹备，1981年5月召开筹委会第一次会议。1983年3月，经中国科协批准成立"中国劳动保护科学技术学会"。1983年9月17~20日，第一次全国会员代表大会暨第一届学术会议在天津举行，选举章萍为理事长，刘世杰、张存恩、汤双振、赵全福为副理事长。1985年3月经国家体改委批准成立，同时加入中国科协。2003年经民政部批准更名为"中国职业安全健康协会"。2008年1月之前，业务主管单位是中国科协。2008年1月，业务主管单位变更为国家安全生产监督管理总局。学会住所设在北京，历届理事长为：章萍、何光、李伯勇、程映雪、李沛瑶、张宝明、王德学，目前为第六届理事会。

业务主管单位： 应急管理部
办事机构支撑单位： 无
个人会员数量： 6000 人
单位会员数量： 3120 个
第六届理事会选举时间： 2015 年 3 月 31 日
理事长： 王德学 中国职业安全健康协会 理事长 教授级高级工程师
副理事长（34 名）：

杨宇栋 中国铁路总公司 副总经理 高级工程师
马 骏 中国职业安全健康协会 副理事长 主任医师
伊 烈 中国职业安全健康协会 副理事长 编审
贺黎光 中国职业安全健康协会 副理事长 高级工程师
周 彬 中国职业安全健康协会 副理事长 教授级高级工程师
高 亮 中国铁路总公司 安全总监
杨庚宇 华北科技学院 校长 教授
施 兵 宝钢集团有限公司 副总经理
陈 壁 中国海洋石油总公司 副总经理
王铃丁 中国大唐集团公司 副总经理 高级工程师
刘 勇 中国中煤能源集团有限公司 副总裁 教授级高级工程师
王立新 中国铁道建筑公司 副总裁
徐和麟 中国有色矿业集团有限公司 副总经理
魏山峰 中国黄金集团公司 副总经理 高级工程师
曹耀峰 中国石油化工集团公司 董事 中国工程院院士

张光德　神华集团有限公司　局长　教授级高级工程师
李文昌　冀中能源集团有限责任公司　副总经理
　　　　教授级高级工程师
陈景河　紫金矿业集团股份有限公司　董事长
　　　　教授级高级工程师
张兴凯　中国安全生产科学研究院　院长　研究员
高圣先　河北省安全生产协会　会长　高级经济师
范京道　黄陵矿业集团公司　董事长　教授级高级工程师
张凤山　中国石油天然气集团公司 安全总监
刘　辉　中国中铁股份有限公司　副总裁
尹晓敏（女）　3M 中国有限公司个人安全防护产品部
　　　　　　总经理
王永前　金川集团股份有限公司　董事长
邵继江　中国建筑股份有限公司　副总裁
罗时坤　绿宝景观建设集团公司　董事局主席
王晋定　瀚丰联合科技有限公司　董事
顾　勇　湖北卫东控投集团有限公司　高级经理
宗敦峰　中国电力建设集团有限公司　总工程师
曹信红　中国交通建设股份有限公司　安监总经理
王　洪　中国铝业集团有限公司　主任
杨延良　山东博汇集团有限公司　董事长
冉　斌　北京洁丽雅保洁有限公司　总经理

秘书长： 马　骏（兼）

党组织情况： 中国职业安全健康学会党委　书记：王德学
中国职业安全健康学会秘书处党总支　书记：马骏

分支机构（25个）： 防火防爆专业委员会、噪声与振动控制专业委员会、个体防护专业委员会、工业防尘专业委员会、工业防毒专业委员会、职业卫生专业委员会、水射流技术专业委员会、地质勘探安全分会、航天工业分会、船舶工业分会、科普与教育工作委员会、科学技术工作委员会、高空服务业分会、安全社区工作委员会、职业卫生技术服务分会、行为安全专业委员会、户外教育安全分会、校园安全健康专业委员会、煤炭系统新闻工作者分会、职业心理健康专业委员会、安全一体化服务分会、化工职业健康专业委员会、职业安全健康教育专业委员会、有限空间作业安全分会、医美与整形安全专业委员会

已加入国际组织（2个）： 亚太地区职业安全健康协会、亚洲安全社区网络

公开出版刊物（3种）：

中国科协业务主管的期刊（1种）

《中国安全科学学报》

非中国科协业务主管的期刊（2种）

《安全》《安全与环境学报》

设奖情况（1个）： 中国职业安全健康协会科学技术奖

中国烟草学会

（信息截止日期为2019年3月31日）

统一社会信用代码：5110000050000354x7
法定代表人：赵洪顺
办 公 地 址：北京市西城区月坛南街55号
邮 政 编 码：100045
联 系 电 话：010-63605829
电 子 邮 箱：wang-wj@tobacco.gov.cn
网 址：http://www.tobacco.org.cn

中国烟草学会
China Tobacco Society

成立时间： 1985年5月25日

历史简介： 1985年3月，经中国科协同意以及国家体改委批准成立。同年5月25日，在北京举行成立大会暨第一次全国会员代表大会，选举产生第一届理事会，理事长为李益三。学会住所设在北京，历届理事长为：李益三、金茂先、关政林、潘必兴、杨传德、张辉、赵洪顺，目前为第七届理事会。

业务主管单位： 中国科学技术协会

办事机构支撑单位： 国家烟草专卖局（中国烟草总公司）

个人会员数量： 12267人

单位会员数量： 57个

第七届理事会选举时间： 2014 年 5 月 20 日

理事长： 暂无

副理事长（7 人）：

张　虹　国家烟草专卖局科技司　司长　高级工程师

杨先杰　中国烟草学会　副理事长

谢剑平　郑州烟草研究院　院长　研究员

刘建福　湖南中烟工业有限责任公司　总工程师　研究员

杨　俊　吉林省烟草专卖局（公司）局长　总经理

党组书记　高级农艺师

王元英　青州烟草研究所　所长　研究员

王建雪　中国烟草学会　高级会计师

秘书长： 王建雪（兼）

党组织情况： 中国烟草学会党委　书记：暂无

中国烟草学会秘书处党支部　书记：王建雪

分支机构（14 个）： 工业专业委员会、农业专业委员会、经济专业委员会、卷烟流通专业委员会、专卖管理专业委员会、卷烟材料专业委员会、信息化专业委员会、新产业发展专业委员会、电子商务专业委员会、期刊编辑工作委员会、教育培训专业委员会、安全生产专业委员会、法律专业委员会、新型烟草制品专业委员会

已加入国际组织（2 个）： 国际烟草科学研究合作中心、国际烟农协会

公开出版刊物（1 种）：

中国科协业务主管的期刊（1 种）

《中国烟草学报》

非中国科协业务主管的期刊（0 种）

设奖情况（1 个）： 中国烟草学会优秀科技工作者

中国仿真学会
（信息截止日期为2019年3月31日）

统一社会信用代码：51100000500003427B
法定代表人：赵沁平
办 公 地 址：北京市海淀区学院路37号北京航空航天大学工程训练中心东637
邮 政 编 码：100191
联 系 电 话：010-82317098、82310612
电 子 邮 箱：cassimul@vip.sina.com
网　　址：www.csf-sim.org.cn

中国仿真学会
China Simulation Federation

成立时间： 1989年2月12日

历史简介： 1979年以文传源教授为首的一批从事控制与仿真的专家、学者筹备并成立了“中国自动化学会系统仿真专业委员会”。1988年11月，经原国家科委批准，1989年2月12日，成立“中国系统仿真学会”。2000年10月14日，加入中国科协。2016年1月7日，经民政部批准正式更名为“中国仿真学会”。学会住所设在北京，历届理事长为：文传源、王行仁、李伯虎、赵沁平，目前为第七届理事会。

业务主管单位： 中国科学技术协会

办事机构支撑单位： 北京航空航天大学

个人会员数量： 17201 人

单位会员数量： 105 个

第七届理事会选举时间： 2014 年 10 月 10 日

理事长： 赵沁平 北京航空航天大学 学术委员会主任 教育部原副部长 党组成员 中国工程院院士

副理事长（12 人）：

张 霖 北京航空航天大学 校学术委员会副秘书长 教授

戴 岳 北京中航双兴科技有限公司 董事长

马世伟 上海大学机电工程自动化学院 系主任 教授

杨 明 哈尔滨工业大学控制与仿真中心 主任 教授

赵 民 成都飞机设计研究所 所长 研究员

李国雄 中国航天科工集团二院科技委 总工程师 研究员

范文慧 清华大学自动化系 副主任 教授

纪志成 江南大学 副校长 教授

邱晓刚 31002 部队 研究员

张志利 火箭军工程大学 教授

胡晓峰 国防大学 教授

吴云洁（女） 北京航空航天大学自动化科学与电气工程学院 自动控制系主任 教授

秘书长： 吴云洁（兼）

党组织情况： 中国仿真学会党委 书记：范文慧

中国仿真学会、中国复合材料学会、中国图学学会联合党支部 书记：王晓峰

分支机构（26个）： 仿真方法与建模专业委员会、仿真技术应用专业委员会、仿真器专业委员会、航空航天系统仿真专业委员会、仿真算法专业委员会、仿真计算机与软件专业委员会、虚拟技术及应用专业委员会、教育与培训工作委员会、组织工作委员会、离散系统仿真专业委员会、生命系统建模仿真专业委员会、体育系统仿真专业委员会、数字娱乐与仿真专业委员会、青年工作委员会、国际交流工作委员会、建模与仿真标准化技术专业委员会、智能物联系统建模与仿真专业委员会、环境建模仿真专业委员会、交通建模与仿真专业委员会、3D教育与装备专业委员会、医疗仿真专业委员会、电力系统仿真专业委员会、复杂系统建模与仿真专业委员会、集成微系统建模与仿真专业委员会、智能仿真优化与调度专业委员会、装备运用实验与训练仿真专业委员会

已加入国际组织： 国际建模仿真学会

公开出版刊物（1种）：

中国科协业务主管的期刊（0种）

非中国科协业务主管的期刊（1种）

《系统仿真学报》

设奖情况（4个）： 中国仿真学会科学技术奖；中国仿真学会优秀博士学位论文奖；中国仿真学会优秀科技工作者奖；中国仿真学会优秀论文奖

中国电影电视技术学会
（信息截止日期为2019年3月31日）

统一社会信用代码：511000005000036706
法定代表人：徐建新
办 公 地 址：北京市西城区真武庙二条真武家园4号楼一层西
邮 政 编 码：100045
联 系 电 话：010-63959031
电 子 邮 箱：csmpte@csmpte.com
网　　　址：http://www.csmpte.com

中国电影电视技术学会
China Society of Motion Picture and Television Engineers

成立时间： 1982年3月1日

历史简介： 由司徒慧敏、王枫等发起，1982年3月1日由文化部和广播电视部联合成立。司徒慧敏任学会第一届理事长。1985年3月，经中国科协同意并经国家体改委批准登记，同年加入中国科协。学会住所设在北京，历届理事长为：司徒慧敏、王枫、刘宜勤、何宗就、谢锦辉，目前为第八届理事会。

业务主管单位： 中国科学技术协会

办事机构支撑单位： 中央电视台

个人会员数量： 3330人

单位会员数量： 136个

第八届理事会选举时间： 2017 年 8 月 5 日

理事长： 谢锦辉　广播电视规划院　副院长

副理事长（9 人）：

丁汶平　国家广播电视总局无线电管理局　分党组成员　副局长
马晓波　黑龙江广播电视台　总工程师
王　晓　重庆广播电视集团（总台）党委委员　总工程师
李　江　北京中科大洋科技发展股份有限公司　执行总裁
郑福双　新奥特（北京）视频技术有限公司　董事长
钱岳林　中央人民广播电台　总工程师
徐建新　北京中视广信科技有限公司　总经理
黄　伟　湖南广播电视台　副台长
雷振宇　中国电影集团公司、华龙电影数字制作有限公司　董事　经理

秘书长： 路晓俐（女）　中央电视台技术管理办公室　处长

党组织情况： 中国电影电视技术学会党委　书记：荆甫礼
中国电影电视技术学会秘书处党支部　无

分支机构（20 个）： 图像专业委员会、声音专业委员会、照明专业委员会、影视美术专业委员会、网络与信息专业委员会、节目制作与传输专业委员会、摄影摄像专业委员会、标准与测试专业委员会、网络视频专业委员会、先进影像专业委员会、化妆专业委员会、广播技术专业委员会、电影高新技术专业委员会、节能减排技术专业委员会、新技术应用专业委员会、转播技术专业委员会、广播制播融媒体专业委员会、城市电视台技术分会。

已加入国际组织（2 个）： 美国电影电视工程师协会、国际先进影像协会

公开出版刊物（0 种）：

设奖情况（2 个）： 中国电影电视技术学会科学技术奖；广播电视节目技术质量奖

中国振动工程学会

（信息截止日期为2019年3月31日）

统一社会信用代码：5110000050000223XX
法定代表人：陈国平
办 公 地 址：南京市秦淮区御道街29号
邮 政 编 码：210016
联 系 电 话：025-84892135
电 子 邮 箱：csve@nuaa.edu.cn
网　　址：http://www.csve.org.cn

中国振动工程学会
Chinese Society for Vibration Engineering

成立时间： 1987 年 5 月 4 日

历史简介： 1985 年 7 月，由胡海昌等振动界专家学者向中国科协提出申请成立。同年 8 月在上海召开第一次筹备组会议，并开始以“中国振动工程学会（筹）”的名义开展活动。同年 10 月在北京召开筹备工作会，决定成立筹委会。1986 年 3 月，在南京召开筹备组第二次扩大会议，成立了以胡海昌为组长的 47 人筹委会。1986 年 10 月，原国家科委批准成立。1987 年 5 月，在南京召开“中国振动工程学会成立大会暨第一次全国会员代表大会”，胡海昌任首届理事长。1987 年 10 月，加入中国科协。1991 年，准予在国家民政部登记注册。1999 年 10 月，获准在民政部重新登记。学会住所设在南京，历届理事长为：胡海昌、黄文虎、闻邦椿、刘人怀、欧进萍、苏义脑，目前为第八届理事会。

业务主管单位： 中国科学技术协会

办事机构支撑单位： 南京航空航天大学

个人会员数量： 1152 人

单位会员数量： 6 个

第八届理事会选举时间： 2015 年 11 月 5 日

理事长： 苏义脑　中国石油集团工程技术研究院有限公司
教授级高级工程师　中国工程院院士

副理事长（8 人）：

褚福磊　清华大学　教授

华宏星　上海交通大学　教授

李　杰　同济大学　教授

孟　光　上海航天技术研究院　副院长　教授

王永亮　南京航空航天大学　教授

邢誉峰　北京航空航天大学　教授

杨绍普　石家庄铁道大学　校长　教授

翟婉明　西南交通大学　教授　中国科学院院士

秘书长： 陈国平　南京航空航天大学　教授

党组织情况： 中国振动工程学会党委　书记：华宏星
中国振动工程学会秘书处党支部　无

分支机构（18 个）： 模态分析与试验专业委员会、非线性振动专业委员会、随机振动专业委员会、故障诊断专业委员会、机械动力学专业委员会、转子动力学专业委员会、动态测试专业委员会、动态信号分析专业委员会、振动与噪声控制专业委员会、结构动力学专业委员会、土动力学专业委员会、包装动力学专业委员会、结构抗振控制与健康监测专业委员会、振动利用工程专业委员会、冲击及防护工程专业委员会、组织工作委员会、学术工作委员会、咨询工作委员会

已加入国际组织： 无

公开出版刊物（3种）：

中国科协业务主管的期刊（3种）

《振动工程学报》《振动与冲击》《岩土工程学报》

非中国科协业务主管的期刊（0种）

设奖情况： 中国振动工程学会青年科技奖

中国颗粒学会

（信息截止日期为2019年3月31日）

统一社会信用代码：51100000500008797P

法定代表人：陈运法

办 公 地 址：北京海淀区中关村北二街1号

邮 政 编 码：100190

联 系 电 话：010-62647647

电 子 邮 箱：klxh@ipe.ac.cn

网 址：http://www.csp.org.cn

中国颗粒学会

Chinese of Society of Particuology

成立时间： 1986年11月27日

历史简介： 1980年在第二届全国流态化会议期间，由郭慕孙、杨贵林等发起。1983年10月，钢铁研究总院、中南矿业学院、中国科学院化冶所等6家单位发起成立中国颗粒学会筹备组，并向中国科协提出申请，筹备工作正式启动，郭慕孙任筹备组组长，胡荣泽任秘书长。1986年9月18日，经民政部及中国科协批准成立，挂靠在中国科学院化工冶金研究所（现中国科学院过程工程研究所）。1986年11月27日，在北京召开成立大会及第一届全国会员代表大会，选出第一届理事会理事52名，理事长为郭慕孙，任德树、李世丰、童祜嵩、刘淑娟、胡荣泽、王明星任副理事长。1987年10月，加入中国科协。学会住所设在北京，历届理事长为：郭慕孙、李静海、陈运法、朱庆山，目前为第七届理事会。

业务主管单位： 中国科学技术协会

办事机构支撑单位： 中国科学院过程工程研究所

个人会员数量： 2200 人

单位会员数量： 97 个

第七届理事会选举时间： 2018 年 08 月 09 日

理事长： 朱庆山　中国科学院过程工程研究所　副所长　研究员

副理事长（5 人）：

费广涛　中国科学院固体物理研究所　实验室主任　研究员

卢春喜　中国石油大学（北京）图书馆　馆长　教授

李春忠　华东理工大学　实验室主任　教授

彭　峰　广州大学　教授

常　津　天津大学生命科学学院工程中心　主任　教授

秘书长： 王体壮　中国颗粒学会　副研究员

党组织情况： 中国颗粒学会党委　书记：陈运法

中国科学院过程工程研究所机关第二联合党支部

书记：窦红光

分支机构（9 个）： 流态化专业委员会、颗粒测试专业委员会、颗粒制备与处理专业委员会、气溶胶专业委员会、超微颗粒专业委员会、生物颗粒专业委员会、能源颗粒材料专业委员会、微纳气泡专业委员会、吸入颗粒专业委员会

已加入国际组织： 无

公开出版刊物（2 种）：

中国科协业务主管的期刊（1 种）

Particuology（《颗粒学报》英文版）

非中国科协业务主管的期刊（1 种）

《中国粉体技术》

设奖情况（5 个）： 中国颗粒学会青年颗粒学奖；麦克仪器——《颗粒学报》优秀论文奖；中国颗粒学会技术发明奖；中国颗粒学会科技进步奖；中国颗粒学会自然科学奖

中国照明学会
（信息截止日期为2019年3月31日）

统一社会信用代码：51100000500003400K
法定代表人：邴树奎
办 公 地 址：北京市朝阳区大北窑厂坡村甲3号
邮 政 编 码：100022
联 系 电 话：010-65836525、65815905、65830997
电 子 邮 箱：cies@lightingchina.com
网　　址：http://www.lightingchina.com.cn

中国照明学会
China Illuminating Engineering Society

成立时间： 1987年6月1日

历史简介： 由蔡祖泉、李澄和、王时煦、张绍纲、陶作民、郭博、张大同、詹庆旋、吴初瑜、张泽琏、叶关荣、龙唐、于志龙发起，1986年，轻工业部向原国家科委申请成立，于1987年6月1日批准成立。1987年6月1~3日在北京成立并举行第一次代表大会，康仲伦为第一届理事长。同年以国家照明委员会的身份加入国际照明委员会（CIE），是国际照明委员会中唯一代表中国的组织。1989年，加入中国科协。学会住所设在北京，历届理事长为：康仲伦、傅立民、甘子光、王锦燧、徐淮、邴树奎，目前为第七届理事会。

业务主管单位： 中国科学技术协会

办事机构支撑单位： 中国轻工业联合会

个人会员数量： 4200 人

单位会员数量： 1269 个

第七届理事会选举时间： 2016 年 9 月 11 日

理事长： 郝树奎　中国照明学会　高级工程师

副理事长（14 人）：

王立雄　天津大学建筑设计研究院　研究员

华树明　国家电光源质量监督检验中心（北京）　主任　高级工程师

高　飞　中国照明学会　副理事长　工程师

魏　彬　佛山电器照明股份有限公司　副总经理　工程师

庄申安　上海飞乐音响股份有限公司　董事长

汪　猛　北京市建筑设计研究院　副总工程师　教授级高级工程师

官　勇　浙江阳光照明电器股份有限公司　总经理　工程师

潘建根　杭州远方光电信息股份有限公司　董事长　教授

郝洛西　上海同济大学建筑与城市规划学院　教授

姚梦明　飞利浦（中国）投资有限公司　设计总监　高级照明设计师

徐　华　清华大学建筑设计研究院有限公司　电气总工　教授级高级工程师

杨春宇　重庆大学建筑城规学院　教授

梁荣庆　复旦大学电光源研究所　所长　教授

梁　毅　北京良业照明工程有限公司　董事长

秘书长： 窦林平　中国照明学会　秘书长　工程师

党组织情况： 中国照明学会党委　书记：高飞

中国照明学会、中国造纸学会秘书处联合党支部

书记：高飞

分支机构（26个）： 组织工作委员会，学术工作委员会，国际交流工作委员会，编辑工作委员会，科普工作委员会，咨询工作委员会，教育培训工作委员会，照明设计师工作委员会，标准化工作委员会，专家工作委员会，视觉和颜色专业委员会，计量测试专业委员会，室内照明专业委员会，交通运输照明和光信号专业委员会，室外照明专业委员会，光生物和光化学专业委员会，电光源专业委员会，灯具专业委员会，舞台、电影、电视照明专业委员会，图像技术专业委员会，装饰照明专业委员会，新能源照明专业委员会，半导体照明技术与应用专业委员会，智能控制专业委员会，农业照明专业委员会，照明系统建设运营专业委员会

已加入国际组织： 国际照明委员会

公开出版刊物（1种）：

中国科协业务主管的期刊（1种）

《照明工程学报》

非中国科协业务主管的期刊（0种）

设奖情况： 中照照明奖

中国动力工程学会

（信息截止日期为2019年3月31日）

统一社会信用代码：51100000500003849A
法定代表人：严宏强
办 公 地 址：上海闵行区剑川路1115号
邮 政 编 码：200240
联 系 电 话：021-54705106
电 子 邮 箱：cspe@speri.com.cn
网　　址：http://www.cspe.cpeweb.com.cn

B-工科

中国动力工程学会
Chinese Society of Power Engineering

成立时间： 1962年12月4日

历史简介： 前身是中国机械工程学会透平与锅炉学会，由庄前鼎、陈大燮、王新民、吴恕三等发起，1962年12月4日成立，首届理事长为陈大燮。1979年更名为“中国机械工程学会动力工程学会”。1988年12月，经原国家科委批准成为国家一级学会——中国动力工程学会。1992年8月，加入中国科协。学会住所设在上海市，历届理事长为：陈大燮、王新民、陆燕荪、翁史烈、陈康民、蒋以任、黄迪南，目前为第十届理事会。

业务主管单位： 中国科学技术协会

办事机构支撑单位： 上海发电设备成套设计研究院有限责任公司

个人会员数量： 1471 人

单位会员数量： 80 个

第十届理事会选举时间： 2014 年 11 月 26 日

理事长： 黄迪南　申能（集团）有限公司　董事长
研究员级高级工程师

副理事长（6 人）：

刘吉臻　华北电力大学　原校长　教授　中国工程院院士
朱元巢　中国东方电气集团有限公司　副总经理
研究员级高级工程师
严宏强　上海发电设备成套设计研究院有限责任公司
总经理　研究员级高级工程师
张英健　哈尔滨电气集团　副总经理
倪明江　浙江大学　院长　教授
黄　瓯　上海电气集团股份有限公司　副总裁
研究员级高级工程师

秘书长： 张树林　上海发电设备成套设计研究院有限责任公司
副总经理　高级工程师

党组织情况： 中国动力工程学会党委　书记：黄迪南
中国动力工程学会秘书处联合党支部　无

分支机构（17 个）： 组织工作委员会、国际合作工作委员会、咨询展览工作委员会、编辑出版工作委员会、学术工作委员会、辅机专委会、自控专委会、锅炉专委会、材料专委会、核电专委会、透平专委会、热力与燃气专委会、水轮机专委会、工业气体专委会、新能源设备专委会、叶片制造专委会、环保技术与装备专委会

已加入国际组织： 无

公开出版刊物（1 种）：

中国科协业务主管的期刊（0 种）

非中国科协业务主管的期刊（1 种）

《动力工程学报》

设奖情况（1 个）： 中国动力工程学会青年科技奖

中国惯性技术学会

（信息截止日期为2019年3月31日）

统一社会信用代码：51100000500003718E

法定代表人：包为民

办 公 地 址：北京市海淀区阜成路16号

邮 政 编 码：100048

联 系 电 话：010-68385371/38527791

电 子 邮 箱：zggxjsxh@sina.com

网　　址：http://www.csit.org.cn

中国惯性技术学会
Chinese Society of Inertial Technology

成立时间： 1987年5月12日

历史简介： 源于1964年7月6日成立的国防科委的第十七专业组（也是原国家科委自动化专业第八分组），前身是于1977年6月1日在北京成立的陀螺仪与惯性导航情报网（简称“惯性导航情报网”）。在此基础上，1981年12月18日由原国防科委、国防工办、国家机械委联合组建了“惯性导航与惯性仪表技术专业组”。在钱学森倡议下，由丁衡高、陆元九、汪顺亭、冯培德、易生、章燕申等发起，原国防科工委于1986年向原国家科委申请成立。经批准于1987年5月12日在北京召开了第一次全国会员代表大会。丁衡高任第一届理事长。1992年9月10日，加入中国科协。学会住所设在北京，历届理事长为：丁衡高、徐强、包为民，目前为第七届理事会。

业务主管单位： 中国科学技术协会

办事机构支撑单位： 中国航天科技集团有限公司、中国航天科工集团有限公司

个人会员数量： 4242 人

单位会员数量： 155 个

第七届理事会选举时间： 2018 年 12 月 12 日

理事长： 包为民　中国航天科技集团有限公司　科技委主任　研究员　中国科学院院士

副理事长（11 人）：

马卫华　中国航天科技集团一院 12 所　所长　研究员

王　巍　中国航天科技集团九院　研究员　中国科学院院士

王振华　中国船舶重工集团 717 所　所长　研究员

刘付成　上海航天控制技术研究所　所长　研究员

李立新　中国航天科工集团有限公司　总质量师　研究员

杨　雨　北京航天控制仪器研究所　所长　研究员

尚俊云　中国航天科技集团九院 16 所　副所长　研究员

姜福灏　中国航天科工集团三院 33 所　所长　研究员

赵　坤　中国船舶重工集团 707 所　所长　研究员

袁　利　中国航天科技集团五院 502 所　所长　研究员

雷宏杰　中国航空工业集团 618 所　副所长　研究员

秘书长： 王　岩　中国航天科技集团有限公司研发部　副部长　研究员

党组织情况： 中国惯性技术学会党委　书记：包为民

中国惯性技术学会秘书处党支部　无

分支机构（6 个）： 惯性系统与测量专业委员会、惯性仪表与元件专业委员会、测试专业委员会、光电技术专业委员会、材料与工艺

专业委员会、天空海一体化导航与探测专业委员会

已加入国际组织： 无

公开出版刊物（2种）：

中国科协业务主管的期刊（2种）

《中国惯性技术学报》《海陆空天惯性世界》

非中国科协业务主管的期刊（0种）

设奖情况（1个）： 惯性技术创新优秀论文奖

中国风景园林学会
（信息截止日期为2019年3月31日）

统一社会信用代码：51100000500003152X
法定代表人：陈　重
办 公 地 址：北京市海淀区三里河路13号建筑文化中心C座6001室
邮 政 编 码：100037
联 系 电 话：010-88084146、88084198
电 子 邮 箱：chsla@vip.sina.com
网　　　址：http://www.chsla.org.cn/hom

B-工科

中国风景园林学会
Chinese Society of Landscape Architecture

成立时间： 1989年11月17日

历史简介： 由丁秀、汪菊渊等发起，1978年中国建筑学会成立“园林绿化学术委员会”，由丁秀任主任委员。1983年11月17日，经中国科协同意、中国建筑学会批准，在南京市召开“中国建筑学会园林学会（对外称中国园林学会）成立大会”，推选秦仲方为第一届理事长，汪菊渊、陈俊愉、程绪珂、甘伟林为副理事长，甘伟林兼秘书长。主管单位为建设部城市建设局。1988年8月由56名专家学者联名起草《申请成立中国风景园林学会》的信函报建设部。1988年9月1日，建设部正式向民政部呈报“关于申请成立中国风景园林学会的函”。1989年，经建设部报国家科学技术委员会和民政部批准，1989 年 11 月 17~20 日，在杭州召开中国风景园林学会成立大会。1992 年，加入中国科协。学会住所设在北京，第一、二、三届理事长为周干峙，第四、第五届理事长为陈晓丽，目前为第六届理事会，第六届理事长为陈重。

业务主管单位： 中国科学技术协会
办事机构支撑单位： 住房和城乡建设部
个人会员数量： 10645 人
单位会员数量： 1220 个
第六届理事会选举时间： 2018 年 1 月 13 日
理事长： 陈　重　住房和城乡建设部　原总工程师
副理事长（9 人）：

王　翔　江苏省住房和城乡建设厅　原巡视员
王磐岩（女）　中国城市建设研究院有限公司　副院长
李　雄　北京林业大学　副校长
朱子喻　中国城市规划设计研究院　总规划师
杨　锐　清华大学建筑学院景观学系　主任
吴桂昌　棕榈生态城镇发展股份有限公司　董事长
郑淑玲（女）　住房和城乡建设部计划财务与外事司　原巡视员
高　翅　华中农业大学　党委书记
强　健　北京市园林绿化局　原副局长

秘书长： 贾建中　中国城市规划设计研究院风景园林和景观研究分院院长
党组织情况： 中国风景园林学会党委　书记：陈重
中国风景园林学会秘书处党支部　书记：陈重

分支机构（17个）： 理论与历史专业委员会、园林公共艺术专业委员会、教育工作委员会、园林工程分会、标准化技术委员会、花卉盆景分会、信息专业委员会、菊花分会、园林植物与古树名木专业委员会、风景园林规划设计分会、经济与管理研究专业委员会、植物保护专业委员会、风景名胜专业委员会、城市绿化专业委员会、园林生态保护专业委员会、女风景园林师分会、文化景观专业委员会

已加入国际组织： 国际风景园林师联合会（IFLA）

公开出版刊物（2种）：

中国科协业务主管的期刊（1种）

《中国园林》

非中国科协业务主管的期刊（1种）

《园林》

设奖情况（2个）： 中国风景园林学会奖；中国风景园林学会科学技术奖

中国电源学会

（信息截止日期为2019年3月31日）

统一社会信用代码：511000005000035662
法定代表人：徐德鸿
办 公 地 址：天津市南开区黄河道467号大通大厦16层
邮 政 编 码：300110
联 系 电 话：022-27680796
电 子 邮 箱：cpss@cpss.org.cn
网　　址：http://www.cpss.org.cn

中国电源学会
China Power Supply Society

成立时间： 1983年9月

历史简介： 由何金茂、蔡宣三、丁道宏、李允武、李厚福、李颖达、马传天、倪本来、李占师等发起，1983年开始筹建，同年9月，在山东烟台召开成立大会，首届理事长为何金茂。1986年10月29日由国家科委批准。1991年在民政部注册登记。2000年10月16日，加入中国科协。学会住所设在天津，历届理事长为：何金茂、蔡宣三、丁道宏、季幼章、王兆安、徐德鸿，目前为第八届理事会。

业务主管单位： 中国科学技术协会

办事机构支撑单位： 无

个人会员数量： 5538 人

单位会员数量： 450 个

第八届理事会选举时间： 2017 年 12 月 24 日

理事长： 徐德鸿　浙江大学　教授

副理事长（8 人）：

韩家新　国家海洋技术中心　主任

罗　安　湖南大学　教授　中国工程院院士

张　波　华南理工大学　教授

曹仁贤　阳光电源股份有限公司　总裁

陈成辉　厦门科华恒盛股份有限公司　董事长兼总裁

刘进军　西安交通大学　教授

阮新波　南京航空航天大学　副院长　教授

汤天浩　上海海事大学　教授

秘书长： 张　磊　中国电源学会　秘书长

党组织情况： 中国电源学会党委　书记：韩家新

中国电源学会秘书处党支部　无

分支机构（22 个）： 学术工作委员会、组织工作委员会、专家咨询工作委员会、国际交流工作委员会、科普工作委员会、编辑工作委员会、标准化工作委员会、青年工作委员会、会员发展工作委员会、女科学家工作委员会、直流电源专业委员会、照明电源专业委员会、特种电源专业委员会、变频电源与电力传动专业委员会、元器件专业委员会、磁技术专业委员会、电能质量专业委员会、电磁兼容专业委员会、新能源电能变换技术专业委员会、信息系统供电技术专业委员会、无线电能传输技术及装置专业委员会、新能源车充电与驱动专业委员会

已加入国际组织（1个）： 美国电源制造商协会

公开出版刊物（2种）：

其他部门主管的期刊（2种）

《电源学报》、《电力电子技术与英用英文学报》（简称：CPSS TPEA）

非中国科协业务主管的期刊（0种）

设奖情况（1个）： 中国电源学会科学技术奖

中国复合材料学会

（信息截止日期为2019年3月31日）

统一社会信用代码：51100000500003347p

法定代表人：张博明

办 公 地 址：北京市海淀区学院路37号北京航空航天大学工程训练中心楼

邮 政 编 码：100191

联 系 电 话：010-82026320

电 子 邮 箱：office@csfcm.org.cn

网　　址：http://www.csfcm.org.cn/

中国复合材料学会
Chinese Society for Composite Materials

成立时间： 1989年1月19日

历史简介： 由王俊奎、宋焕成、吴人洁等7名教授发起，1989年1月19日在京召开成立大会暨第一届理事会议，2000年10月，加入中国科协。首届理事长为王俊奎，秘书长为张耀。学会住所设在北京，历届理事长为：王俊奎、王昂、张耀、杜善义、陈祥宝，目前为第七届理事会。

业务主管单位： 中国科学技术协会

办事机构支撑单位： 北京航空航天大学

个人会员数量： 12421人

单位会员数量： 99 个

第七届理事会选举时间： 2016 年 11 月 13 日

理事长： 陈祥宝　北京航空材料研究院　副院长　研究员
中国工程院院士

副理事长（11 人）：

成来飞　西北工业大学　教授
方岱宁　北京理工大学　副校长　教授　中国科学院院士
韩克岑　中国商飞上海飞机设计研究院　副院长　研究员
侯　晓　中国航天科技集团第四研究院　副院长　研究员
中国工程院院士
冷劲松　哈尔滨工业大学科学与工业技术研究院　副院长
教授
冯志海　航天材料及工艺研究所事业部　主任　研究员
马朝利　北京航空航天大学材料科学与工程学院　副院长
教授
徐　坚　中国科学院化学研究所　研究员
邢丽英（女）　中航复合材料有限责任公司　副总经理
研究员
薛忠民　中材科技股份有限公司　董事长　教授级高级工程师
俞建勇　东华大学　教授　中国工程院院士

秘书长： 张博明　北京航空航天大学高分子与复合材料系　主任　教授

党组织情况： 中国复合材料学会党委　书记：陈祥宝
中国复合材料学会秘书处党支部　书记：叶金蕊

分支机构（33 个）： 聚合物基复合材料分会、陶瓷基复合材料分会、金属基复合材料分会、复合材料增强体分会、纳米复合材料分会、复合材料结构制造工艺与装备专业委员会、复合材料结构设计专业委员会、生物医用复合材料分会、介电子分子复合材料专业委员会、复合材料表面与薄膜专业委员会、船舶与海洋工程复合材料专业委员会、车辆工程复合材料专业委员会、风电工程复合材料专业委员会、空天动力复合材料及应用专业委员会、矿物复合材料专业委员会、智能复合材料专业委员会、航空复合材料专业委员会、航天复合材料及应用专业委员会、土木工程复合材料分会、天然纤维复合材料分会、超细纤维复合材料分会、学术交流工作委员会、职称评定工作委员会、学会评奖工作委员会、青年工作委员会、团体标准工作委员会、科技咨询工作委员会、教育培训工作委员会、组织工作委员会、科学普及工作委员会、科技评价工作委员会、国际合作工作委员会、监督审计工作委员会

已加入国际组织： 无

公开出版刊物（2种）：

中国科协业务主管的期刊（2种）

《复合材料学报》、*Composites Communications*

非中国科协业务主管的期刊（0种）

设奖情况（3个）： 青年奖；优秀博士学位论文；科学技术奖

中国消防协会

（信息截止日期为2019年3月31日）

统一社会信用代码：51100000500005043Q
法定代表人：陈伟明
办公地址：北京市朝阳区华威西里甲19号
邮政编码：100021
联系电话：010-87789256
电子邮箱：maozh@cfpa.cn
网　　址：http://www.cfpa.cn

中国消防协会
China Fire Protection Association

成立时间： 1984年9月6日

历史简介： 1984年7月，在主要发起人解衡的组织领导下，在北京召开第一次筹备会议，同年9月6日召开第一次全国会员代表大会，正式宣告成立“中国消防协会”。大会选举解衡为首届理事长，陈佛、李祥、张崇福、颜达材为副理事长，巨光为秘书长。1985年，经国家体改委批准成立。原业务主管单位为公安部，2001年4月4日变更为中国科协。协会会址设在北京，历届理事长为：解衡、俞雷、胡之光、孙伦、陈伟明，目前为第六届理事会。

业务主管单位： 中国科学技术协会

办事机构支撑单位： 应急管理部消防救援局

个人会员数量： 2165 名

单位会员数量： 749 个

第六届理事会选举时间： 2015 年 9 月 29 日

会长： 陈伟明　原公安部消防局　局长

副理事长（10 人）：

王铁民　原武警学院　政委

谢模乾　原公安部消防局　政委

杨建民　原公安部消防局　政委

李引擎　中国建筑科学研究院　顾问　副总工程师

陈　飞　原公安部消防局　副局长

朱力平　原公安部消防局　副局长

尹俊士　原公安部消防局　副政委

张荣昌　原公安部消防局　副局级调研员

许兆亭　原公安部消防局　副局级调研员

冷　俐　原公安部消防局　副局长

代理秘书长： 曹忙根　原公安部消防局　办公室主任

党组织情况： 中国消防协会党委　书记：陈伟明

分支机构（15 个）： 学术工作委员会、科普教育工作委员会、建筑防火专业委员会、石油化工防火专业委员会、电气防火专业委员会、消防设备专业委员会、灭火救援技术专业委员会、火灾原因调查专业委员会、民航消防专业委员会、耐火构配件行业分会、消防电子行业分会、防火材料行业分会、消防车泵行业分会、固定灭火系统分会、民航消防专业委员会、森林消防分会

已加入国际组织（1 个）： 国际消防协会联盟

公开出版刊物（1 种）：

中国科协业务主管的期刊（0 种）

非中国科协业务主管的期刊（1 种）

《中国消防》

设奖情况（3 个）： 中国消防协会科学技术创新奖；中国消防协会优秀论文奖；“火凤凰杯”全国优秀消防科普工作者奖

中国图象图形学学会

（信息截止日期为2019年3月31日）

统一社会信用代码：51100000500006361W
法定代表人：马惠敏
办 公 地 址：北京市海淀区中关村东路95号东楼307、308
邮 政 编 码：100190
联 系 电 话：010-82544676、82544661
电 子 邮 箱：info@csig.org.cn
网 址：http://www.csig.org.cn

中国图象图形学学会
China Society of Image and Graphics

成立时间： 1990年1月5日

历史简介： 由北京大学、清华大学、中国科技大学、中国科学院电子学研究所、中国科学院自动化研究所、电子部华北计算所、中国工程物理研究院北京第九研究所等单位从事图像图形的多位专家学者发起，1982年11月在广西桂林召开的第一届全国图象图形学学术会议期间，成立“中国图象图形学学会筹备委员会”。其后在筹备委员会的组织和领导下，分别于1984年在昆明，1986年4月在青岛，1988年12月在广州，共召开过4届全国图象图形学学术会议。1990年1月5日经民政部批准正式成立。同年12月19日，在北京召开第一次全国会员代表大会并选举成立了第一届理事会，理事长为常迵，副理事长为符鸿源、蔡德孚、葛成辉、金东瀚、王新民、庄逢甘、侯自强，秘书长为王宝兴。挂靠中国工程物理研究院北京第九研究所。业务主管单位原为国防科工委，2000 年 10 月变更为中国科协。学会住所设在北京，历届理事长为：常迥、侯自强、潘云鹤、徐冠华、谭铁牛，目前为第七届理事会。

业务主管单位： 中国科学技术协会

办事机构支撑单位： 中国科学院自动化研究所

个人会员数量： 4500 人

单位会员数量： 7 个

第七届理事会选举时间： 2016 年 7 月 29 日

理事长： 谭铁牛　中国科学院自动化研究所　研究员　中国科学院院士

副理事长（8 人）：

赖剑煌　中山大学　院长　教授

卢汉清　中国科学院自动化研究所　研究员

马惠敏（女）　清华大学　副教授

潘志庚　杭州师范大学　教授

汪国平　北京大学　教授

俞能海　中国科学技术大学　教授

章毓晋　清华大学　教授

赵忠明　中国科学院遥感与数字地球研究所　副所长　研究员

秘书长： 马惠敏（兼）

党组织情况： 中国图象图形学学会党委　书记：谭铁牛

中国科教影视协会、中国图象图形学学会、中国管理现代化研究会联合党支部　书记：刘璐璐

分支机构（32 个）： 组织建设工作委员会、会员发展与服务工作委

员会、制度建设工作委员会、学术会议与交流工作委员会、青年工作委员会、科普与教育工作委员会、国际合作与交流工作委员会、企业联络工作委员会、出版与宣传工作委员会、咨询与评议工作委员会、提名与奖励工作委员会、女科技工作者工作委员会、成像探测与感知专业委员会、动画与数字娱乐专业委员会、多媒体专业委员会、机器视觉专业委员会、交通视频专业委员会、可社会化与可视分析专业委员会、人机交互专业委员会、三维成像与显示专业委员会、视觉传感专业委员会、视觉检测专业委员会、数码艺术专业委员会、数字媒体取证与安全专业委员会、图像视频通信专业委员会、图像应用军民融合专业委員会、文档图像分析与识别专业委员会、虚拟现实专业委员会、遥感图像专业委员会、医学影像专业委员会、智能图形专业委员会、三维视觉专业委员会

已加入国际组织： 无

公开出版刊物（1种）：

中国科协业务主管的期刊（0种）

非中国科协业务主管的期刊（1种）

《中国图象图形学报》

设奖情况（3个）： 中国图象图形学学会科学技术奖；中国图象图形学学会优秀博士学位论文奖；中国图像图形学学会石青云女科学家奖

B-工科

中国人工智能学会
（信息截止日期为2019年3月31日）

统一社会信用代码：51100000500002301R
法定代表人：杨放春
办 公 地 址：北京市海淀区西土城路10号北京邮电大学教一楼121室
邮 政 编 码：100876
联 系 电 话：010-62281360
电 子 邮 箱：msc@caai.cn
网　　址：http://www.caai.cn

中国人工智能学会
Chinese Association for Artificial Intelligence

成立时间： 1981年10月22日

历史简介： 由中国科学院应用数学研究所、中国科学院自动化研究所、中国科学院计算所、北京大学、清华大学、中国科学技术大学、北京理工大学、北京航空航天大学、北京邮电大学、北京科学技术大学、上海交通大学、中南大学、中国社会科学院哲学所等单位联合发起，1981年10月经中国社会科学院批准在北京正式成立。1991年7月5日向民政部申请重新登记并被予以批准，业务主管单位原为中国社会科学院，2004年6月9日变更为中国科协。2009年2月18日，正式成为中国科协团体会员，2015年接受民政部评估，授予4A级社会团体资质。历届理事长为：秦元勋、涂序彦、钟义信、李德毅，目前为第七届理事会。

业务主管单位： 中国科学技术协会

办事机构支撑单位： 北京邮电大学

个人会员数量： 26368 人

单位会员数量： 188 个

第七届理事会选举时间： 2014 年 8 月 16 日

理事长： 李德毅　总参第六十一研究所　研究员　中国工程院院士

副理事长（8 人）：

杨放春　北京邮电大学　教授

谭铁牛　中国科学院自动化研究所　研究员　中国科学院院士

黄河燕（女）　北京理工大学　教授

马少平　清华大学　教授

焦李成　西安电子科技大学　教授

刘　宏　北京大学　教授

蒋昌俊　东华大学　校长　教授

王国胤　重庆邮电大学　教授

秘书长： 王卫宁（女）　北京邮电大学　研究员

党组织情况： 中国人工智能学会党委　书记：李德毅

科技社团党委学会联合党支部　书记：陈晨光

分支机构（45 个）： 智能机器人专业委员会、机器学习专业委员会、自然语言理解专业委员会、离散智能计算专业委员会、智能教育技术专业委员会、智能控制与智能管理专业委员会、知识工程与分布智能专业委员会、智能信息网络专业委员会、生物信息学与人工生命专业委员会、人工智能基础专业委员会、神经网络与计算智能专业委员会、智能创意与数字艺术专业委员会、机器人文化艺术专业委员会、可拓学专业委员会、粒计算与知识发现专业委员会、人工心理与人工情感专业委员会、机器博弈专业委员会、智能空天系统专业委员会、智能系统工程专业委员会、自然计算与数字智能城市专业委员会、智能优化专业委员会、智能制造专业委员会、智能传媒专业委员会、不确定性人工智能专业委员会、认知系统与信息处理专业委员会、智能检测与运动控制技术专业委员会、脑机融合与生物机器智能专业委员会、模式识别专业委员会、智能交通专业委员会、社会计算与社会智能专业委员会、智能服务专业委员会、智能农业专业委员会、智慧医疗专业委员会、智能交互专业委员会、教育工作委员会、智能产品与产业工作委员会、科普工作委员会、会员服务工作委员会、青年工作委员会、女科技工作者工作委员会、语言智能专业委员会、智能驾驶专业委员会、深度学习专业委员会、组织工作委员会、人工智能与安全专业委员会

已加入国际组织： 无

公开出版刊物（2种）：

中国科协业务主管的期刊（0种）

非中国科协业务主管的期刊（2种）

《智能系统学报》《智能技术学报》

设奖情况（2个）： 吴文俊人工智能科学技术奖；中国人工智能学会优秀博士学位论文评选

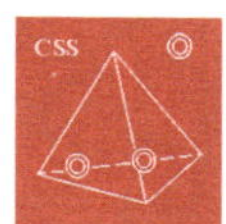

中国体视学学会
（信息截止日期为 2019 年 3 月 31 日）

统一社会信用代码：51100000500005051k
法定代表人：王　忠
办 公 地 址：北京市海淀区清华大学工程物理系刘卿楼 211 室
邮 政 编 码：100084
联 系 电 话：010-62776336
电 子 邮 箱：tscss@mail.tsinghua.edu.cn
网　　　址：http://www.tscss.org

中国体视学学会
Chinese Society for Stereology

成立时间： 1987 年 6 月 12 日

历史简介： 在 1981 年 11 月在四川成都灌县召开的全国图像仪会议期间提出成立并开始筹备，筹备委员会主任为张文奇。1987 年 6 月 12 日由原国家科委批准成立。1988 年 11 月，在北京军事医学科学院召开“第五届体视学与图像分析学术会议”期间，成立第一届理事会，张文奇任理事长。成立后曾先后挂靠北京钢铁学院（现北京科技大学）、中国人民解放军总医院、深圳大学等单位，2004 年开始挂靠到清华大学。2009 年 9 月，加入中国科协。自 2003 年以来，一直是国际体视学与图像分析学会副主席 / 执委单位。学会会址设在北京，历届理事长为：张文奇、李静波、马承宣、谢维信、赵荣椿、顾秉林、康克军、陈志强，目前为第七届理事会。

业务主管单位： 中国科学技术协会

办事机构支撑单位： 清华大学

个人会员数量： 1543 人

单位会员数量： 8 个

第七届理事会选举时间： 2017 年 11 月 2 日

理事长： 陈志强　清华大学工程物理系　研究员

副理事长（8 人）：

张　跃　北京科技大学　教授

彭瑞云（女）　军事科学院军事医学研究院辐射医学研究所　研究员

张艳宁（女）　西北工业大学校长助理兼计算机学院院长　教授

田　捷　中国科学院自动化研究所　研究员

姜志国　北京航空航天大学宇航学院　副院长　教授

秦高梧　东北大学材料科学与工程学院　院长　教授

宋晓艳（女）　北京工业大学　教授

王　忠　清华大学工程物理系　副主任

秘书长： 王　忠（兼）

党组织情况： 中国体视学学会党委　书记：陈志强

中国体视学学会秘书处党支部　书记：王　忠

分支机构（6 个）： 材料科学分会、金相与显微分析分会、生物医学分会、图像分析分会、CT 理论与应用分会、仿真与虚拟现实分会

已加入国际组织： 国际体视学与图像分析学会

公开出版刊物（1 种）:

中国科协业务主管的期刊（1 种）

《中国体视学与图像分析》

非中国科协业务主管的期刊（0 种）

设奖情况（1 个）: 中国体视学学会科学技术奖

B-工科

中国工程机械学会
（信息截止日期为2019年3月31日）

统一社会信用代码：51100000500017562A
法定代表人：卞永明
办 公 地 址：上海市杨浦区四平路1239号同济大学
邮 政 编 码：200092
联 系 电 话：021-65985015
电 子 邮 箱：ccms_office@126.com
网 址：http://ccms.tongji.edu.cn

中国工程机械学会
China Construction Machinery Society

成立时间： 1993 年 8 月 2 日

历史简介： 由一机部矿山重型工程机械局成立的“中国挖掘机械研究会”、“中国工程起重机械研究会”、“中国铲土运输机械研究会”、“中国工程机械液压技术研究会”和“中国工程机械测试技术研究会”以及杨红旗、石来德、诸文农、孙祖望、曹善华、罗邦杰、张正元等联合发起，于 1992 年共同向中国科协申报成立“中国工程机械学会”，1993 年经中国科协组织专家评审，同意成立并报原国家科委审批同意后，报民政部办理登记手续，1993 年 8 月成立筹备工作委员会。1995 年 3 月在上海同济大学召开第一次会员代表大会，选举杨红旗为第一届理事长。学会住所设在上海，历届理事长为：杨红旗、石来德、郑惠强、卞永明，目前为第五届理事会。

业务主管单位： 中国科学技术协会

办事机构支撑单位： 同济大学

个人会员数量： 3510 人

单位会员数量： 502 个

第五届理事会选举时间： 2016 年 12 月 30 日

理事长： 卞永明　同济大学　教授

副理事长（9 人）：

杨华勇　浙江大学　教授　中国工程院院士

朱真才　中国矿业大学　教授　科技处长

肖汉斌　武汉理工大学机械学院　院长　教授

黄兴华　上海市科学技术协会副巡视员　教授

焦生杰　长安大学路面机械国家重点实验室　主任　教授

赵静一　燕山大学　教授

许武全　中联重科股份有限公司　教授级高工

刘元洪　北京建筑机械化研究院　研究员

宓为建　上海海事大学　教授

秘书长： 刘　钊　同济大学机械与能源工程学院　教授

国务院学位委员会学科评议组成员

监事长： 石来德　同济大学　教授

党组织情况： 中国工程机械学会党委　书记：石来德

中国工程机械学会秘书处党支部　书记：石来德

分支机构（14 个）： 挖掘机械分会、铲土运输机械分会、工程起重机械分会、液压技术分会、测试技术分会、维修工程分会、路面与压实机械分会、港口机械分会、矿山机械分会、混凝土机械分会、桩工机械分会、环卫与环保机械分会、特大型工程运输车辆分会、

重大工程施工技术与装备分会

已加入国际组织： 无

公开出版刊物（2种）：

中国科协业务主管的期刊（1种）

《中国工程机械学报》

非中国科协业务主管的期刊（1种）

《港口装卸》

设奖情况： 无

中国海洋工程咨询协会
（信息截止日期为2019年3月31日）

统一社会信用代码：51100000500021 7723
法定代表人：屈　强
办 公 地 址：北京市丰台区马官营家园3号楼
邮 政 编 码：100161
联 系 电 话：010-68040596；010-67046678
电 子 邮 箱：cace@vip.163.com
网　　　址：http://www.caoe.org.cn/

B-工科

中国海洋工程咨询协会
China Association of Oceanic Engineering

成立时间： 2010年1月31日

历史简介： 由国家海洋局海洋咨询中心发起成立，2008年9月经国土资源部批准同意，并向民政部报送了申请报告，2009年7月21日，获得国务院批准，同年8月6日民政部正式批复，2010年1月31日，在北京召开第一次全国会员代表大会暨成立大会。大会选举孙志辉为首届会长，副会长4名，秘书长1名。协会的主管部门为国土资源部，业务指导和具体管理部门为国家海洋局，2015年6月13日，加入中国科协。协会住所设在北京，历任会长孙志辉、周茂平，目前为第二届理事会。

业务主管单位： 自然资源部

办事机构支撑单位： 自然资源部海洋咨询中心

个人会员数量： 1000 人

单位会员数量： 720 个

第二届理事会选举时间： 2016 年 5 月 22 日

理事长： 周茂平　原国家海洋局　党组成员　纪委书记

副理事长（12 人）：

李春先　原国家海洋局　党组成员　人事司司长
吕　波　中国海洋石油总公司　党组成员　副总经理
郭立峰　海军工程大学　原校长
刘修德　福建省人大财经委　原主任
吴德星　中国海洋大学　原校长
施　兵　中国广核集团　副总经理
王海怀　中国交通建设股份有限公司　党委常委　副总经理
韩　庆　首钢集团有限公司　副总经理
逯　鹰　海航集团有限公司　董事局副董事长
梁伟康　恒大地产集团有限公司　常务副总裁
王永福　华能集团核电开发有限公司　总经理
屈　强　自然资源部海洋咨询中心　主任

秘书长： 屈　强（兼）

党组织情况： 中国海洋工程咨询协会党委　书记：李晨阳

分支机构（17 个）： 海洋装备分会、海洋资源开发分会、海洋可再生能源分会、环境生态专业委员会、海岸科学与工程分会、海底勘查与开发分会、海洋卫星工程分会、海洋预报减灾分会、海洋工程信息统计专业委员会、深海技术与工程分会、海洋工程环境研究与咨询分会、海洋教育培训分会、海洋生态环境监测分会、海洋文化

分会、海上风电分会、海洋测绘与地理信息分会、极地分会

已加入国际组织： 无

公开出版刊物（1种）：

中国科协业务主管的期刊（0种）

非中国科协业务主管的期刊（1种）

《海洋开发与管理》

设奖情况（1个）： 海洋工程科学技术奖

B-工科

中国遥感应用协会
（信息截止日期为2019年3月31日）

统一社会信用代码：51100000500013772R
法定代表人：罗　格
办 公 地 址：北京海淀区永丰产业基地丰贤东路5号
邮 政 编 码：100094
联 系 电 话：010-58937034、57503347
电 子 邮 箱：ygxh@carsa.org.cn
网　　址：http://www.carsa.org.cn

中国遥感应用协会
China Association of Remote Sensing Application

成立时间： 1992年8月26日

历史简介： 原名为全国地方遥感应用协会。由山西、湖南、山东省遥感中心和江苏省遥感学会发起，于1992年8月26日在山西五台山成立。业务主管单位为航空航天部，1993年更改为中国航天工业总公司。1996年6月，协会划归原国家国防科技工业委员会主管。2002年9月16日，民政部根据原国家国防科技工业委员会的报告，准予全国地方遥感应用协会重新登记。2002年12月28日，民政部批准全国地方遥感应用协会更名为“中国遥感应用协会”。2008年，业务主管部门更改为国家国防科技工业局。2015年5月22日，加入中国科协技术协会。协会住所设在北京，历届理事长为：吴美蓉、庄逢甘、毛德华、栾恩杰、罗格，目前为第五届理事会。

业务主管单位： 国家国防科技工业局

办事机构支撑单位： 中国资源卫星应用中心

个人会员数量： 2072 人

单位会员数量： 420 个

第五届理事会选举时间： 2014 年 9 月 28 日

理事长： 罗　格　国家国防科技工业局系统工程三司　原司长　高工

副理事长（17 人）：

高　平　自然资源部科技发展司　司长　教授级高级工程师

龚健雅　武汉大学遥感信息工程学院　院长　中国科学院院士

顾行发　中国科学院空天信息研究院　副院长　研究员

郭华东　中国科学院空天信息研究院　中国科学院院士

蒋兴伟　国家卫星海洋应用中心　主任　中国工程院院士

李传荣　中国科学院空天信息研究院　研究员

李国平　国防科工局系统工程一司　司长　高级工程师

潘旭东　中国航天科工集团有限公司　总工程师　研究员

童旭东　湖南省科学技术厅　党组书记　高级工程师

童旭东　国防科工局重大专项工程中心　主任 / 党委书记　研究员

王　桥　生态环境部卫星环境应用中心　研究员

吴军虎　中国煤炭地质总局航测遥感局　副局长　研究员

吴一戎　中国科学院空天信息研究院　院长　中国科学院院士

徐　文　中国资源卫星应用中心　主任　研究员

杨保华　中国航天科技集团有限公司　副总经理　研究员

杨　军　国家卫星气象中心　主任　研究员

左群声　中国电子科技集团有限公司　副总经理　研究员

秘书长： 徐　文（兼）

党组织情况： 中国遥感应用协会党委　书记：罗格

中国遥感应用协会党支部　书记：罗格

分支机构（11个）： 专家委员会、环境遥感分会、国土资源遥感分会、灾害遥感分会、光学遥感专业委员会、标准化委员会、国际合作委员会、科学普及分会、商业遥感卫星应用专业委员会、亚热带分会、智慧产业创新联盟

已加入国际组织： 无

公开出版刊物： 无

设奖情况（4个）： 中国遥感应用协会创业奖；中国遥感应用协会推广应用奖；年度“中国遥感领域十大事件”奖；中国遥感应用协会科学技术奖

中国指挥与控制学会

（信息截止日期为2019年3月31日）

统一社会信用代码：51100000717834862X
法定代表人：秦继荣
办 公 地 址：北京市海淀区车道沟10号院科技一号楼10层
邮 政 编 码：100089
联 系 电 话：010-68964096
电 子 邮 箱：cicc@c2.org.cn
网　　址：http://www.c2.org.cn

B-工科

中国指挥与控制学会
Chinese Institute of Command and Control

成立时间： 2012年9月16日

历史简介： 在火力与指挥控制研究会基础上，由秦继荣、董志荣等专家倡议，由中国兵器工业集团北方自动控制技术研究所（207所）牵头组织，由李德毅、戴浩、王越、童志鹏、陆建勋、黄先祥、苏君红、沈长祥、包为民、苏哲子、秦继荣发起，经过8年申请筹备成立。2007年成立了“指挥与控制软科学研究课题组”，研究成果获山西省科技成果三等奖。2008年国家首次将指挥与控制学科纳入国家标准学科分类体系，为学会获准申请成立奠定了基础。2009年北方自动控制技术研究所向中国科协提交了筹备成立的申请。2010年11月15日，中国科协同意成立学会并作为业务主管单位。2012年3月16日，民政部同意筹备成立。同年9月16日，在北京召开成立大会暨第一次全国会员代表大会。2017 年 12 月 21 日，在北京召开第二次全国成员代表大会。学会住所设在北京，目前为第二届理事会。

业务主管单位： 中国科学技术协会
办事机构支撑单位： 北方自动控制技术研究所
个人会员数量： 5000 人
单位会员数量： 115 个
第二届理事会选举时间： 2017 年 12 月 21 日
理事长： 费爱国　空军研究院　高级工程师　中国工程院院士
副理事长（11 人）：

陈　杰　同济大学　校长　教授　中国工程院院士
付　琨　中科院空天信息研究院　研究员
顾　浩　中国船舶集团公司第七一六研究所　所长　研究员
何　友　海军航空大学　教授　中国工程院院士
黄　强　中国电子科技集团公司第二十八研究所
　　　　集团首席专家　研究员
王积鹏　中国电子科技集团公司电子科学研究院
　　　　首席科学家　研究员
张红文　中国航天科工飞航技术研究院　院长　教授
朱荣刚　中国航空工业集团公司洛阳电光设备研究所
　　　　副所长　研究员
吕金虎　北京航空航天大学自动化学院　院长　教授
于　全　军事科学院系统工程研究院　研究员　中国工程院院士
秦继荣　北方自动控制技术研究所　研究员

秘书长： 秦继荣（兼）

党组织情况： 中国指挥与控制学会党委　书记：费爱国

中国指挥与控制学会秘书处党支部　书记：秦继荣

分支机构（34 个）： 组织工作委员会、青年工作委员会、教育培训工作委员会、科学普及工作委员会、团体标准工作委员会、军民融合工作委员会、建模与仿真专业委员会、无人系统专业委员会、海上指挥控制专业委员会、火力与指挥控制专业委员会、C4ISR 理论与技术专业委员会、数据处理与集成专业委员会、富媒体指挥专业委员会、空天安全平行系统专业委员会、电磁频谱安全与控制专业委员会、认知与行为专业委员会、安全防护与应急管理专业委员会、智能控制与系统专业委员会、军民融合物联网专业委员会、网络科学与工程专业委员会、智能指挥调度专业委员会、网络空间安全专业委员会、云控制与决策专业委员会、虚拟现实与人机交互专业委员会、空天大数据与人工智能专业委员会、空中交通管制专业委员会、智能可穿戴技术专业委员会、数据链技术专业委员会、指挥与控制网络专业委员会、筹划与决策专业委员会、公共安全数据工程专业委员会、青少年创客联合委员会、智能指挥与控制系统工程专业委员会、安全应急知识共享专业委员会

已加入国际组织： 无

公开出版刊物（1 种）：

中国科协业务主管的期刊（0 种）

非中国科协业务主管的期刊（1 种）

《指挥与控制学报》

设奖情况（1 个）： CICC 科学技术奖

B-工科

中国光学工程学会
（信息截止日期为2019年3月31日）

统一社会信用代码：51100000717840437E
法定代表人：赵雪燕
办 公 地 址：北京市丰台区海鹰路1号院1号楼六层608房间
邮 政 编 码：100070
联 系 电 话：010-63721158
电 子 邮 箱：dengwei.csoe.org.cn
网　　址：http://www.csoe.org.cn

中国光学工程学会
Chinese Society for Optical Engineering

成立时间： 2014年11月29日

历史简介： 前身中国宇航学会光电技术专业委员会。2014年1月由金国藩、张履谦、杜祥琬、庄松林、姜文汉、龚惠兴、王家骐、许祖彦、姜景山等30位光学界德高望重的院士联名倡议，3月向民政部提交申请文件，10月得到批复，11月29日在北京召开成立大会暨第一次全国会员代表大会。2016年1月22日加入中国科协。住所设在北京，目前为第一届理事会。

业务主管单位： 民政部

办事机构支撑单位： 无

个人会员数量： 23608人

单位会员数量： 816个

第一届理事会选举时间： 2014年11月29日

理事长： 张广军　东南大学　校长　中国工程院院士

副理事长（9 人）：

吕跃广　中国北方电子设备研究所　中国工程院院士

刘文清　中国科学院安徽光学精密机械研究所
中国工程院院士

王立军　中国科学院长春光学精密机械与物理研究所
中国工程院院士

王　巍　中国航天科技集团九院十三所　中国科学院院士

尤　政　清华大学　副校长　中国工程院院士

范国滨　中国工程物理研究院　副总师

吴志新　天津津航技术物理研究所　研究员

马　晶　哈尔滨工业大学　教授

王　健　聚光科技（杭州）有限公司　董事长

秘书长： 赵雪燕（女）　中国光学工程学会　秘书长　副编审

党组织情况： 中国光学工程学会党委　书记：张广军
中国光学工程学会秘书处党支部　无

分支机构（8 个）： 微纳光电子集成技术专业委员会、光通信与信息网络专家工作委员会、激光诱导击穿光谱（LIBS）专业委员会、光纤传感技术应用专业委员会暨中国光纤传感技术及产业创新联盟、红外与微光技术应用产业联盟、海洋信息网络技术及产业联盟、电磁环境效应产业技术创新战略联盟、中国无人机任务系统及技术产业联盟

已加入国际组织： 无

公开出版刊物（1 种）：

中国科协业务主管的期刊（0 种）

非中国科协业务主管的期刊（1 种）

《红外与激光工程》

设奖情况（2 个）： 中国光学工程学会科技创新奖；全国光学工程学科优秀博士学位论文奖

中国微米纳米技术学会
（信息截止日期为2019年3月31日）

统一社会信用代码：51100000500199392
法定代表人：尤　政
办 公 地 址：北京市海淀区清华大学精仪系3301
邮 政 编 码：100084
联 系 电 话：010-62796707、62772108
电 子 邮 箱：csmnt@mail.tsinghua.edu.cn
网　　　址：http://www.csmnt.org.cn

中国微米纳米技术学会
Chinese Society of Micro-Nano Technology

成立时间： 2005年4月5日

历史简介： 1996年，由雷天觉、丁衡高等23位院士、有关高校和科研院所的专家教授75人发起建议成立。2004年5月25日，民政部批复，同意筹备成立。2005年4月5日，正式成立“中国微米纳米技术学会”并召开第一次全国会员代表大会。2016年2月，加入中国科协。学会住所设在北京，第一、二届理事长为顾秉林，目前为第三届理事会。

业务主管单位： 教育部

办事机构支撑单位： 清华大学

个人会员数量： 1797人

单位会员数量： 94个

第三届理事会选举时间： 2015年10月12日

理事长： 尤　政　清华大学　副校长　中国工程院院士

副理事长（8人）：

蒋庄德　西安交通大学　教授　中国工程院院士

黄　如（女，回族）北京大学信息科学技术学院　院长　教授　中国科学院院士

王　琛　国家纳米科学中心　副主任　研究员

邱介山　西安交通大学　教授

王跃林　中国科学院上海微系统与信息技术研究所　副所长　研究员

王　政　中国电子科技集团公司　副总经理　研究员

许建中　国家纳米技术与工程研究院　院长　经济师

王晓浩　清华大学深圳研究生院　副院长　教授

秘书长： 王晓浩（兼）

党组织情况： 中国微米纳米技术学会党委　书记：尤政

中国微米纳米技术学会秘书处党支部　无

分支机构（5个）： 中国微米纳米技术学会纳米科学技术分会、中国微米纳米技术学会微纳米制造及装备分会、中国微米纳米技术学会微纳机器人分会、中国微米纳米技术学会微纳传感技术分会、中国微米纳米技术学会微纳执行器与微系统分会

已加入国际组织： 无

公开出版刊物（2种）：

中国科协业务主管的期刊（0种）

非中国科协业务主管的期刊（2种）

《传感技术学报》、*Nanotechnology and Precision Engineering*（《纳米技术与精密工程》）

设奖情况： 无

中国密码学会

（信息截止日期为2019年3月31日）

统一社会信用代码：511000005000206221
法定代表人：于艳萍
办 公 地 址：北京市丰台区靛厂路7号
邮 政 编 码：100036
联 系 电 话：010-59703621
电 子 邮 箱：cacr@cacrnet.org.cn
网　　　址：www.cacrnet.org.cn

中国密码学会
Chinese Association for Cryptologic Research

成立时间： 2007年3月25日

历史简介： 在国家密码管理的关心和支持下，由丁石孙、肖国镇、陶仁骥、裴定一等发起，经中国科协、民政部批准成立。2007年3月25日在北京召开第一届全国会员代表大会，选举裴定一担任第一届理事会理事长，冯登国、何大可为副理事长，吴成贵为秘书长。2017年1月，学会成为中国科协团体会员加入中国科协。学会住所设在北京，历届理事长为：裴定一、王杰，目前为第三届理事会。

业务主管单位： 中国科学技术协会

办事机构支撑单位： 国家密码管理局

个人会员数量： 3200人

单位会员数量： 200 个

第三届理事会选举时间： 2016 年 5 月 7 日

理事长： 王　杰　北京大学　教授

副理事长（4 人）：

杨义先　北京邮电大学　教授

王小云（女）　清华大学　教授　中国科学院院士

陈克非　杭州师范大学　教授

吴文玲（女）　中科院软件所　研究员

秘书长： 于艳萍（女）　国家密码管理局　副巡视员

党组织情况： 中国密码学会党委　书记：王　杰

中国密码学会办公室党支部　书记：陈　灏

分支机构（13 个）： 组织工作委员会、学术工作委员会、教育与科普工作委员会、青年工作委员会、密码应用工作委员会、量子密码专业委员会、密码数学理论专业委员会、密码芯片专业委员会、密码算法专业委员会、电子认证专业委员会、安全协议专业委员会、混沌保密通信专业委员会、密码测评专业委员会

已加入国际组织： 无

公开出版刊物（1 种）：

中国科协业务主管的期刊（1 种）

《密码学报》

非中国科协业务主管的期刊（0 种）

设奖情况（2 个）： 密码创新奖；中国密码学会优秀博士学位论文奖

中国大坝工程学会
（信息截止日期为2019年3月31日）

统一社会信用代码：51100000500021609U
法定代表人：贾金生
办 公 地 址：北京市海淀区玉渊潭南路1号
邮 政 编 码：100038
联 系 电 话：010-68785106
电 子 邮 箱：chincold@126.com
网　　址：http://www.chincold.org.cn

中国大坝工程学会
Chinese National Committee on Large Dams

成立时间： 2009年11月23日

历史简介： 2009年11月23日由民政部批复成立，曾用名中国大坝协会，2016年3月经民政部批准更为现名。2009年6月在北京召开成立大会暨第一次全国会员代表大会，通过章程；选举水利部原部长汪恕诚为理事长，水利部原副部长矫勇等20位同志为副理事长，中国水利水电科学研究院教高贾金生为秘书长。学会住所设在北京，历届理事长为：汪恕诚、矫勇，目前为第二届理事会。

业务主管单位： 中华人民共和国水利部

办事机构支撑单位： 中国水利水电科学研究院

个人会员数量： 10021人

单位会员数量： 225 个

第二届理事会选举时间： 2014 年 6 月 18 日

理事长： 矫　勇　水利部　原副部长

副理事长（17 人）：

晏志勇　中国电力建设集团有限公司　董事长　教授级高级工程师

匡尚富　中国水利水电科学研究院　院长　教授级高级工程师

张建云　南京水利科学研究院　院长　教授级高级工程师

王松春　水利部监督司司长　教授级高级工程师

贾金生　中国水利水电科学研究院　教授级高级工程师

胡甲均　长江水利委员会　副主任　教授级高级工程师

苏茂林　黄河水利委员会　副主任　教授级高级工程师

钮新强　长江勘测规划设计研究院　院长　教授级高级工程师

刘志明　水利水电规划设计总院　副院长　教授级高级工程师

李　昇　水电水利规划设计总院　副院长　教授级高级工程师

林初学　中国长江三峡集团公司　副总经理　教授级高级二程师

张启平　国家电网公司　总工程师　教授级高级工程师

寇　伟　中国华能集团公司　原副总经理　教授级高级工程师

曲　波　中国大唐集团公司　总工程师　教授级高级工程师

程念高　中国华电集团公司　原总经理　教授级高级工程师

张宗富　中国国电集团公司　总工程师　教授级高级工程师

夏　忠　国家电力投资集团公司　副总经理　教授级高级工程师

秘书长： 贾金生（兼）

党组织情况： 中国大坝工程学会党委　书记：矫勇

中国大坝工程学会秘书处党支部　书记：郑璀莹

分支机构（11个）： 胶结颗粒料坝专业委员会、多功能水库大坝专业委员会、青年工作委员会、水库泥沙处理与资源利用技术专业委员会、水库大坝公众认知与公共关系工作委员会、流域水循环与调度专业委员会、数值模拟专业委员会、智能建设与管理专业委员会、生态环境工程专业委员会、水库大坝管理新技术产学研分会、水工混凝土建筑物检测与修补加固专业委员会

已加入国际组织： 国际大坝委员会

公开出版刊物（3种）：

中国科协业务主管的期刊（1种）

《水利学报》

非中国科协业务主管的期刊（2种）

《中国水能及电气化》《水生态学》

设奖情况（6个）： 水库大坝国际里程碑工程奖；中国大坝工程学会科技进步奖；中国大坝工程学会技术发明奖；中国大坝工程学会大坝杰出工程师奖；汪闻韶院士青年优秀论文奖；学术年会优秀论文奖

中国卫星导航定位协会

（信息截止日期为2019年3月31日）

统一社会信用代码：51100000500180638
法定代表人：张全德
办公地址：北京市海淀区莲花池西路28号
邮政编码：100036
联系电话：010-68185060/68181970
传　　真：010-68187080
电子邮箱：glac@glac.org.cn
网　　址：http://www.glac.org.cn

中国卫星导航定位协会
GNSS and LBS Association of China

成立时间： 1995年9月

历史简介： 原名为中国全球定位系统技术应用协会。1995年9月，由国家测绘地理信息局、电子部、国家海洋局、总参测绘局等22个部门共同发起成立，1995年9月4日民政部颁发社团登记证书，9月25日在北京召开成立大会，通过章程，选举第一届理事会，胡启立为荣誉会长，张挺为会长，冯孟华为常务副会长，陈毓川、王小牧、杨文鹤、王志刚、葛治洲、艾长春、宋春华、杨燕生、郑立中、何福祺为副会长。2012年9月22日，正式更名为“中国卫星导航定位协会”。2017年1月23日，加入中国科协。协会住所设在北京，历届理事长为：张挺、王志刚、常志海、张荣久、于贤成。目前为第六届理事会。

业务主管单位： 无

办事机构支撑单位： 无

个人会员数量： 2100 人

单位会员数量： 552 个

第六届理事会选举时间： 2017 年 6 月 28 日

会长： 于贤成　原国家测绘地理信息局　纪检组组长、党组成员

副会长（26 人）：

于建国　北斗恒通（北京）科技有限公司　副总经理
王文忠　北京麦格天宝科技股份有限公司　总裁
支晓晔　北京燃气集团有限责任公司　董事　总经理
牛新民　甘肃万华金慧科技股份有限公司　董事长
刘忠华　北斗天汇（北京）科技有限公司　董事长兼总裁　高工
刘贵生　北斗航天卫星应用科技集团有限公司　董事长
刘爱明　中城新产业控股（深圳）有限公司　董事长
李　冰（女）　北京中电华远科技有限公司　总经理
李　澍　中国联合网络通信有限公司　集团客户部　高级总监
姜卫平　武汉大学卫星导航定位技术研究中心　主任
杨玉坤　正元地理信息有限责任公司　董事长　教授
张　伟　广东北斗平台科技有限公司　董事长
金乃高　北京东和盛达科技有限公司　总经理
周儒欣　北京北斗星通导航技术股份有限公司　董事长
郑　琪　北京奥吉通信息技术股份有限公司　董事长
赵　军　中国四维测绘技术有限公司　副总经理
胡发兴　航天科技控股集团股份有限公司　总经理
姜德荣　高德软件有限公司　副总裁
莫晓宇　成都振芯科技股份有限公司　董事长

贾必明　四川九州北斗导航与位置服务有限公司　董事长

郭信平　北京合众思壮科技股份有限公司　董事长

黄伟文　广东侍卫长卫星应用安全股份公司　董事长

彭扬名　深圳市伊爱高新技术开发有限公司　董事长兼决裁

程鹏飞　中国测绘科学研究院　院长　研究员

朱少岩　四川长虹佳华数字技术有限公司　总工

张全德　中国卫星导航定位协会　副理事长兼秘书长
教授级高工

秘书长： 张全德（兼）

党组织情况： 中国卫星导航定位协会第六届理事会常委　书记：于贤成
中国卫星导航定位协会党支部　书记：苗前军

分支机构（22 个）： 导航定位专业委员会、导航应用专业委员会、教育与发展专业委员会、电力行业专业委员会、授时与时间专业委员会、仪器设备专业委员会、环境监测专业委员会、位置服务专业委员会、北斗科技文化研究推广专业委员会、智能物联专业委员会、精准应用专业委员会、北斗海洋应用专业委员会、嵌入技术专业委员会、北斗产业化专业委员会、北斗卫星推广应用专业委员会、卫星融合技术应用专业委员会、智能建造工作委员会、室内导航定位专业委员会、大数据专业委员会、信息安全专业委员会、北斗物联网专业委员会、"一带一路"专业委员会

已加入国际组织： 无

公开出版刊物（1 种）：

中国科协业务主管的期刊（0 种）

非中国科协业务主管的期刊（1 种）

《导航定位学报》

设奖情况（1 个）： 卫星导航定位科学技术奖

中国生物材料学会
（信息截止日期为2019年3月31日）

统一社会信用代码：511000007178338272
法定代表人：王迎军
办 公 地 址：四川省成都市武侯区望江路29号四川大学生物材料楼607室
邮 政 编 码：610064
联 系 电 话：028-85417078
电 子 邮 箱：csbm@csbm.org.cn
网　　　址：http://www.csbm.org.cn

中国生物材料学会
Chinese Society for Biomaterials

成立时间： 2012年4月6日

历史简介： 前身是中国生物材料委员会。1996年经中国科协批准，由中国生物医学工程学会、中华医学会、中国化学学会、中国材料研究学会、中国金属学会、中国康复医学学会、中国硅酸盐学会等七个学会派出代表成立了“中国生物材料委员会”，后增加中国有色金属学会、中国口腔医学会、中国生物物理学会、中国化工学会、中国生物制造学会、香港生物材料界和部分企业界代表。为适应中国生物材料事业发展的需要，在师昌绪院士等老一辈科学家的大力支持和努力下，中国生物材料委员会申请成立“中国生物材料学会”。经中国科协、民政部批准，2012年4月6日，“中国生物材料学会成立大会暨第一次会员代表大会”在北京举行。首届理事长为张兴栋，理事会主要有曹谊林、崔福斋、付小兵、王迎军、奚廷斐等 106 位成员，常务理事 35 人。从 1996 年成立委员会开始，业务主管单位是中国科协。学会住所设在成都市，历届理事长为：张兴栋、王迎军，目前为第二届理事会。

业务主管单位： 中国科学技术协会

办事机构支撑单位： 四川大学

个人会员数量： 2174 人

单位会员数量： 78 个

第二届理事会选举时间： 2015 年 11 月 19 日

理事长： 付小兵　解放军总医院附属第一医院　主任　教授　中国工程院院士

副理事长（5 人）：

曹谊林　上海交通大学医学院附属第九人民医院　教授

奚廷斐　北京大学深圳研究院　教授

蒲忠杰　乐普（北京）医疗器械股份有限公司　董事长

王云兵　四川大学生物材料工程研究中心　主任　教授

赵毅武　北京纳通科技集团有限公司　董事长

秘书长： 艾　华　四川大学生物材料工程研究中心　教授

党组织情况： 中国生物材料学会党委　书记：王迎军

中国生物材料学会秘书处党支部　无

分支机构（16 个）： 骨修复材料与器械分会、生物材料生物学评价分会、纳米生物材料分会、生物医用高分子材料分会、医用金属材料分会、心血管材料分会、再生医学材料分会、生物材料先进制造分会、生物陶瓷分会、生物复合材料分会、神经修复材料分会、海洋生物材料分会、智能仿生生物材料分会、材料生物力学分会、影像材料与技术分会、烧创伤与创面修复重建临床应用分会

已加入国际组织： 国际生物材料科学与工程学会联合会

公开出版刊物（1种）：

中国科协业务主管的期刊（0种）

非中国科协业务主管的期刊（1种）

《*Regenerative Biomaterials*》（《再生生物材料》英文版）

设奖情况（6个）： 中国生物材料学会杰出贡献奖；中国生物材料学会青年科学家奖；中国生物材料学会奠基人奖；中国生物材料学会先进工作者；中国生物材料学会先进集体奖；中国生物材料学会科学技术奖

国际粉体检测与控制联合会
（信息截止日期为 2019 年 3 月 31 日）

统一社会信用代码：51100000500018506P
法定代表人：李新光
办 公 地 址：辽宁省沈阳市和平区文化路 3 号巷 11 号东北大学信息科技楼 209 室
邮 政 编 码：110004
联 系 电 话：024-83689395
电 子 邮 箱：mcgm2012@126.com
网 址：http://www.ifmcgm.com

国际粉体检测与控制联合会

International Federation of Measurement and Control of Granular Materials（简称：IFMCGM）

成立时间： 1996 年 6 月 5 日

历史简介： 在东北大学自动化仪表教研室老师们的倡议下，张宏勋、王师、金智贤等老师于 1988 年 9 月 21~24 日在沈阳组织和举办了“第一届国际粉体检测与控制学术会议”。会议期间，来自美国、日本、韩国、英国、荷兰、匈牙利、意大利、新西兰、德国、澳大利亚、阿塞拜疆、加拿大、法国、尼日利亚、波兰、突尼斯、挪威、中国等 18 个国家的学者专家提议在中国成立“粉体检测与控制国际学术会议常设委员会”，以便有计划、有组织地开展粉体检测与控制领域的国际学术交流活动。中国东北大学联合有关国家的学者和专家，于 1991 年向我国有关部门申请创办“国际粉体检测与控制联合会”。后经原国家科委、冶金部和中国科协等有关部门同意，上报国务院。1995 年 5 月，国务院正式批准组建“国际粉体检测与控制联合会”（英文名称：International Federation of Measurement and Control of Granular Materials, 简称：IFMCGM），1996 年 6 月 5 日在中华人民共和国民政部注册成立。第一、二届理事会主要成员有：张宏勋、王师、渡边金之助（日本）、Paolo Massacci（意大利）、D. F. Bagster（澳大利亚）、J. C. Roth（法国）、John Coulthard（英国）、Sangchul Won（韩国）。1996 年 6 月，加入中国科协。学会秘书处设在沈阳市，历届理事长为：张宏勋、谢植。

业务主管单位： 中国科学技术协会

办事机构支撑单位： 中国东北大学

个人会员数量： 1433 人

单位会员数量： 52 个

学会理事： 30 人

第四届理事会选举时间： 2016 年 11 月 19 日

理事长： 谢　植　东北大学信息学院仪表研究所　所长　教授

副理事长（5 人）：

Mark Jones　澳大利亚纽卡斯尔大学工程学院　主任　教授

Shuji MAtsusaka　日本京都大学化学工程系　主任　教授

Siegfreid Radandt　德国 FSA 应用系统及劳动医学研究会　总裁　教授

In Shup Ahn　韩国庆尚大学校纳米材料工程系　主任　教授

盖国胜　中国清华大学材料学院粉体研究中心　主任　教授

秘书长： 李新光　东北大学信息学院仪表研究所　副所长　教授

党组织情况： 国际粉体检测与控制联合会秘书处　党支部

书记：金智贤

分支机构： 国际粉体检测与控制联合会工业应用委员会（中国）

国际粉体检测与控制联合会工业防爆技术创新联盟（中国）

已加入国际组织： 国际粉体检测与控制联合会

公开出版刊物： 无

设奖情况： 无

中国农学会
（信息截止日期为2019年3月31日）

统一社会信用代码：511000000500001 78X8
法定代表人：胡义萍
办 公 地 址：北京市朝阳区麦子店街22号楼
邮 政 编 码：100125
联 系 电 话：010-59194201
电 子 邮 箱：59194203@163.com
网 址：http://www.caass.org.cn

中国农学会
China Association of Agricultural Science Societies

成立时间： 1917年1月

历史简介： 前身中华农学会。1916年，由陈嵘、王舜成、过探先等发起，1917年1月，在上海江苏省教育会召开成立大会，选举张謇为名誉会长，陈嵘为会长。1918年至1947年，中华农学会先后于上海、杭州、无锡等地举办了26届年会，开展学术交流、研究提出议案，有力地推动了当时农业学科建设和产业发展。1950年，在中华农学会的基础上，吸收“新中国农学会”、延安中国农学会、中国农业科学研究社，筹备组建中国农学会。1951年，经内务部核准备案，中华农学会更名为中国农学会。1957年，内务部批复同意社团登记。1966~1977年间，学会停止活动。1978年1月，中国农学会恢复正常工作。2007年，学会办事机构与时称农业部人力资源开发中心合署办公，学会住所设在北京。历任会长为：陈嵘、王舜成、许璇、梁希、邹秉文、杨显东、卢良恕、洪绂曾、张宝文、危朝安、张桃林，目前为第十一届理事会。

业务主管单位： 中国科学技术协会

办事机构支撑单位： 农业农村部

个人会员数量： 30396 人

单位会员数量： 548 个

第十一届理事会选举时间： 2017 年 12 月

会长： 张桃林　农业农村部副部长

副会长（10 人）：

刘　旭　中国工程院　原副院长　中国工程院院士

孙其信　中国农业大学　校长

吴孔明　中国农业科学院　副院长　中国工程院院士

陈晓亚　中国科学院上海生命科学研究院　研究员　中国科学院院士

万建民　中国农业科学院　副院长　中国工程院院士

喻树迅　中国农业科学院棉花研究所　研究员　中国工程院院士

周光宏　南京农业大学　原校长

沈仁芳　中国科学院南京土壤研究所　所长

廖西元　农业农村部科技教育司　司长

胡义萍　中国农学会　副会长兼秘书长

秘书长： 胡义萍（兼）

监事长： 赵方田　中国农学会　研究员

党组织情况： 中国农学会理事会党委　负责人：胡义萍

分支机构（34 个）： 棉花分会、耕作制度分会、遗传资源分会、特产分会、农业信息分会、食用菌分会、农业科研经济管理分会、计算机农业应用分会、农业分析测试与耕地质量评估分会、农产品贮藏加工分会、高新技术农业应用专业委员会、农业气象分会、葡萄分会、农业科技期刊分会、食物与营养专业委员会、立体农业分会、农业现代化分会、教育专业委员会、微量元素与食物链分会、农业科技奖励基金管理委员会、农业资源与环境分会、杂粮分会、农业科技园区分会、农业产业化分会、农产品质量安全分会、秸秆资源综合利用分会、都市农业与休闲农业分会、农业农村人才工作分会、奖励委员会、农业文化遗产分会、农业科技评价分会、农业环境损害鉴定评估分会、图书情报分会、农业监测预警分会

已加入国际组织（1 个）： 东亚地区农业文化遗产研究会

公开出版刊物（9 种）：

中国科协业务主管的期刊（4 种）

《中国农学通报》《农学学报》《棉花学报》《农业科研经济管理》

非中国科协业务主管的期刊（5 种）

《中国农业科学》《食用菌学报》、*Journal of Integrative Agriculture*（《农业科学学报》）、《植物遗传资源学报》、*Journal of Cotton Research*（《棉花研究》英文版）

设奖情况（2 个）： 神农中华农业科技奖；中国农学会青年科技奖

中国林学会

（信息截止日期为2019年3月31日）

统一社会信用代码：51100000500005772G
法定代表人：陈幸良
办 公 地 址：北京市海淀区东小府2号
邮 政 编 码：100091
联 系 电 话：010-62889815
电 子 邮 箱：zgxhbgs@126.com
网 址：http://www.csf.org.cn

中国林学会
Chinese Society of Forestry

成立时间： 1917年2月12日

历史简介： 中国林学会的前身是创建于1917年2月的中华森林会，由凌道扬、梁启超等人倡议，在上海成立。理事长为凌道扬，1922年因经费短缺，学会活动被迫终止。1928年在姚传法、梁希、凌道扬等32人倡导下恢复了林学会组织，改名中华林学会，理事长为姚传法。中华人民共和国成立后，于1951年恢复了林学会活动，并定名为中国林学会，理事长梁希。1951年5月，经中央人民政府内务部核准登记。1958年加入中国科协。学会住所设在北京，历届理事长为：凌道扬、姚传法、梁希、张克侠、李相符、陈嵘、郑万钧、吴中伦、董智勇、沈国舫、刘于鹤、江泽慧、赵树丛，目前为第十二届理事会。

业务主管单位： 中国科学技术协会

办事机构支撑单位： 国家林业和草原局

个人会员数量： 91268 人

单位会员数量： 222 个

第十二届理事会选举时间： 2019 年 2 月 28 日

理事长： 赵树丛　原国家林业局党组书记、局长

副理事长（12 人）：

谭光明　国家林业和草原局　党组成员　人事司司长

曹福亮　南京林业大学林学院　教授　中国工程院院士

蒋剑春　中国林业科学研究院　研究员

马广仁　国家林业和草原局国家森林防火指挥部　原专职副总指挥

宋权礼　中国林业集团有限公司　董事长　党委书记

郝育军　国家林业和草原局科技司　司长

刘世荣　中国林业科学研究院　院长　研究员

安黎哲　北京林业大学　校长　教授

李　斌　东北林业大学　校长　教授

王　浩　南京林业大学　校长　教授

陈幸良　中国林学会　副理事长兼秘书长　研究员

费本华　国际竹藤中心　常务副主任　研究员

秘书长： 陈幸良（兼）

党组织情况： 中国林学会党委　书记：陈幸良

中国林学会秘书处党支部　书记：陈幸良

分支机构（55 个）： 学术工作委员会、奖励工作委员会、组织工作委员会、咨询和继续教育工作委员会、科普工作委员会、国际交流

与合作工作委员会、科技工作者学术道德自律工作委员会、自然教育委员会（自然教育总校）、青年工作委员会、《林业科学》编委会、《森林与人类》编委会、梁希科技教育基金管理委员会、森林土壤专业委员会、森林经理分会、森林病理分会、林木遗传育种分会、森林工程分会、林产化学化工分会、森林生态分会、杨树专业委员会、树木引种驯化专业委员会、木材工业分会、林业机械分会、树木生理生化专业委员会、森林培育分会、森林昆虫分会、树木学分会、林业气象专业委员会、经济林分会、林业计算机应用分会、水土保持专业委员会、林业史分会、森林水文及流域治理分会、林业科技管理专业委员会、森林与草原防火专业委员会、木材科学分会、桉树分会、竹子分会、城市森林分会、森林公园与森林旅游分会、灌木分会、银杏分会、林业科技期刊分会、生物质材料科学分会、森林食品科学技术专业委员会、竹藤资源利用分会、古树名木分会、林下经济分会、杉木专业委员会、珍贵树种分会、松树分会、盐碱地分会、园林分会、森林疗养分会、栎类分会

已加入国际组织（2个）： 世界自然保护联盟、国际杨树委员会

公开出版刊物（5种）：

中国科协业务主管的期刊（1和）

《林业科学》

非中国科协业务主管的期刊（4种）

《森林与人类》《森林与环境学报》《林产化学与工业》《竹子研究汇刊》

设奖情况（2个）： 林业青年科技奖；梁希科学技术奖

C-农科

中国土壤学会
（信息截止日期为2019年3月31日）

统一社会信用代码：51100000500002192T
法定代表人：沈仁芳
办 公 地 址：南京市玄武区北京东路71号
邮 政 编 码：210008
联 系 电 话：025-86881532
电 子 邮 箱：sssc@issas.ac.cn
网 址：http://www.csss.org.cn

中国土壤学会
Soil Science Society of China

成立时间： 1945年12月25日

历史简介： 1945年12月25日，由李连捷、李庆连、马溶之等人发起的中国土壤学会在重庆北碚召开成立大会及第一次中国土壤学会年会，到会会员37人，大会通过了会章，确定了学会的主要任务。成立了以李连捷、熊毅、陈恩凤、侯光炯、叶和才、朱莲青、黄瑞采7人为理事的第一届理事会。1946年1月5日召开的理事会选举李连捷担任第一届理事长，朱莲青为书记，叶和才为会计。1951年6月25日，经中央人民政府内务部内秘161号文核准，中国土壤学会获得社会团体登记证。1954年7月16日，在北京召开了中华人民共和国成立后的第一次全国会员代表大会，并加入中华全国自然科学专门学会联合会。1978年加入国际土壤学会（1998

年改名为国际土壤科学联合会）。学会住所设在南京，历届理事长为：李连捷、黄瑞采、马溶之、宋达泉、李庆逵、赵其国、曹志洪、朱兆良、周健民、沈仁芳，目前为第十三届理事会。

业务主管单位： 中国科学技术协会

办事机构支撑单位： 中国科学院南京土壤研究所

个人会员数量： 18000 多人

单位会员数量： 33 个

第十三届理事会选举时间： 2016 年 9 月 21 日

理事长： 沈仁芳　中国科学院南京土壤研究所　所长　研究员

副理事长（9 人）：

邓良基　四川农业大学　教授

李保国　中国农业大学　教授

吴金水　中国科学院亚热带农业生态研究所　研究员

张旭东　中国科学院沈阳应用生态研究所　研究员

张兴昌　中国科学院水利部水土保持研究所　副所长　研究员

胡　锋　南京农业大学　副校长　教授

徐明岗　中国热带农业科学院南亚热带作物研究所　所长　研究员

徐建明　浙江大学环境与资源学院　教授

谢建华　农业部耕地质量监测保护中心　常务副主任　推广研究员

秘书长： 张甘霖　中国科学院南京土壤研究所　研究员

党组织情况： 中国土壤学会党委　书记：胡锋

中国土壤学会秘书处党支部　无

C-农科

分支机构（22个）： 土壤物理专业委员会、土壤化学专业委员会、土壤生物和生化专业委员会、土壤——植物营养专业委员会、土壤发生分类和土壤地理专业委员会、盐碱土专业委员会、土壤侵蚀与水土保持专业委员会、森林土壤专业委员会、土壤遥感与信息专业委员会、土壤生态专业委员会、土壤环境专业委员会、科普工作委员会、教育工作委员会、青年工作委员会、编辑工作委员会、土壤学名词审定工作委员会、土壤肥力与肥料专业委员会、土壤质量标准化工作委员会、土壤修复专业委员会、氮素工作组、土壤工程工作委员会、土壤健康工作组

已加入国际组织（2个）： 国际土壤科学联合会、东亚及东南亚土壤科学联合会

公开出版刊物（5种）：

中国科协业务主管的期刊（1种）

《土壤通报》

非中国科协业务主管的期刊（4种）

《土壤学报》、*PEDOSPHERE*（《土壤圈》）、《水土保持学报》《干旱区研究》

设奖情况（3个）： 中国土壤学会奖；中国土壤学会科学技术奖；中国土壤学会优秀青年学者奖

中国水产学会
（信息截止日期为2019年3月31日）

统一社会信用代码：51100000500002205G
法定代表人：崔利锋
办公地址：北京市朝阳区麦子店街18号楼
邮政编码：100125
联系电话：010-59195156
电子邮箱：csfish@vip.163.com
网　　址：http://www.csfish.org.cn

中国水产学会
China Society of Fisheries

成立时间： 1963年12月

历史简介： 1962年，63位科学家、行政领导干部及科技工作者联名向水产部倡议尽快成立中国水产学会。1963年初，经中国科协批准，组建了由朱元鼎、伍献文、朱树屏等17人组成的筹备委员会。同年12月6日，中国水产学会成立大会暨第一次学术会议在京举行。会议选举出杨扶青为理事长，朱元鼎、伍献文、朱树屏为副理事长，宫明山为秘书长。1966~1977年，学会停止活动。1978年，在北京召开恢复大会，选举肖鹏任理事长。学会住所设在北京，历届理事长为：杨扶青、肖鹏、宫明山、孟庆闻、张延喜、涂逢俊、唐启升、贾晓平、王清印目前为第十届理事会。

业务主管单位： 中国科学技术协会

办事机构支撑单位： 农业农村部

个人会员数量： 20378 人

单位会员数量： 325 个

第十届理事会选举时间： 2017 年 12 月 8 日

理事长： 王清印　中国水产科学研究院黄海水产研究所　研究员

副理事长（10 人）：

麦康森　中国海洋大学　水产学院名誉院长　中国工程院院士
桂建芳　中国科学院水生生物研究所　中国科学院院士
崔利锋　全国水产技术推广总站　站长　中国水产学会秘书长
肖　放（女）　农业农村部农产品质量安全监管司　司长
吴嘉敏　上海海洋大学　党委书记
宋林生　大连海洋大学　校长
刘东超　广东海洋大学　副校长
丁雪燕（女）　浙江省水产技术推广总站　站长　浙江省海洋与干部学校　校长
赵玉山　山东东方海洋集团有限公司　总经理
张　璐　通威集团　副总裁

秘书长： 崔利锋（兼）

党组织情况： 中国水产学会党委　书记：王清印
中国水产学会秘书处党支部　书记：张　锋

分支机构（21 个）： 淡水养殖分会、海水养殖分会、渔业资源与环境分会、水产捕捞分会、水产品加工和综合利用分会、鱼病专业委员会、渔业制冷专业委员会、科普工作委员会、水产名词审定工作委员会、渔业信息与渔业经济分会、鲑鱼类专业委员会、观赏鱼分会、水产动物营养与饲料专业委员会、渔业装备专业委员会、渔业工程专业委员会、水产生物技术专业委员会、渔药专业委员会、鱼类工业化养殖专业委员会、海洋牧场专业委员会、渔文化分会、期刊分会

已加入国际组织（1个）： 亚洲水产学会

公开出版刊物（7种）：

中国科协业务主管的期刊（4种）

《水产学报》《科学养鱼》《海洋渔业》、*Aquaculture and fisheries*（《渔业学报》英文版）

非中国科协业务主管的期刊（3种）

《渔业科学进展》《中国渔业经济》《中国水产科学》

设奖情况（2个）： 中国水产学会范蠡科学技术奖；中国水产青年科技奖

中国园艺学会

（信息截止日期为2019年3月31日）

统一社会信用代码：511000005000018439
法定代表人：杜永臣
办 公 地 址：北京市海淀区中关村南大街12号
邮 政 编 码：100081
联 系 电 话：010-82109528
电 子 邮 箱：cshs@caas.cn
网　　址：http://www.cshs.org.cn

中国园艺学会
Chinese Society for Horticultural Science

成立时间： 1929年4月1日

历史简介： 学会创建于1929年4月，由吴耕民等发起。抗日战争时期活动基本停顿，抗战胜利后在南京复会。中华人民共和国成立后，于1951年8月开始筹备，1956年8月在北京召开了中国园艺学会成立大会，曾宪朴当选首届理事长。1966~1977年停止活动。1978年7月作为中国农学会所属的二级学会同时恢复活动。1985年3月，经国家体改委和中国科协批准恢复为一级学会，挂靠在中国农业科学院蔬菜花卉研究所，同年加入中国科协。学会住所设在北京，历届理事长为：曾宪朴、王更生、沈隽、相重扬、朱德蔚、方智远、杜永臣，目前为第十三届理事会。

业务主管单位： 中国科学技术协会

办事机构支撑单位： 中国农业科学院蔬菜花卉研究所

个人会员数量： 9602 人

单位会员数量： 44 个

第十三届理事会选举时间： 2017 年 10 月 19 日

理事长： 杜永臣　中国农业科学院蔬菜花卉研究所　所长　研究员

副理事长（10 人）：

邓秀新　中国工程院　副院长　华中农业大学　教授
　　　　中国工程院院士

李天来　沈阳农业大学　教授　中国工程院院士

邹学校　湖南农业大学　校长　研究员　中国工程院院士

孙日飞　中国农业科学院蔬菜花卉研究所　所长　研究员

韩振海　中国农业大学　教授

刘君璞　中国农业科学院郑州果树研究所　研究员

张　显　西北农林科技大学　教授

张启翔　北京林业大学　教授

高俊平　中国农业大学　教授

陈昆松　浙江大学　教授

秘书长： 孙日飞（兼）

党组织情况： 中国园艺学会党委　书记：杜永臣

中国园艺学会办事机构党支部　书记：陈红

分支机构（37 个）： 果树专业委员会、蔬菜专业委员会、西甜瓜专业委员会、观赏园艺专业委员会、魔芋分会、设施园艺分会、园艺作物分子育种分会、李杏分会、采后科学与技术分会、干果分会、南瓜分会、草莓分会、葡萄与葡萄酒分会、辣椒分会、猕猴桃分会、梨分会、十字花科蔬菜分会、苹果分会、热带南亚热带果树

C－农科

分会、枇杷分会、球根花卉分会、樱桃分会、番茄分会、桃分会、茄子分会、水生蔬菜分会、小浆果分会、柿分会、杨梅分会、黄瓜分会、芦笋分会、葱姜蒜分会、石榴分会、压花分会、牡丹芍药分会、水生花卉分会、青年分会

已加入国际组织： 国际园艺学会

公开出版刊物（3种）：

中国科协业务主管的期刊（3种）

《园艺学报》《中国葡萄酒》、*Horticultural Plant Journal*（《园艺学报》英文版）

非中国科协业务主管的期刊（0种）

设奖情况（1个）： 华耐园艺科技奖

中国畜牧兽医学会

（信息截止日期为2019年3月31日）

统一社会信用代码：51100000500001771G
法定代表人：杨汉春
办 公 地 址：北京市朝阳区农展馆南路9号博雅园1-106号
邮 政 编 码：100125
联 系 电 话：010-85959008、85959009、85959010
电 子 邮 箱：c06@cast.org.cn
网 址：http://www.caav.org.cn

中国畜牧兽医学会
Chinese Association of Animal Science and Veterinary Medicine

成立时间： 1936年7月19日

历史简介： 学会由刘行骥、蔡无忌、程绍迥、罗清生、王兆麟、沈九成、陈瞬耘等发起，1936年7月在南京成立，首届理事长为蔡无忌。1937年抗日战争爆发，学会停止活动。1942年恢复活动。1966~1977年停止活动。1978年与中国农学会共同在太原召开会员代表大会，产生了第六届理事会。1985年3月5日，经中国科协同意并经国家体改委批准，学会恢复为全国性学会，同年加入中国科协。学会住所设在北京，历届理事长为：蔡无忌、陈之长、陈凌风、程绍迥、陈耀春、吴常信、陈焕春、黄路生，目前为第十四届理事会。

业务主管单位： 中国科学技术协会

办事机构支撑单位： 中国牧工商集团有限公司　北京大北农科技集团有限公司、普莱柯生物工程股份有限公司、中国农业大学

个人会员数量： 58960 人

团体会员数量： 449 个

第十四届理事会选举时间： 2016 年 11 月 17 日

理事长： 黄路生　江西农业大学　党委书记　教授　中国科学院院士

副理事长（14 人）：

杨汉春　中国农业大学动物医学院　副院长　教授

呙于明　中国农业大学动物科技学院　院长　教授

冯忠武　农业部兽医局　局长　研究员

陈伟生　中国动物疫病预防控制中心　主任　研究员

乔玉锋　全国畜牧总站　研究员

焦新安　扬州大学　校长　教授

廖　明　华南农业大学　副校长　教授

朱　庆　四川农业大学　副校长　教授

薛廷伍　中国牧工商（集团）总公司　总经理　高级兽医师

邵根伙　北京大北农科技集团　董事长　总裁　讲师

张许科　普莱柯生物工程股份有限公司　董事长　高级兽医师

秦玉昌　中国农科院北京畜牧兽医研究所　所长　研究员

步志高　中国农科院哈尔滨兽医研究所　所长　研究员

殷　宏　中国农科院兰州兽医研究所　所长　研究员

秘书长： 杨汉春（兼）

党组织情况： 中国畜牧兽医学会党委　书记：黄路生

中国畜牧兽医学会秘书处党支部　无

分支机构（38个）： 中兽医学分会、动物营养学分会、家禽学分会、禽病学分会、兽医外科学分会、口蹄疫学分会、动物繁殖学分会、兽医内科与临床诊疗学分会、兽医病理学分会、动物遗传育种学分会、家畜生态学分会、兽医食品卫生学分会、动物传染病学分会、兽医药理毒理学分会、生物制品学分会、兽医寄生虫学分会、动物解剖及组织胚胎学分会、家畜环境卫生学分会、养羊学分会、动物生理生化学分会、兽医产科学分会、生物技术学分会、畜禽遗传标记学分会、动物药品学分会、养牛学分会、兽医影像技术学分会、动物毒物学分会、犬学分会、动物检疫学分会、养猪学分会、动物微生态学分会、期刊编辑学分会、小动物医学分会、信息技术分会、兽医公共卫生学分会、马学分会、养兔学分会、动物福利与健康养殖分会

已加入国际组织（1个）： 世界畜牧学会

公开出版刊物（8种）：

中国科协业务主管的期刊（6种）

《中国畜牧杂志》《中国兽医杂志》《畜牧兽医学报》《动物营养学报》、*Journal of Animal Science and Biotechnology*（《畜牧与生物技术杂志》）、*Animal Nutrition*（《动物营养》）

非中国科协业务主管的期刊（2种）

《猪业观察》《北方牧业》

设奖情况（1个）： 中国畜牧兽医学会奖

中国植物病理学会
（信息截止日期为2019年3月31日）

统一社会信用代码：51100000500001966A
法定代表人：韩成贵
办 公 地 址：北京市海淀区圆明园西路2号
邮 政 编 码：100193
联 系 电 话：010-62731025
电 子 邮 箱：office@cspp.org.cn
网　　址：http//www.cspp.org.cn

中国植物病理学会
Chinese Society for Plant Pathology

成立时间： 1929年

历史简介： 学会由邹秉文和戴芳澜等发起，1929年在南京成立，第一届理事长为戴芳澜。抗日战争及解放战争期间停止活动。1949年学会在北京召开第一次复会会议，推选戴芳澜教授为临时理事长，筹备召开新第一届全国代表大会。1953年2月在北京中国科学院召开了第一届全国代表大会，戴芳澜教授当选为理事长。1962年并入中国植物保护学会。1978年，与中国植物保护学会分别作为中国农学会的分会。1985年，由中国科协、国家体改委批准恢复为全国学会，同年加入中国科协。学会住所设在北京，历届理事长为：戴芳澜、俞大绂、裘维蕃、刘仪、曾士迈、彭友良、郭泽建、彭友良，目前为第十一届理事会。

业务主管单位： 中国科学技术协会

办事机构支撑单位： 中国农业大学

个人会员数量： 6639 人

单位会员数量： 38 个

第十一届理事会选举时间： 2018 年 8 月 25 日

理事长： 彭友良　中国农业大学　院长　教授

副理事长（12 人）：

王源超　南京农业大学　院长　教授

王福祥　全国农业技术推广服务中心　副主任　推广研究员

刘杏忠　中国科学院微生物研究所　研究员

朱有勇　云南农业大学　教授　中国工程院院士

云南省科协主席

吴元华　沈阳农业大学植保学院　院长　教授

吴祖建　福建农林大学　处长　研究员

李健强　中国农业大学　教授

陈剑平　宁波大学　所长　研究员　中国工程院院士

周雪平　中国农业科学院植物保护研究所　所长　教授

姜道宏　华中农业大学植科院　副院长　教授

康振生　西北农林科技大学　主任　教授　中国工程院院士

韩成贵　中国农业大学　教授

秘书长： 韩成贵（兼）

党组织情况： 中国植物病理学会党委　书记：王慧敏

中国植物病理学会秘书处党支部　无

分支机构（22 个）： 抗病育种专业委员会、植物病害流行专业委员会、植病综合防治专业委员会、植病生防专业委员会、植病生物技术专业委员会、植物病原真菌专业委员会、植物病原线虫专业委员会、植病综合防治专业委员会、植病生防专业委员会、植病生物技术专业委员会、植物病原真菌专业委员会、植物病原线虫专业委员会、植物病原细菌专业委员会、植物病毒专业委员会、植物病害检疫专业委员会、青年工作委员会、教学工作委员会、化学防治专业委员会、种子病理学专业委员会、产后病理学专业委员会、植物免疫诱抗专业委员会、植物病原卵菌专业委员会

已加入国际组织（2个）： 国际植物病理学会、亚洲植物病理协会

公开出版刊物（2种）：

中国科协业务主管的期刊（2种）

《植物病理学报》、Phytopathology Research（《植物病理学报》英文版）

非中国科协业务主管的期刊（0种）

设奖情况： 无

中国植物保护学会

（信息截止日期为2019年3月31日）

统一社会信用代码：51100000500004622E
法定代表人：陈万权
办 公 地 址：北京市海淀区圆明园西路2号院南门
　　　　　　中国农业科学院植物保护研究所院内
邮 政 编 码：100193
联 系 电 话：010-62811917、62815913
电 子 邮 箱：cspp62@163.com
网　　　址：http://www.ipmchina.net

C-农科

中国植物保护学会
China Society of Plant Protection

成立时间： 1962年7月23日

历史简介： 由沈其益、周明牂、赵善欢、裘维蕃、齐兆生等发起，1962年7月，在黑龙江省哈尔滨市举行的成立大会，选举俞大绂为第一届理事长，沈其益为常务副理事长，朱凤美、蔡邦华、赵善欢为副理事长，裘维蕃为秘书长，齐兆生为副秘书长，戴芳澜为名誉理事长。学会隶属于中国农学会，作为二级学会挂靠在中国农业科学院植物保护研究所。1966~1977年，学会停止活动，1978年，恢复活动。1985年4月，经中国科协同意并经国家体改委批准为一级学会，并成为中国科协的团体会员。学会住所设在北京，历届理事长为：俞大绂、沈其益、黄可训、周大荣、成卓敏、吴孔明、陈万权，目前为第十二届理事会。

业务主管单位： 中国科学技术协会

办事机构支撑单位： 中国农业科学院植物保护研究所

个人会员数量： 22200 人

单位会员数量： 158 个

第十二届理事会选举时间： 2017 年 11 月 9 日

理事长： 陈万权　中国农业科学院麻类研究所　所长　研究员

副理事长（11 人）：

陈剑平　宁波大学植物病毒学研究所　所长　研究员　中国工程院院士

宋宝安　贵州大学　校长　教授　中国工程院院士

康振生　西北农林科技大学　教授　中国工程院院士

周雪平　中国农业科学院植物保护研究所　所长　教授

刘　学　农业部农药检定所　副所长　研究员

张友军　中国农业科学院蔬菜花卉研究所　副所长　研究员

康　乐　河北大学　校长　研究员　中国科学院院士

陈洪俊　国家市场监督管理总局标准技术管理司　副司长（正司级）研究员

柏连阳　湖南省农业科学院　党委书记　教授

沈　杰　中国农业大学植保学院　副院长　教授

魏启文　全国农业技术推广服务中心　党委书记／副主任　研究员

秘书长： 郑传临　中国农业科学院植物保护研究所　研究员

党组织情况： 中国植物保护学会党委　书记：陈万权

中国植物保护学会办公室党支部　书记：郑传临

分支机构（20个）： 病虫测报专业委员会、植保系统工程专业委员会、植物抗病虫专业委员会、生物防治专业委员会、鼠害防治专业委员会、园艺病虫害防治专业委员会、农药学分会、杂草学分会、植物检疫学分会、生物入侵分会、植保信息技术专业委员会、生物安全专业委员会、植保机械与施药技术专业委员会、植物化感作用专业委员会、科学普及工作委员会、青年工作委员会、植保产品推广工作委员会、葡萄病虫害防治专业委员会、热带作物病虫防治专业委员会、农药残留与环境安全专业委员会

已加入国际组织（1个）： 国际植物保护科学协会

公开出版刊物（5种）：

中国科协业务主管的期刊（2种）

《植物保护学报》《植物保护》

非中国科协业务主管的期刊（3种）

《中国生物防治学报》《植物检疫》《生物安全学报》

设奖情况（1个）： 中国植物保护学会科学技术奖

中国作物学会
（信息截止日期为2019年3月31日）

统一社会信用代码：51100000500001106N
法定代表人：刘春明
办 公 地 址：北京市海淀区中关村南大街12号
邮 政 编 码：100081
联 系 电 话：010-82108616
电 子 邮 箱：zwxh@caas.cn
网 址：http://www.chinacrops.org/

中国作物学会
The Crop Science Society of China

成立时间： 1961年12月

历史简介： 由金善宝等发起，1961年12月20~28日，中国作物学会在湖南长沙召开第一次会员代表大会，正式成立。大会选举金善宝为理事长，杨开渠、胡竞良、戴松恩、蔡旭、何康为副理事长，戴松恩兼秘书长，另有19名常务理事和26名理事组成了第一届理事会。隶属于中国农学会。1966~1977年，学会停止活动。1978年7月在山西省太原市举行的全国农业学术讨论会期间进行换届选举，并组成第二届理事会，金善宝为理事长。1985年3月，中国作物学会被批准为国家一级学会，成为中国科协的团体会员。挂靠单位为中国农业科学院作物育种栽培研究所。2003年，原挂靠单位重组后改名为中国农业科学院作物科学研究所。学会住所设在北京，历届理事长为：金善宝、李竞雄、庄巧生、王连铮、路明、翟虎渠，目前为第十届理事会。

业务主管单位： 中国科学技术协会

办事机构支撑单位： 中国农业科学院作物科学研究所

个人会员数量： 5193 人

单位会员数量： 128 个

第十届理事会选举时间： 2014 年 10 月 30 日

理事长： 翟虎渠　中国农业科学院　原院长　教授

副理事长（7 人）：

万建民　中国农业科学院　副院长　教授
中国工程院院士

刘春明　中国农业科学院作物科学研究所　所长　研究员

李召虎　华中农业大学　校长　教授

李绍明　北京金色农华种业科技股份有限公司　副董事长

陈　刚　北京农林科学院玉米研究中心　研究员

张爱民　中国科学院遗传与发育生物学研究所　研究员

潘文博　农业部种植业管理司　副司长

秘书长： 刘春明（兼）

党组织情况： 中国作物学会党委　书记：刘春明

中国作物学会秘书处党支部　书记：杨克理

分支机构（20 个）： 栽培专业委员会、大豆专业委员会、麻类专业委员会、甘蔗专业委员会、大麦专业委员会、粟类作物专业委员会、油料作物专业委员会、马铃薯专业委员会、医用作物专业委员会、甘薯专业委员会、甜菜专业委员会、特用作物产业专业委员

C-农科

会、玉米专业委员会、小麦产业分会、水稻产业分会、分子育种分会、燕麦荞麦分会、作物种子专业委员会、藜麦分会、作物学人才培养与教育专业委员会

已加入国际组织（2个）： 国际作物学会、国际植物学会

公开出版刊物（4种）：

中国科协业务主管的期刊（3种）

《作物学报》《作物杂志》、*The Crop Journal*（《作物学报》英文版）

非中国科协业务主管的期刊（1种）

《麦类作物学报》

设奖情况（5个）： 中国作物学会科学技术成就奖；中国作物学会青年科技奖；中国作物学会作物科技奖；中国作物学会优秀博士论文奖；中国作物学会油料产业科技终身成就奖和青年创新奖

中国热带作物学会
（信息截止日期为2019年3月31日）

统一社会信用代码：5110000050000527OX
法定代表人：李尚兰
办 公 地 址：海南省海口市龙华区学院路4号国家热带农业科技创新中心920室
邮 政 编 码：571101
联 系 电 话：0898-66962982
电 子 邮 箱：cstcorg@126.com
网　　　址：http://www.cstc.org.cn

C-农科

中国热带作物学会
Chinese Society for Tropical Crops

成立时间： 1978年12月28日

历史简介： 1962年，由华南热带作物科学研究院、华南热带作物学院、广东省农垦厅、国家农垦部热带作物局、云南农垦局、海南农垦局等发起，经中国农学会报请中国科协批准成立中国热带作物学会筹备小组。1963年2月在北京召开筹备小组会议，并成立学会筹备委员会，主任委员为何康，副主任委员为罗耘夫、张维之，王永昌任秘书。后因故停止筹备工作。1978年12月2~9日，在广东省湛江市召开中国热带作物学会成立大会暨学术研讨会，梁文墀当选首届理事长，副理事长6名，分别是陈重、许成文、黄宗道、张维之、徐广泽、王科，常务理事17名。学会当时为中国农学会所属分会。1983 年 3 月，经中国科协同意并经国家体改委批准成为全国学会，并加入中国科协。学会住所设在海南省海口市，历届理事长为：梁文墀、黄宗道、潘衍庆、曾毓庄、吕飞杰、李尚兰，目前为第九届理事会。

业务主管单位： 中国科学技术协会

办事机构支撑单位： 中国热带农业科学院

个人会员数量： 7820 人

单位会员数量： 279 个

第九届理事会选举时间： 2015 年 10 月 22 日

理事长： 李尚兰　中国热带农业科学院　党组书记　研究员

副理事长（12 人）：

陈东奎　广西农业科学院园艺研究所　所长　研究员
范源洪　云南省高原特色农业产业研究院　院长　研究员
符月华　海南省农垦总局　原副局长　经济师
郭安平　中国热带农业科学院　副院长　研究员
胡新文　海南大学　副校长　教授
刘　波　福建省农业科学院　原院长　研究员
刘国道　中国热带农业科学院　副院长　研究员
吕林汉　广东省农垦集团公司　副总经理　高级经济师
汪　铭　云南省农垦总局　副局长　研究员
吴金玉　农业农村部人力资源开发中心　副主任
张治礼　海南省农业科学院　院长　研究员
钟广炎　广东省农业科学院果树研究所　副所长　研究员

秘书长： 刘国道（兼）

党组织情况： 中国热带作物学会党委　书记：李尚兰
中国热带作物学会秘书处党支部　书记：杨礼富

分支机构（21个）： 遗传育种专业委员会、天然橡胶专业委员会、植物保护专业委员会、农产品加工专业委员会、香料饮料作物专业委员会、牧草与饲料作物专业委员会、机械应用专业委员会、棕榈作物专业委员会、剑麻专业委员会、农业经济与信息专业委员会、薯类专业委员会、园艺专业委员会、南药专业委员会、咖啡专业委员会、生态环境专业委员会、科普工作委员会、科技推广咨询工作委员会、天然橡胶生产者工作委员会、国际合作工作委员会、青年工作委员会、期刊工作委员会

已加入国际组织： 无

公开出版刊物（1种）：

中国科协业务主管的期刊（1种）

《热带作物学报》

非中国科协业务主管的期刊（0种）

设奖情况（3个）： 中国热带作物学会科技进步奖；中国热带作物学会杰出成就奖；中国热带作物学会青年科技奖

中国蚕学会

（信息截止日期为2019年3月31日）

统一社会信用代码：511000005000037269
法定代表人：李　龙
办 公 地 址：江苏省镇江市润州区四摆渡蚕业研究所
邮 政 编 码：212018
联 系 电 话：0511-85616661
电 子 邮 箱：csss_china@126.com
网　　　址：http://www.sricaas.cn

中国蚕学会

The Chinese Society of Sericultural Science

成立时间： 1963 年 3 月 18 日

历史简介： 前身是中国农学会的蚕桑、中国昆虫学会的经济昆虫等有关学术组织。由我国蚕业科技、教育先辈郑辟疆、孙本忠、顾青虹、杨邦杰、陆星垣等人发起，经农业部批准，中国蚕学会 1963 年 3 月在江苏省无锡市召开第一次全国会员代表大会（成立大会）。大会选举孙本忠担任第一届理事长，顾青虹、杨邦杰、陆星垣、熊季光、王宗武为副理事长，高一陵为秘书长，聘任郑辟疆为名誉理事长。中国蚕学会原隶属于中国农学会，业务主管为农业部。1985 年经中国科协同意并经国家体改委批准为独立的全国学会，业务主管为中国科协，成为中国科协的团体会员。学会住所设在镇江市，历届理事长为：孙本忠、陆星垣、朱竹雯、向仲怀、鲁成、廖森泰，目前为第十届理事会。

业务主管单位： 中国科学技术协会

办事机构支撑单位： 中国农业科学院蚕业研究所

个人会员数量： 8990 人

单位会员数量： 28 个

第十届理事会选举时间： 2016 年 12 月 16 日

理事长： 廖森泰　广东省农业科学院　党委书记　研究员

副理事长（7 人）：

李　龙　中国农业科学院蚕业研究所　副所长　研究员

代方银（土家族）　西南大学生物技术学院　院长　教授

李　标　广西蚕业技术推广总站　站长　高级农艺师

钱永华　西北农林科技大学　副校长　教授

宋国柱　辽宁省果蚕管理总站　副站长　研究员

吴海平　浙江省农业技术推广中心　副主任　研究员

杨　彪（土家族）　四川省蚕业管理总站　站长　研究员

秘书长： 沈兴家　中国农业科学院蚕业研究所　副所长　研究员

党组织情况： 中国蚕学会党委　书记：廖森泰

中国蚕学会秘书处联合党支部　书记：张　健

分支机构（16 个）： 学术工作委员会、教育与科普工作委员会、咨询与开发工作委员会、国际交流工作委员会、编辑工作委员会、组织工作委员会、财务工作委员会、青年工作委员会、栽桑学专业委员会、养蚕学专业委员会、蚕遗传育种学专业委员会、蚕生理病理学专业委员会、野蚕学专业委员会、资源开发专业委员会、蚕业经济与茧丝专业委员会、蚕种分会

C-农科

已加入国际组织（1 个）： 国际野蚕学会

公开出版刊物（1 种）：

中国科协业务主管的期刊（1 种）

《蚕业科学》

非中国科协业务主管的期刊（0 种）

设奖情况： 无

中国水土保持学会

（信息截止日期为2019年3月31日）

统一社会信用代码：51100000500088188

法定代表人：王玉杰

办 公 地 址：北京市海淀区清华东路35号（北京林业大学内）

邮 政 编 码：100083

联 系 电 话：010-62336252

电 子 邮 箱：zgsbxh@263.net

网　　址：www.sbxh.org

C-农科

中国水土保持学会

Chinese Society of Soil and Water Conservation

成立时间： 1985年3月5日

历史简介： 学会由钱正英、杨振怀、刘广运、陈耀邦、张含英、张心一、黄秉维、屈健、关君蔚、刘德润、阳含熙、方正三、吴以敩、高继善等同志发起，于1985年3月由国家体改委批准成立，同年加入中国科协成为其团体会员。1986年5月26~29日，学会第一次全国会员代表大会在北京召开，杨振怀任第一届理事会理事长。学会住所设在北京，历届理事长为：杨振怀、鄂竟平、刘宁、陆桂华，目前为第五届理事会。

业务主管单位： 中国科学技术协会

办事机构支撑单位： 北京林业大学

个人会员数量： 8171 人

单位会员数量： 306 个

第五届理事会选举时间： 2016 年 12 月 22 日

理事长： 陆桂华 水利部 副部长 教授级高工

副理事长（7 人）：

蒲朝勇 水利部水土保持司 司长 教授级高工

黄正秋 国家林业和草原局生态保护修复司副司长（正司局级） 教授级高工

吴 斌 北京林业大学 教授

崔 鹏 中科院水利部成都山地灾害与环境研究所副所长 研究员 中国科学院院士

刘国彬 中科院水利部水土保持研究所 所长 研究员

谢建华 农业农村部耕地质量监测保护中心 主任 研究员

王玉杰 北京林业大学 副校长 教授

秘书长： 王玉杰（兼）

党组织情况： 中国水土保持学会党委 书记：蒲朝勇

中国水土保持学会秘书处党支部 书记：丁立建

分支机构（15 个）： 防护林专业委员会、预防监督专业委员会、小流域综合治理专业委员会、黄河专业委员会、崩岗防治专业委员会、沙棘专业委员会、水土保持规划设计专业委员会、泥石流滑坡防治专业委员会、水土保持监测与信息化专业委员会、工程绿化专业委员会、生态修复专业委员会、风蚀防治专业委员会、科技协作工作委员会、城市水土保持生态建设专业委员会、土壤侵蚀专业委员会

已加入国际组织（2 个）： 世界水土保持学会、国际沙棘协会

公开出版刊物（1种）：

中国科协业务主管的期刊（1种）

《中国水土保持科学》

非中国科协业务主管的期刊（C种）

设奖情况（1个）： 中国水土保持学会科学技术奖

中国茶叶学会
（信息截止日期为2019年3月31日）

统一社会信用代码：511000005000027666
法定代表人：江用文
办 公 地 址：浙江省杭州市西湖区梅灵南路9号
邮 政 编 码：310008
联 系 电 话：0571-87310353
电 子 邮 箱：maxf@tricaas.com
网 址：http://www.chinatss.cn

中国茶叶学会
China Tea Science Society

成立时间： 1964年8月23日

历史简介： 1963年3月，蒋芸生、沈其铸、王泽农、刘家坤、李联标、陈椽、庄晚芳、陈观沧、张家治等人发起，在原中国园艺学会茶叶组的基础上筹建成立中国茶叶学会。1963年10月，中国茶叶学会筹备委员会成立。1964年8月23日～9月2日，中国茶叶学会在杭州召开了成立大会，选举产生第一届理事会。第一届理事会主要成员为：蒋芸生、王泽农、刘家坤、于宝森、王海宽、刘震、刘国士、庄晚芳、李联标、沈其铸、陈椽、林桂镗、管寒涛等，蒋芸生当选首届理事长。学会住所设在浙江，历届理事长为：蒋芸生、王泽农、程启坤、陈宗懋、杨亚军、江用文，目前为第十届理事会。

业务主管单位： 中国科学技术协会

办事机构支撑单位： 中国农业科学院茶叶研究所

个人会员数量： 9791 人

单位会员数量： 678 个

第十届理事会选举时间： 2017 年 10 月 11 日

理事长： 江用文　中国农业科学院茶叶研究所　副所长　研究员

副理事长（8 人）：

黄　政　上海天坛生物科技有限公司　董事长　高级经济师

麦楚均　广西壮族自治区茶叶学会　会长　高级农艺师

肖力争　湖南农业大学　教授

殷建豪　中国茶叶有限公司　董事长

余文权　福建省农业科学院　副院长　教授级高级农艺师

张正竹　安徽农业大学茶与食品科技学院　院长　教授

阮建云　中国农业科学院茶叶研究所　副所长　研究员

梁月荣　浙江大学　教授

秘书长： 阮建云（兼）

党组织情况： 中国茶叶学会党委　书记：江用文

中国茶叶学会秘书处党支部　书记：刘栩

分支机构（14 个）： 学术工作委员会、青年工作委员会、组织工作委员会、科普工作委员会、茶叶经济研究工作委员会、有机茶专业委员会、茶叶机械专业委员会、茶叶感官审评与检验专业委员会、女科技工作者专业委员会、茶艺专业委员会、产学研合作工作委员会、标准化专业委员会、加工专业委员会、深加工专业委员会

已加入国际组织： 无

公开出版刊物（1 种）：

中国科协业务主管的期刊（1 种）

《茶叶科学》

非中国科协业务主管的期刊（0 种）

设奖情况（4 个）： 中国茶叶学会科学技术奖；中国茶叶学会青年科技奖；全国优秀茶叶科技工作者；全国优秀女茶叶科技工作者

中国草学会

（信息截止日期为2019年3月31日）

统一社会信用代码：51100000500010352B

法定代表人：张英俊

办公地址：北京市海淀区圆明园西路2号

中国农业大学动科楼0118室

邮政编码：100193

联系电话：010-62732799/62731666

电子邮箱：cgsoffice@163.com

网　　址：http://www.chinagrass.org.cn

C-农科

中国草学会
Chinese Grassland Society

成立时间： 1979年12月29日

历史简介： 由贾慎修、任继周、李博、祝廷成、许鹏、洪绂曾等发起。1979年12月，在北京成立并举行第一次会员代表大会，贾慎修当选首届理事长，理事会成员主要有：贾慎修、任继周、李易方、祝廷成、许令妊、梁祖铎、陈山、李毓堂、黄文惠、郎炳耀，王培等。时称中国草原学会，为中国农学会的分科学会。1992年，经中国科协和民政部批准成为全国学会；2000年10月，正式加入中国科协；2002年9月，学会名称由中国草原学会更名为中国草学会。学会住所设在北京，历届理事长为：贾慎修、洪绂曾、王培、云锦凤、马启智、何新天，目前为第九届理事会。

业务主管单位： 中国科学技术协会

办事机构支撑单位： 中国农业大学

个人会员数量： 5325 人

单位会员数量： 8 个

第九届理事会选举时间： 2016 年 12 月 10 日

理事长： 何新天　原全国畜牧总站　党委书记　副站长

副理事长（11 人）：

王德利　东北师范大学草地科学研究所　所长　教授
张　博　新疆农业大学草业与环境科学学院　院长　教授
王　堃　中国农业大学动物科技学院　教授
高洪文　中国农科院北京畜牧兽医研究所　研究员
呼天明　西北农林科技大学动物科技学院　副院长　教授
韩国栋　内蒙古农业大学草原与资源环境学院　院长　教授
师尚礼　甘肃农业大学草业学院　院长　教授
沈益新　南京农业大学动科院草业工程系　主任　教授
韩烈保　北京林业大学草坪研究所　所长　教授
侯扶江　兰州大学草地农业科学院　院长　教授
张英俊　中国农业大学动科院　副院长　教授

秘书长： 张英俊（兼）

党组织情况： 中国草学会党委　书记：何新天
中国草学会秘书处党支部　书记：何新天

分支机构（19 个）： 饲料生产专业委员会、牧草育种专业委员会、草坪专业委员会、种子科学与技术专业委员会、草地生态专业委员会、草原火及自然灾害防控专业委员会、牧草遗传资源专业委员会、草地资源与利用委员会、草地植保专业委员会、草业经济与政策专业委员会、青年工作委员会、教育专业委员会、草业生物技术专业委员会、能源草类专业委员会、草业机械专业委员会、草产品加工专业委员会、草地管理专业委员会、农业伦理学专业委员会、运动场专业委员会

已加入国际组织（2个）: 国际草地大会、国际草原大会

公开出版刊物（5种）:

中国科协业务主管的期刊（3种）

《草地学报》《草业学报》《草业科学》

非中国科协业务主管的期刊（2种）

《草原与草坪》《中国草地学报》

设奖情况（2个）: 中国草学会草业科学技术奖；王栋奖学金

中国植物营养与肥料学会

（信息截止日期为2019年3月31日）

统一社会信用代码：51100000500150306
法定代表人：白由路
办 公 地 址：北京市海淀区中关村南大街12号资源楼403室
邮 政 编 码：100081
联 系 电 话：010-82109093
电 子 邮 箱：zwyyxh@caas.cn
网　　址：http://www.cspnf.org.cn

中国植物营养与肥料学会
Chinese Society of Plant Nutrition and Fertilizer Science

成立时间： 1982年2月15~21日

历史简介： 中国植物营养与肥料学会前身是中国农学会土壤肥料研究会。1978年筹备时为中国农业土壤肥料学会。1982年2月，全国土壤肥料学术讨论会暨中国农学会土壤肥料研究会成立大会在北京举行，选举了陈华癸为理事长，侯光炯、黄瑞采、朱莲青为研究会顾问，叶和才、朱祖祥、张乃凤、陆发熹、沈梓培、杨景尧、姚归耕、高惠民为副理事长，王金平等27人为常务理事，马福祥等78人为理事。1993年9月，经民政部批准登记为一级学会，并更名为“中国植物营养与肥料学会”。2010年11月17日，被批准成为中国科协的团体会员。学会住所设在北京，历届理事长为：陈华癸、刘更另、林葆、金继运、白由路，目前为第九届理事会。

业务主管单位： 农业农村部

办事机构支撑单位： 中国农业科学院农业资源与农业区划研究所

个人会员数量： 9345 人

单位会员数量： 189 个

第九届理事会选举时间： 2016 年 11 月 21~23 日

理事长： 白由路 中国农业科学院农业资源与农业区划研究所植物营养与肥料研究室 主任 研究员

副理事长（7 人）：

谢建华 全国农业技术推广中心 副主任 推广研究员

周 卫 中国农业科学院农业资源与农业区划研究所肥料研究室 主任 研究员

王敬国 中国农业大学资源与环境学院 教授

孙 波 中国科学院南京土壤研究所鹰潭红壤生态试验站站长 研究员

杨少海 广东省农业科学院作物研究所 所长 研究员

王俊忠 河南省土壤肥料站 站长

赵秉强 中国农业科学院农业资源与农业区划研究所研究员

秘书长： 赵秉强（兼）

监事长： 刘宝存 北京市农林科学院植物营养与资源研究所 所长研究员

党组织情况： 中国植物营养与肥料学会党委 书记：白由路

中国植物营养与肥料学会秘书处党支部 无

分支机构（14 个）： 施肥技术专业委员会、测试技术专业委员会、化学肥料专业委员会、新型肥料专业委员会、植物营养生物学专业

C-农科

委员会、养分循环与环境专业委员会、生物与有机肥料专业委员会、肥料工艺与设备专业委员会、学术工作委员会、教育工作委员会、编译出版工作委员会、组织工作委员会、青年工作委会、绿肥工作委员会

已加入国际组织： 无

公开出版刊物（2种）：

中国科协业务主管的期刊（0种）

农业农村部业务主管的期刊（2种）

《植物营养与肥料学报》《中国土壤与肥料》

设奖情况（4个）： 杰出人才奖；科技成果奖；优秀青年科技工作者奖；优秀博士/硕士学位论文奖

中国农业历史学会

（信息截止日期为2019年3月31日）

统一社会信用代码：51100000500133420
法定代表人：刘新录
办公地址：北京市朝阳区东三环北路16号
邮政编码：100026
联系电话：010-65096059
电子邮箱：无
网址：无

C-农科

中国农业历史学会
China Agricultural History Association

成立时间： 1987年9月21日

历史简介： 前身是中国农学会农业历史学会，由刘瑞龙、王发武、梁家勉等发起。1979年9月，农业部在郑州召开《中国农业科技史》编写工作会议期间，部分知名农史专家倡议成立中国农业史学会。1981年经农业部批准，着手筹建农史学会。1987年9月，经农业部批准，“中国农学会农业历史学会”成立，在北京举行了第一次会员代表大会，选举成立第一届理事会，王发武当选为首届理事长。1993年2月8日，经民政部批准，成为全国学会，并改名为中国农业历史学会。学会住所设在北京，历届理事长为：王发武、郑重、宋树友、滕久明、刘新录，目前为第六届理事会。

业务主管单位： 中国科学技术协会

办事机构支撑单位： 全国农业展览馆

个人会员数量： 1150 人

单位会员数量： 15 个

第六届理事会选举时间： 2016 年 6 月 25 日

理事长： 刘新录　全国农业展览馆　党委书记　研究员

副理事长（9 人）：

魏　琦　农业部农村经济研究中心　党组书记　副研究员

徐剑波　山东农业大学　党委书记　教授

王一民　全国农业展览馆　副馆长　研究员

杨乃良　华南农业大学人文与法学学院　院长　教授

朱宏斌　西北农林科技大学人文学院　院长　教授

王秀清　中国农业大学经济管理学院　教授

惠富平　南京农业大学中华农业文明研究院　教授

闵庆文　中科院地理资源与科学研究所　研究员

苑　利　中国艺术研究院　教授

秘书长： 王一民（兼）

党组织情况： 中国农业历史学会党委　书记：刘新录

中共全国农业展览馆委员会农博农史党支部

书记：柏芸

分支机构（2 个）： 当代农史专业委员会、畜牧兽医史专业委员会

已加入国际组织： 无

公开出版刊物（1 种）：

中国科协业务主管的期刊（0 种）

非中国科协业务主管的期刊（1 种）

《中国农史》

设奖情况： 无

中华医学会

（信息截止日期为2019年3月31日）

统一社会信用代码：51100000500004737L
法定代表人：饶克勤
办 公 地 址：北京市东城区东四西大街42号
邮 政 编 码：100710
联 系 电 话：010-85158114
电 子 邮 箱：cma@cma.org.cn
网　　　址：http://www.cma.org.cn

中华医学会
Chinese Medical Association

成立时间： 1915年2月5日

历史简介： 由颜福庆、伍连德、刁信德、俞凤宾等在上海发起成立，选举产生6人临时委员会，由颜福庆任会长，伍连德任书记，刁信德任会计，俞凤宾任庶务；同年4月10日，颜福庆发布《中国医学会宣言书》和《中华医学会例言及附言》；同年7月3日，学会获当时教育部批准立案。11月出版第一期《中华医学杂志》（中、英文版）。当年共有会员232个。1932年，合并中国博医会。1949年上海解放时，有会员4000余人，全国性专科分会13个，先后出版定期刊物6种，曾出版《中国医界指南》及各种医学书籍60余种。1950年，中华医学会住所迁到北京。1951年1月，加入中华全国自然科学专门学会联合会（中国科协前身），3月，经中央人民政府内务部核准登记。学会住所设在北京，历届会长为：颜福庆、伍连德、俞凤宾、刁信德、牛惠霖、刘瑞恒、林可胜、牛惠生、林宗扬、朱恒璧、金宝善、沈可非、朱章庚、姚克方、傅连暲、贺彪、钱信忠、白希清、吴阶平、陈敏章、张文康、钟南山、陈竺、马晓伟，目前为第二十五届理事会。

业务主管单位： 中国科学技术协会
办事机构支撑单位： 国家卫生健康委员会
个人会员数量： 678409 人
单位会员数量： 32 个
第二十五届理事会选举时间： 2015 年 12 月 15 日
会长： 马晓伟　国家卫生健康委员会　主任
副会长（16 人）：

赵玉沛　北京协和医院院长　中国科学院院士
李五四　中华医学会驻会副会长
饶克勤　中华医学会　副会长兼秘书长
苏　志　中华医学会　党委书记　副会长
刘雁飞　中华医学会　副会长
刘德培　中国医学科学院　中国工程院院士
买买提·牙森　新疆医学会　会长
李清杰　中央军委后勤保障部卫生局　局长
杨宝峰　哈尔滨医科大学　校长　中国工程院院士
张伯礼　中国中医科学院　院长　中国工程院院士
陈赛娟（女）　上海交通大学医学院附属瑞金医院上海血液学研究所　所长　中国工程院院士
金大鹏　北京医学会　会长

郑树森　浙江大学医学院附属第一医院　中国工程院院士
贺福初　中央军委科学技术委员会　副主任
　　　　中国工程院院士
徐建光　上海中医药大学　校长
高　福　中国疾病预防控制中心　副主任　中国科学院院士

秘书长： 饶克勤（兼）

党组织情况： 中华医学会理事会党委　书记：马晓伟
中华医学会秘书处党委　书记：苏志

专科分会（88 个）： 医史学分会、内科学分会、外科学分会、妇产科学分会、儿科学分会、皮肤性病学分会、眼科学分会、耳鼻咽喉头颈外科学分会、结核病学分会、放射学分会、公共卫生分会、神经病学分会、精神病学分会、病理学分会、物理医学与康复学分会、科学普及分会、肿瘤学分会、心血管病学分会、微生物学与免疫学分会、麻醉学分会、检验医学分会、骨科学分会、核医学分会、放射医学与防护学分会、呼吸病学分会、消化病学分会、血液学分会、内分泌学分会、肾脏病学分会、感染病学分会、老年医学分会、泌尿外科学分会、医学教育分会、计划生育学分会、风湿病学分会、整形外科学分会、医学病毒学分会、胸心血管外科学分会、神经外科学分会、烧伤外科学分会、超声医学分会、放射肿瘤治疗学分会、医学遗传学分会、小儿外科学分会、急诊医学分会、航空航天医学分会、地方病学分会、高原医学分会、医学科学研究管理学分会、围产医学分会、器官移植学分会、航海医学分会、医学伦理学分会、显微外科学分会、创伤学分会、教育技术分会、行为医学分会、医学美学与美容学分会、消化内镜学分会、糖尿病学分会、激光医学分会、高压氧医学分会、疼痛学分会、肝病学分会、临床流行病学分会、医学信息学分会、心身医学分会、影像技术分会、医学工程学分会医学细胞生物学分会、全科医学分会、热带病与寄生虫学分会、手外科学分会、心电生理和起搏分会、男科学分会、骨质疏松和骨矿盐疾病分会、变态反应学分会、妇科肿瘤学分会、肠外肠内营养学分会、重症医学分会、生殖医学分会、运动医疗分会、健康管理学分会、灾难医学分会、数字医学分会、临床药学分会、临床输血学分会、组织修复与再生分会

已加入国际组织（41 个）：

世界医学会、国际抗癌联盟、国际糖尿病联盟、亚洲糖尿病学会、国际临床神经生理联盟、国际儿童和少年精神医学会、国际内分泌学会、世界胃肠病学组织、亚太胃肠病学会、亚太地区消化内镜学会、亚太地区抗风湿联盟、世界高血压联盟、世界心脏联盟、世界全科医生组织、国际内科学会、国际外科学会、国际内镜外科医师协会联盟、国际泌尿外科学会、国际物理与康复医学学会、世界麻醉医师协会联合会、亚洲骨质疏松学会联盟、国际骨质疏松基金会、国际美容医学联盟、国际妇产科联盟、国际儿科学会、亚太儿科学会、国际病理学会、国际神经病理学会、西太平洋地区医学教育协会、亚太地区航空航天医学会、国际生命伦理学会、亚洲超声医学与生物联合会、国际辐射研究协会、国际医生防止核战争联盟、国际放射学会、亚太临床生化联合会、国际临床化学与检验医学联合会、世界病理和检验医学联合会、国际眼科学会联盟、亚太眼科学会、国际生殖联盟

公开出版刊物（185 种）：

中国科协业务主管的期刊（105 种）

《中华临床营养杂志》《中华胃肠外科杂志》《中华物理医学与康复杂志》《实用疼痛学杂志》、*Reproductive and Developmental Medicine*

(《生殖与发育医学》英文版)、*Infectious Diseases of Poverty*(《贫困所致传染病》英文版)、*Chinese Neurosurgical Journal*(《中华神经外科杂志》英文)、《中华生殖与避孕杂志》《中华生物医学工程杂志》《中华医学杂志》、*Chinese Medical Journal*(《中华医学杂志》英文版)《中华外科杂志》《中华医学信息导报》《中华内科杂志》《中华妇产科杂志》《中华儿科杂志》《中华放射学杂志》《中华结核和呼吸杂志》《中华心血管病杂志》《中华眼科杂志》《中华耳鼻咽喉头颈外科杂志》《中华检验医学杂志》《中华口腔医学杂志》《中华病理学杂志》《中华神经科杂志》《中华全科医师杂志》《中华预防医学杂志》《中华健康管理学杂志》《中华精神科杂志》《中华糖尿病杂志》《英国医学杂志(中文版)》、*Chronic Diseases and Translational Medicine*(《慢性疾病与转化医学》英文)、*World Journal of Otorhino Laryngology-head and Neck Surgery*(《世界耳鼻咽喉头颈外科杂志》英文)、《中华心血管病杂志(网络版)》《健康世界》《中华肿瘤杂志》《中华泌尿外科杂志》《中华医院管理杂志》《中华神经外科杂志》《中华老年医学杂志》《中华微生物学和免疫学杂志》《中华流行病学杂志》《中华普通外科杂志》《中华肝胆外科杂志》《中华血液学杂志》《中华骨科杂志》《中华劳动卫生职业病杂志》《中华超声影像学杂志》《中华麻醉学杂志》《中华皮肤科杂志》《中华消化杂志》《中华小儿外科杂志》《中华器官移植杂志》《中华实验外科杂志》《中华肾脏病杂志》《中华创伤杂志》《中华风湿病学杂志》《中华急诊医学杂志》《中华创伤骨科杂志》《中华消化内镜杂志》《中华传染病杂志》《中华放射肿瘤学杂志》《中华放射医学与防护杂志》《中华整形外科杂志》《中华胸心血管外科杂志》《中华医学科研管理杂志》《中华医学美学美容杂志》《中华心律失常学杂志》《中华围产医学杂志》《中华内分泌代谢杂志》《中华核医学与分子影像杂志》《中华手外科杂志》《中华航海医学与高气压医学杂志》《中华显微外科杂志》、*Chinese Journal of Traumatology*（《中华创伤杂志》英文版）、《中华烧伤杂志》《中华医学遗传学杂志》《中华眼底病杂志》《中华医学教育杂志》《中华实验和临床病毒学杂志》《中华航空航天医学杂志》《中华医史杂志》《中华神经医学杂志》《中华消化外科杂志》《中华胰腺病杂志》《中华临床感染病杂志》《中华现代护理杂志》《中华口腔正畸学杂志》《中华内分泌外科杂志》《中华眼视光学与视觉科学杂志》《中华眼外伤职业眼病杂志》《中华实验眼科杂志》《中华医学教育探索杂志》《中华实用儿科临床杂志》《药物不良反应杂志》《中华解剖与临床杂志》《中华血管外科杂志》《中华新生儿科杂志（中英文）》《中华心力衰竭和心肌病杂志（中英文）》《中华肝脏病杂志》《中华炎性肠病杂志（中英文）》、*Pediatric Investigation*（《儿科学研究》英文版）《中华转移性肿瘤杂志》、*Journal of Bio-X Research*（《生物组学研究杂志》英文版）、*Journal of Pancrea tology*（《胰腺病学杂志》英文版）

非中国科协业务主管的期刊（80种）

《国际移植与血液净化杂志》《中国临床实用医学》《国际呼吸杂志》《国际护理学杂志》《国际脑血管病杂志》《国际外科学杂志》《国际肿瘤学杂志》《国际病毒学杂志》《国际耳鼻咽喉头颈外科杂志》《国际儿科学杂志》《国际放射医学核医学杂志》《国际流行病学传染病学杂志》《国际麻醉学与复苏杂志》《国际泌尿系统杂志》《国际免疫学杂志》《国际内分泌代谢杂志》、*International Journal of Dermatology and Venereology*《国际皮肤性病学杂志》（英文版）、《国际生物医学工程杂志》《国际输血及血液学杂志》《国际眼科纵览》《国际遗传学杂志》《国际生物制品学杂志》《国际中医中药杂志》《国际医药卫生导报》《中国医师进修杂志》《中国实用护理杂志》《中国基层医药》《中国实用眼科杂志》《中华危重病急救医学》

《中华行为医学与脑科学杂志》《中国医师杂志》《中国综合临床》《肿瘤研究与临床》《中国小儿急救医学》《中华地方病学杂志》《白血病·淋巴瘤》《中国实用医刊》《中华医学超声杂志(电子版)》《中国生物医学期刊引文数据库(电子版)》《中华妇幼临床医学杂志(电子版)》《中华脑血管病杂志(电子版)》《中华损伤与修复杂志(电子版)》《中华乳腺病杂志(电子版)》《中华实验和临床感染病杂志(电子版)》《中华临床医师杂志(电子版)》《中华口腔医学研究杂志(电子版)》《中华普通外科学文献(电子版)》《中华关节外科杂志(电子版)》《中华移植杂志(电子版)》《中华腔镜泌尿外科杂志(电子版)》《中华疝和腹壁外科杂志(电子版)》《中华肺部疾病杂志(电子版)》《中华危重症医学杂志(电子版)》《中华腔镜外科杂志(电子版)》《中华细胞与干细胞杂志(电子版)》《中华脑科疾病与康复杂志(电子版)》《中华眼科医学杂志(电子版)》《中华消化病与影像杂志(电子版)》《中华肝脏外科手术学电子杂志》《中华产科急救电子杂志》《中华结直肠疾病电子杂志》《中华肾病研究电子杂志》《中华针灸电子杂志》《中华肩肘外科电子杂志》《中华介入放射学电子杂志》《中华临床实验室管理电子杂志》《中华诊断学电子杂志》《中华心脏与心律电子杂志》《中华胃肠内镜电子杂志》《中华胸部外科电子杂志》《中华老年病研究电子杂志》《中华胃食管反流病电子杂志》《中华神经创伤外科电子杂志》《中华卫生应急电子杂志》、*Chinese Journal of Cerebrovascular Disease Electronic Version*(《中华脑血管病电子杂志》)、《生物材料转化(英文版)》《中华普外科手术学杂志(电子版)》《中华老年骨科与康复电子杂志》《中华重症医学电子杂志》《中华肥胖与代谢病电子杂志》

设奖情况(1个): 中华医学科技奖

D-医科

中华中医药学会

（信息截止日期为2019年3月31日）

统一社会信用代码：51100000500002555N
法定代表人：王国辰
办 公 地 址：北京市朝阳区樱花园东街甲4号
邮 政 编 码：100029
联 系 电 话：010-64218316
电 子 邮 箱：cacmbgs@163.com
网　　　址：http://www.cacm.org.cn

中华中医药学会
China Association of Chinese Medicine

成立时间： 1979年5月18日

历史简介： 1978年6月，时任卫生部副部长的崔月犁和卫生部中医局局长的吕炳奎决定发起成立一个全国性的中医药学工作者的学术性群众团体，并向中国科协和卫生部递交了《关于成立中医学会的报告》，经中国科协同意筹备成立。1979年5月，“中华全国中医学会”正式成立。1992年1月21日，经中国科协批准更名为“中国中医药学会”，2001年1月，经中国科协、民政部批准，将“中国中医药学会”更名为“中华中医药学会”。学会住所设在北京，历届会长为：崔月犁、佘靖、王国强，目前为第六届理事会。

业务主管单位： 中国科学技术协会

办事机构支撑单位： 国家中医药管理局

个人会员数量： 125319 人

单位会员数量： 275 个

第六届理事会选举时间： 2014 年 11 月 21 日

会长： 王国强　原国家卫生和计划生育委员会　副主任
国家中医药管理局　原局长

副会长（15）人：

王　阶　中国中医科学院广安门医院　院长
王国辰　中华中医药学会　副会长兼秘书长
王新陆　第十一、十二届全国政协常务委员　山东中医药大学名誉校长
刘维忠　甘肃省卫计委　原党组书记　主任
闫希军　天士力控股集团　董事局主席
李俊德　中华中医药学会　原秘书长
杨殿兴　四川省中医药学会　会长
吴以岭　河北省中西医结合医药研究院　院长
中国工程院院士
吴勉华　南京中医药大学　正校级调研员
张伯礼　天津中医药大学　校长　中国中医科学院　院长
中国工程院院士
陈达灿　广东省中医院　院长
徐安龙　北京中医药大学　校长
萧　伟　江苏康缘药业股份有限公司　董事长
曹正逵　中华中医药学会　原秘书长
屠志涛　北京市中医管理局　局长

秘书长： 王国辰（兼）

党组织情况： 中华中医药学会党委　书记：王国辰

中华中医药学会秘书处党支部　书记：王国辰

分支机构（91个）： 内科分会、外科分会、妇科分会、眼科分会、肛肠分会、骨伤科分会、医古文研究分会、儿科分会、中药炮制分会、仲景学说分会、编辑出版分会、耳鼻喉科分会、推拿分会、男科分会、老年病分会、糖尿病分会、中医基础理论分会、针刀医学分会、中药临床药理分会、医院药学分会、医史文献分会、中成药分会、中药鉴定分会、中药制剂分会、科普分会、养生康复分会、风湿病分会、方药量效研究分会、肿瘤分会、翻译分会、名医学术研究分会、中医药文化分会、方剂学分会、急诊分会、中医美容分会、李时珍研究分会、药膳分会、感染病分会、中药化学分会、中药分析、中药实验药理分会、外治分会、防治艾滋病分会、体质分会、中医医院管理分会、科研产业化分会、社会办医管理分会、护理分会、络病分会、皮肤科分会、亚健康分会、民间特色诊疗技术研究分会、周围血管病分会、脑病分会、肾病分会、脾胃病分会、心血管病分会、中医诊断学分会、中药基础理论、整脊分会、继续教育分会、内经学分会、神志病分会、疼痛学分会、对外交流与合作分会、补肾活血法分会、肺系病分会、血液病分会、中药毒理与安全性分会、生殖医学分会、肝胆病分会、中药制药工程分会、中药资源学分会、心身医学分会、综合医院中医药工作委员会、介入心脏病学分会、运动医学分会、免疫学分会、人文与管理科学分会、中药调剂与合理用药分会、乳腺病分会、中医药信息学分会、改革与发展研究分会、检验医学分会、全科医学分会、健康服务工作委员会、健康管理分会、治未病分会、精准医学分会、医师规范化培训与考核分会、学术流派传承分会

已加入国际组织（4个）： 世界医学气功学会、世界中医药学联合会、世界针灸学会联合会、国际标准化组织 / 中医药技术委员会

公开出版刊物（37种）：

中国科协业务主管的期刊（7种）

《风湿病与关节炎》《世界中西医结合杂志》《糖尿病天地》《中华中医药杂志》《中医临床研究》《中国中医骨伤科杂志》、*World Journal of Integrated traditional and western Medicine*《世界中西医结合杂志（英文版）》

非中国科协业务主管的期刊（30种）

《中医药管理杂志》《光明中医》《中华养生保健》《中国肛肠病杂志》《国医论坛》《中华中医药学刊》《中医学报》《中医研究》《中医药临床杂志》《中医药通报》《中医药信息》《中医药学报》《中医杂志》、*Journal of Traditional Chinese Medicine*（《中医杂志》英文版）、《中医正骨》《实用中医内科杂志》《现代中西医结合杂志》《新中医》《中医儿科杂志》《中医文献杂志》《数字中医药》《中医药文化》《中国中医药现代远程教育》《中国中医急症》《中医药导报》《中国实验方剂学杂志》《中药新药与临床药理》《西部中医药》《针灸临床杂志》《当代医药论坛》《中医学报（英文版）》

设奖情况（6个）： 中华中医药学会科学技术奖；李时珍医药创新奖；中华中医药学会中青年创新人才及优秀管理人才奖；中华中医药学会学术著作奖；中华中医药学会政策研究奖；中华中医药学会岐黄国际奖

中国中西医结合学会
（信息截止日期为2019年3月31日）

社会信用代码：51100000500018514
法定代表人：吕文良
办 公 地 址：北京东城区东直门内南小街16号
邮 政 编 码：100700
联 系 电 话：010-84035154
电 子 邮 箱：caim@caim.org.cn
网　　址：http://www.caim.org.cn

中国中西医结合学会
Chinese Association of Integrative Medicine

成立时间： 1981年11月18日

历史简介： 原名为中国中西医结合研究会，于1980年9月12日，经中国科协批准筹备成立，1981年11月在北京成立，挂靠在中国中医研究院（现为中国中医科学院）。1990年经中国科协批准，更名为中国中西医结合学会。学会住所设在北京，历届理事长为：季钟朴、崔月犁、吴咸中、陈可冀、陈凯先、陈香美，目前为第七届理事会。

业务主管单位： 中国科学技术协会

办事机构支撑单位： 中国中医科学院

个人会员数量： 93612人

单位会员数量： 66 个

第七届理事会选举时间： 2015 年 1 月 24 日

理事长： 陈香美（女） 解放军总医院 主任医师 中国工程院院士

副理事长（8 人）：

崔乃强 天津南开医院 教授

高思华 北京中医药大学 教授

郭 姣（女） 广东药学院 副书记 教授

李显筑 黑龙江省中医药科学院 副院长 主任医师

唐旭东 中国中医科学院 副院长 研究员

王文健 复旦大学附属华山医院 教授

吴以岭 河北省中西医结合医药研究院 院长 主任医师 中国工程院院士

姚树坤 中日友好医院 副院长 教授

秘书长： 吕文良 中国中医科学院广安门医院 副院长 主任医师

党组织情况： 中国中西医结合学会党委 书记：陈香美

中国针灸学会、中国中西医结合学会秘书处联合党支部 书记：贾晓健

分支机构（65 个）： 虚证与老年医学专业委员会、活血化瘀专业委员会、心血管疾病专业委员会、急救医学专业委员会、微循环专业委员会、精神疾病专业委员会、诊断专业委员会、肝病专业委员会、风湿类疾病专业委员会、血液学专业委员会、消化系统疾病专业委员会、呼吸病专业委员会、普通外科专业委员会、肿瘤专业委员会、骨伤科专业委员会、疮疡专业委员会、周围血管病专业委员会、妇产科专业委员会、儿科专业委员会、眼科专业委员会、耳鼻咽喉科专业委员会、皮肤性病专业委员会、中药专业委员会、基础理论研究专业委

员会、内分泌专业委员会、肾脏疾病专业委员会、泌尿外科专业委员会、大肠肛门病专业委员会、烧伤专业委员会、神经科专业委员会、心身医学专业委员会、管理专业委员会、医学影像专业委员会、实验医学专业委员会、男科专业委员会、农村基层所工作委员会、变态反应专业委员会、医学美容专业委员会、传染病专业委员会、循证医学专业委员会、时间生物医学专业委员会、灾害医学专业委员会、脊柱医学专业委员会、围手术期专业委员会、信息专业委员会、重症医学专业委员会、骨科微创专业委员会、脑心同治专业委员会、血管一脉络病专业委员会、麻醉专业委员会、检验医学专业委员会、生殖医学专业委员会、神经外科专业委员会、营养学专业委员会、青年工作委员会专业委员会、科研院所工作委员会、教育工作委员会、眩晕病专业委员会、疼痛学专业委员会、消化内镜专业委员会、分子生药学专业委员会、临床药理与毒理专业委员会、养生学专业委员会、慢病防治与管理专业委员会、康复医学专业委员会

已加入国际组织： 无

公开出版刊物（13种）：

中国科协业务主管的期刊（7种）

《中国中西医结合耳鼻咽喉科杂志》《中国中西医结合肾病杂志》《中国中西医结合杂志》《中国中西医结合急救杂志》《中国中西医结合皮肤性病学杂志》《中国中西医结合外科杂志 》《中国中西医结合影像学杂志》

非中国科协业务主管的期刊（6种）

《中国骨伤》《中西医结合心脑血管病杂志》《中国结合医学杂志（英文版）》《中国实验方剂学杂志》《中西医结合肝病杂志》《中西医结合消化杂志》

设奖情况（1个）： 中国中西医结合学会科学技术奖

中国药学会

（信息截止日期为2019年3月31日）

统一社会信用代码：51100000500002184O
法定代表人：丁丽霞
办 公 地 址：北京市朝阳区建外大街四号建外SOHO九号楼18层
邮 政 编 码：100022
联 系 电 话：010-58699270
电 子 邮 箱：cpa@cpa.org.cn
网　　　址：http://www.cpa.org.cn

中国药学会
Chinese Pharmaceutical Association

成立时间： 1907年

历史简介： 1907年由中国留学生王焕文、伍晟、赵燏黄、曾贞、胡晴崖、鲍燦等发起，在日本东京成立中华药学会。1909年召开第一届年会，王焕文当选首任会长。1910年学会迁回北京。1912年改名为中华民国药学会，1932年又恢复为中华药学会。1942年，学会重新启动工作并更名为中国药学会，同年在重庆召开了第一次年会。中华人民共和国成立后，1951年5月经中央人民政府内务部核准登记，学会住所设在北京，历届理事长为：王焕文、伍晟、於达望、叶汉丞、张辅忠、曾广方、陈璞、孟目的、李维祯、薛愚、龙在云、蔓焰、楼之岑、齐谋甲、周海钧、桑国卫、孙咸泽，目前为第二十四届理事会。

D-医科

业务主管单位： 中国科学技术协会

办事机构支撑单位： 国家药品监督管理局

个人会员数量： 120000 人

单位会员数量： 83 个

第二十四届理事会选举时间： 2017 年 5 月 16 日

理事长： 孙咸泽　第十三届全国政协教科卫体委员会　副主任

副理事长（12 人）：

陈志南　空军军医大学细胞工程研究中心　主任
中国工程院院士

黄璐琦　中国中医科学院院长　中国工程院院士

丁　健　中国科学院上海药物研究所　原所长
中国工程院院士

李　松　军事科学院军事医学研究院　教授　中国工程院院士

王晓良　中国医学科学院药物研究院　副院长

吴春福　沈阳药科大学　原党委书记

丁丽霞（女）中国药学会　副理事长兼秘书长

孙飘扬　江苏恒瑞医药股份有限公司　董事长

李　波　中国食品药品检定研究院　院长　党委书记

来茂德　中国药科大学　校长

张晓东　中央军委后勤保障部卫生局药品器材处　正师职助理

蔡东晨（女）石药控股集团有限公司　董事长

秘书长： 丁丽霞（兼）

党组织情况： 中国药学会党委　书记：孙咸泽

中国药学会秘书处党支部　书记：丁丽霞

分支机构（46个）： 学术工作委员会、组织工作委员会、科技开发与医药信息工作委员会、国际交流工作委员会、编辑出版工作委员会、科普工作委员会、继续教育工作委员会、产学研与创新工作委员会、青年工作委员会、财务与基金工作委员会、学术自律与学术维权工作委员会、科技评价工作委员会、团体标准与技术规范工作委员会、中药和天然药物专业委员会、生化与生物技术药物专业委员会、军事药学专业委员会、老年药学专业委员会、医院药学专业委员会、抗生素专业委员会、制药工程专业委员会、药事管理专业委员会、药剂专业委员会、药学史专业委员会、药物分析专业委员会、药物化学专业委员会、海洋药物专业委员会、药物流行病学专业委员会、应用药理专业委员会、药物经济学专业委员会、药物临床评价研究专业委员会、药物安全评价研究专业委员会、医药知识产权研究专业委员会、生物药品与质量研究专业委员会、中药资源专业委员会、药物检测质量管理专业委员会、抗肿瘤药物专业委员会、毒性病理专业委员会、纳米药物专业委员会、药学教育专业委员会、药物警戒专业委员会、临床中药学专业委员会、中药临床评价专业委员会、药学服务专业委员会、科学传播专业委员会、中医肿瘤药物与临床研究专业委员会、循征药学专业委员会

已加入国际组织（5个）： 国际药学联合会、亚洲药学科学家联盟、亚洲药物化学联盟、国际安全用药网络、亚洲临床药学大会

公开出版刊物（28种）：

中国科协业务主管的期刊（12种）

《中国药学杂志》《中国中药杂志》《中国医院药学杂志》《药物分析杂志》《中国海洋药物》《中国现代应用药学杂志》、*Journal of Chinese Pharmaceutical Sciences*（《中国药学》）、《中国临床药理学杂志》《中国临床药学杂志》《药学学报》、*Acta Pharmaceutica*

Sinica B（《药学学报》英文版）《中国新药与临床杂志》

非中国科协业务主管的期刊（16种）

《中草药》《药物评价研究》《现代药物与临床》《中国药物化学杂志》《药物流行病学杂志》《中国天然药物》《今日药学》《药物生物技术》《中国新药杂志》《世界临床药物》《中国医学工业杂志》《药学进展》《中国医药导刊》《实用药物与临床》《中国药物评价》《国际药学研究杂志》

设奖情况（1个）： 中国药学会科学技术奖

中华护理学会
（信息截止日期为2019年3月31日）

统一社会信用代码：51100000500005422A
法定代表人：吴欣娟
办公地址：北京市西城区西直门南大街2号成铭大厦C座28层
邮政编码：100035
联系电话：010-53779547
电子邮箱：zhhlxhcna@163.com
网　　址：http://www.cna-cast.org.cn

中华护理学会
Chinese Nursing Association

成立时间： 1909年8月31日

历史简介： 1908年，美籍护士信宝珠（Cora E. Simpson）发出倡议在中国成立护士组织。同年8月10日由外籍在中国工作的欧美护士7人、医生2人在江西牯岭组织“中国护士会”筹备会，10月31日成立中国看护组织联合会，当时有会员13人，全部为外籍护士，名誉会员5人。1914年6月在上海召开了第一届全国护士代表大会，将中国看护组织联合会改名为中国护士会，并选举美籍护士盖仪贞（Nina Gage）为会长。此后8届会长均为外籍护士。1928年第9届理事会选举中国护士武哲英任会长。1920年1月创办中国第一本护理专业刊物《护士季报》（中英文对照版）。1922年被国际护士会第四届代表大会正式接纳为第十一名会员国。1923

年改称中华护士会。1936 年改称中华护士学会。1942 年又改称中国护士学会。1949 年脱离国际护士会。1950 年 8 月 26 日在北京召开了第 17 届全国会员代表大会，沈元晖当选理事长。住所经上海、汉口、南京、重庆等多处变迁，1951 年 1 月，经中央人民政府内务部核准登记。1952 年，住所迁至北京。1954 年创办《护理杂志》(后改名《中华护理杂志》)。1958 年成为中国科协所属团体会员之一。1964 年更名为中华护理学会。学会住所设在北京，历届理事长为：盖仪贞、贝孟雅、宝维尔、包德温、顾仪华、施德芬、达师母、伍哲英、潘景芝、林斯馨、徐蔼诸、聂毓禅、沈元晖、陈坤惕、林菊英、顾美仪、曾熙媛、王春生、黄人健、李秀华，目前为第二十七届理事会。

业务主管单位： 中国科学技术协会

办事机构支撑单位： 无

个人会员数量： 118534 人

单位会员数量： 31 个

第二十七届理事会选举时间： 2017 年 12 月 26 日

理事长： 吴欣娟（女） 北京协和医院护理部 主任 主任护师

副理事长（9 人）：

皮红英（女） 解放军总医院护理部 部长 主任护师
么 莉（女） 国家卫生健康委医院管理研究所护理中心 主任 副主任护师
李 峥（女） 北京协和医学院护理学院 院长 教授
丁炎明（女） 北京大学第一医院护理部 主任 主任护师
李春燕（女） 北京护理学会 秘书长 研究员
吴 瑛（女） 首都医科大学护理学院 院长 教授

张素秋（女） 中国中医科学院广安门医院护理部 主任 主任护师

胡斌春（女） 浙江省医学学术交流管理中心 副主任 主任护师

李映兰（女） 中南大学湘雅医院护理部 主任 主任护师

秘书长： 应 岚（女） 中华护理学会 秘书长

党组织情况： 中华护理学会党委 书记：吴欣娟

中国生理学会、中华护理学会、中国解剖学会联合党支部 书记：曹作华

分支机构（44个）： 标准工作委员会，宣传工作委员会，护理教育专业委员会，安宁疗护专业委员会，眼科护理专业委员会，内科护理专业委员会，外科护理专业委员会，妇科护理专业委员会，儿科护理专业委员会，肿瘤护理专业委员会，精神卫生专业委员会，耳鼻喉科护理专业委员会，口腔科护理专业委员会，传染病护理专业委员会，中医、中西医结合护理专业委员会，护理管理专业委员会，门诊护理专业委员会，继续教育工作委员会，组织工作委员会，学术工作委员会，科普工作委员会，国际合作工作委员会，医院感染管理专业委员会，灾害护理专业委员会，手术室护理专业委员会，伤口、造口、失禁护理专业委员会，重症护理专业委员会，静脉输液治疗专业委员会，决策咨询工作委员会，科研工作委员会，护理产业工作委员会，信息工作委员会，骨科护理专业委员会，消毒供应中心专业委员会，血液净化护理专业委员会，糖尿病护理专业委员会，社区护理专业委员会，康复护理专业委员会，男护士工作委员会，急诊护理专业委员会，老年护理专业委员会，产科护理专业委员会，心血管护理专业委员会，呼吸护理专业委员会

已加入国际组织（8 个）： 国际护士会、亚太儿科护理学会、国际危重症联盟、国际肿瘤护理学会、世界医院科学消毒灭菌联盟、亚洲围手术期护理学会、世界灾害护理学会、亚洲肿瘤护理学会

公开出版刊物（3 种）：

中国科协业务主管的期刊（3 种）

《中华护理杂志》《中华护理教育》、*International Journal of Nursing Sciences*（《国际护理科学》英文版）

非中国科协业务主管的期刊（0 种）

设奖情况（2 个）： 中华护理学会科技奖；中华护理学会“杰出护理工作者”

中国生理学会

（信息截止日期为2019年3月31日）

统一社会信用代码：51100000500006417O
法定代表人：王晓民
办 公 地 址：北京市东城区东四西大街42号
邮 政 编 码：100710
联 系 电 话：010-65278802、85158602
电 子 邮 箱：xiaoling3535@126.com
网 址：http://www.caps-china.org/

中国生理学会
Chinese Association for Physiological Sciences（CAPS）

D-医科

成立时间： 1926年2月27日

历史简介： 1926年2月由北京协和医学院生理学系主任林可胜发起创建，同年9月举行第一届年会。1927年1月创办《中国生理学杂志》。1937年7月因抗日战争爆发，学会的全国性学术活动被迫停止。后迁至成都的南京中央大学医学院生理学系主任蔡翘组建中国生理学会成都分会，并出版《中国生理学会成都分会简报》。在北京，张锡钧代理协和医学院生理学系主任，继续出版《中国生理学杂志》，直至1941年停刊。抗日战争胜利后，《中国生理学杂志》于1948年复刊。中华人民共和国成立后，学会于1950年在北京举行会议，选举新的理事会。1951年5月，经中央人民政府内务部核准登记。1953年理事会决定将学会扩大成为中国生理科学会，会员包括生理学、生物化学、药理学、病理生理学和实验生物学等学科的科学工作者。同年,《中国生理学杂志》改名为《生理学报》。1956 年举行第十三届会员代表大会，正式更名中国生理科学会。1966~1976 年学会活动停止。1977 年，理事会筹备恢复学会。1978 年，在青岛召开了第十五届代表大会暨学术会议。1980 年 6 月，由冯德培和王志均代表学会与国际生理科学联合会代表 Kovach 和 Thurau 在上海签署了备忘录，明确在一个中国的前提下，国际生理科学联合会所属中国名下有两个团体会员，即位于北京的中国生理学会和位于台北的生理学会。此后，中国生理学会正式成为国际生理科学联合会的团体会员。1985 年，中国生理科学会复名中国生理学会。1990 年，中国生理学会正式加入亚大地区生理科学联合会，学会住所设在北京，历届理事长为：林可胜、朱恒璧、吴宪、沈寯淇、赵承嘏、赵以炳、刘思聪、蔡翘、冯德培、王志钧、陈孟勤、杨雄里、姚泰、范明、王晓民、王韵，目前为第二十五届理事会。

业务主管单位： 中国科学技术协会

办事机构支撑单位： 国家卫生健康委员会

个人会员数量： 5726 人

单位会员数量： 5 个

第二十五届理事会选举时间： 2018 年 11 月 2 日

理事长： 王　韵（女）　北京大学基础医学院　副院长　教授

副理事长（6 人）：

王世强　北京大学生命科学学院　副院长　教授
　　　　教育部生物技术和生物工程教育指导委员会副主任
陈思锋　复旦大学上海医学院　生理病理系主任　教授
罗建红　浙江大学医学院　教授

罗自强　中南大学基础医学院　副院长、系主任　教授

徐天乐　上海交通大学医学院　基础医学院院长　教授

周嘉伟　中科院上海神经科学研究所/国家重点实验室主任　教授

秘书长：李俊发　首都医科大学　基础医学院神经生物系　教授

党组织情况：中国生理学会党委　书记：王晓民

中国生理学会、中华护理学会、中国解剖学会联合党支部　书记：曹作华

分支机构（31个）：转化神经科学专业委员会、内分泌与代谢专业委员会、应用生理学专业委员会、中医院校生理学专业委员会、比较生理专业委员会、运动生理专业委员会、呼吸生理专业委员会、循环生理专业委员会、肾脏生理专业委员会、应激生理专业委员会、血液生理专业委员会、消化与营养专业委员会、疼痛转化研究专业委员会、生殖科学专业委员会、体适能研究专业委员会、基质生物学专业委员会、整合生理学专业委员会、中医药与脑稳态调控专业委员会、人体微生态专业委员会、系统生理学专业委员会、组织工作委员会、学术工作委员会、外事工作委员会、科普工作委员会、教育工作委员会、继续教育工作委员会、青年工作委员会、转化工作委员会、宣传工作委员会、基金管理工作委员会、张锡钧基金委员会

已加入国际组织（2个）：国际生理科学联合会（The International Union of Physiological Sciences，IUPS）、亚太地区生理科学会联合会（The Federation of the Asia and Oceanian Physiological Societies，FAOPS）

公开出版刊物（3 种）：

中国科协业务主管的期刊（1 种）

《生理科学进展》

非中国科协业务主管的期刊（2 种）

《生理学报》《中国应用生理学杂志》

设奖情况（1 个）： 张锡钧基金优秀生理学学术论文奖

中国解剖学会
（信息截止日期为2019年3月31日）

统一社会信用代码：51100000500007276Y
法定代表人：张绍祥
办 公 地 址：北京市东城区东单三条九号院二号楼114室
邮 政 编 码：100005
联 系 电 话：010-65273713
电 子 邮 箱：D07@cast.org.cn
网　　　址：http://www.csas.org.cn/

中国解剖学会
Chinese Society for Anatomical Sciences（CSAS）

D-医科

成立时间： 1920年2月26日

历史简介： 据1920年《博医会报》第34（4）期解剖学者增刊记载：1920年2月21~28日，中华医学会和中国博医学会在北京召开第三次大会之际，“中国解剖学会及人类学会”于2月26日在北平协和医学院(PUMC)解剖室正式成立，当时有正式会员49人，名誉会员1人。会议推选E.V.Cowdry教授（当时任协和医学院解剖教研室主任）为理事长。理事会由12人组成（其中6人为中国人），并制定会章13条。（1997年4月23日中国解剖学会第10届4次常务理事会会议决定将此届理事会称为“首届”理事会。）后因时局动荡，学会处于瘫痪状态。1947年6月25日，中国科学社在上海组成中国解剖学会筹委会并召开第一次会议，酝酿成立中国解剖学会。1947年

8月31日～9月1日，“中国解剖学会成立大会暨学术年会”在上海举行，会上选出第一届理事会，卢于道任理事长，王友琪任秘书长，会议通过了会章。1951年中国解剖学会由上海迁到北京。1952年9月21~23日，在北京召开中国解剖学会第一届全国会员代表大会，推选马文昭为第二届理事会理事长，张查理为秘书。1966～1977年学会活动停止，1978年恢复学会活动。学会住所设在北京，历届理事长为：V.Cowdry（原籍加拿大）、卢于道、马文昭、臧玉淦、张鋆、吴汝康、薛社普、徐群渊、蔡文琴、李云庆、张绍祥，目前为第十六届理事会。

业务主管单位： 中国科学技术协会

办事机构支撑单位： 中国医学科学院基础医学研究所

个人会员数量： 3998人

单位会员数量： 13个

第十六届理事会选举时间： 2018年12月30日

理事长： 张绍祥　陆军军医大学　教授

副理事长（11人）：

李云庆　空军军医大学　教授

赵春华　北京协和医大细胞生物室　主任　教授

刘树伟　山东大学医学院教研室　主任　教授

丁文龙　上海交通大学医学院　教授

马　超　中国医学科学院基础研究所　教授

李　和　华中科技大学同济医学院　院长

周德山　北京首都医科大学基础医学院　教授

张宏权　北京大学基础医学院　主任　教授

崔慧先　河北医科大学　校长

隋鸿锦　大连医科大学基础学医学院　教授

刘学政　锦州医科大学　党委书记

秘书长：周德山　北京首都医科大学基础医学院　教授

党组织情况：中国解剖学会党委　书记：张绍祥

中国生理学会、中华护理学会、中国解剖学会联合党支部　书记：曹作华

分支机构（24个）：学术交流及网络信息工作委员会、组织工作委员、国际交流工作委员会、教育与继续教育工作委员会、科普工作委员会、科技开发和咨询工作委员会、期刊出版管理工作委员会、名词审定工作委员会、体质调查工作委员会、人类学分会、人体解剖学与数字解剖学分会、组织胚胎学分会、神经解剖学分会、断层影像解剖学分会、再生医学分会、临床解剖学分会、医学发育生物学分会、脑网络组分会、干细胞转化医学分会、人脑库研究分会、护理解剖学分会、中医形态学分会、心血管科学分会、虚拟现实分会

已加入国际组织（3个）：国际解剖学工作者协会联合会、国际组织化学与细胞化学联盟、国际形态科学协会

公开出版刊物（7种）：

中国科协业务主管的期刊（5种）

《解剖学报》《解剖学杂志》《中国临床解剖学杂志》《解剖科学进展》《中国组织化学与细胞化学杂志》

非中国科协业务主管的期刊（2种）

《解剖学研究》《神经解剖学杂志》

设奖情况（1个）：青年解剖科学家奖

中国生物医学工程学会
（信息截止日期为2019年3月31日）

统一社会信用代码：51100000500002897２
法定代表人：池　慧
办 公 地 址：北京市东城区东单三条5号
邮 政 编 码：100005
联 系 电 话：010-65265035
电 子 邮 箱：swyxgch@126.com
网　　　址：http://www.csbme.org

中国生物医学工程学会
Chinese Society of Biomedical Engineering

成立时间： 1980 年 11 月 20 日

历史简介： 由黄家驷、蒋大宗、吕维雪、秦诒纯、吴和光、虞颂庭、邱建春、王君健、罗致诚、杨子彬、杨成民、杨国忠等多人发起，1979 年 11 月经中国科协批准筹建，1980 年 11 月 20 日在北京正式成立，同时召开第一次会员代表大会。会上选举产生了以黄家驷院长为理事长的第一届理事会，理事 50 人，理事会成立了相应的办事组织机构，成立了学术、组织、编辑、对外联络、教育以及普及工作委员会。1986 年，被接收为国际医学与生物工程联合会团体会员。学会住所设在北京，历届理事长为：黄家驷、顾方舟、巴德年、刘德培、樊瑜波、曹雪涛，目前为第九届理事会。

业务主管单位： 中国科学技术协会

办事机构支撑单位： 中国医学科学院

个人会员数量： 17365 人

单位会员数量： 26 个

第九届理事会选举时间： 2015 年 12 月 5 日

理事长： 曹雪涛　南开大学 校长　教授　中国工程院院士

副理事长（12 人）：

胡盛寿　国家心血管病中心主任　中国医学科学院阜外医院院长

王广志　清华大学医学院生物医学工程系　常务副主任　教授

尧德中　电子科技大学生命科学与技术学院　院长　教授

顾晓松　南通大学神经再生重点实验室　教授　中国工程院院士

程　京　清华大学医学院生物医学工程系　主任　教授　中国工程院院士

赵毅武　北京纳通科技集团有限公司　董事长

王国胜　河南驼人医疗器械集团有限公司　董事长

陈武凡　南方医科大学生物医学工程学院　院长　教授

赵大哲（女）　东软集团股份有限公司　副总裁　教授

王智彪　重庆医科大学医学超声工程研究所　副所长　重庆医科大学生物医学工程学院　教授　超声医疗国家工程研究中心　主任

李德玉　北京航空航天大学国际交流合作处　处长　教授

万遂人　东南大学生物科学与医学工程学院　教授

秘书长： 池　慧（女）　中国医学科学院医学信息研究所　所长　研究员

党组织情况： 中国生物医学工程学会党委　书记：曹雪涛
中国生物医学工程学会、中国免疫学会秘书处联合党支部　书记：康亚文

分支机构（31个）： 医学物理分会、生物材料分会、人工器官分会、生物医学超声工程分会、心律分会、临床医学工程分会、生物医学光子分会、生物电磁专业委员会、自然医学与中医药工程分会、医学图像信息与控制分会、生物力学分会、生物医学测量分会、生物医学与传感技术分会、血液疗法与工程分会、体外循环分会、干细胞工程技术分会、肿瘤靶向治疗技术分会、军事医学工程与卫生装备研究分会、组织工程分会、数字医疗与医疗信息化分会、介入医学分会、医学神经工程分会、健康工程分会、体外反搏分会、纳米医学与工程分会、医用机器人工程与临床应用分会、康复工程分会、精确放疗技术分会、透析移植分会、医学检验工程分会、医学人工智能分会

已加入国际组织（1个）： 国际医学和生物工程联合会

公开出版刊物（4种）：

中国科协业务主管的期刊（4种）

《中国生物医学工程学报》、*Chinese Journal of Biomedical Engineering*（《中国生物医学工程学报》英文版）、《中国血液流变学杂志》《中国心脏起搏与心电生理杂志》

设奖情况（1个）： 黄家驷生物医学工程奖

中国病理生理学会
（信息截止日期为2019年3月31日）

统一社会信用代码：51100000500006O2XE
法定代表人：张幼怡
办 公 地 址：北京市海淀区学院路38号北京大学医学部生理楼104
邮 政 编 码：100191
联 系 电 话：010-82801403
电 子 邮 箱：zgblslxh@163.com
网 址：http://www.caop.ac.cn/

中国病理生理学会
Chinese Association of Pathophysiology（CAP）

成立时间： 1985年5月23日

历史简介： 中国的病理生理学科创建于20世纪50年代，1961年9月在上海市召开了中国第一届病理生理学学术讨论会并成立了中国生理科学会病理生理专业委员会筹备委员会。1980年，改称中国生理科学会病理生理学会。经过多年的不懈努力，1985年5月23日中国科协正式批准中国病理生理学会成为全国性一级学会，同时加入中国科协。中国病理生理学会全国代表大会每5年举行一次，第一届到第三届主任委员为刘永教授（1961年当选），第四届理事长为苏静怡教授（1985年当选），第五届理事长为伍贻经教授（1990年当选），第六届理事长为薛全福教授（1995年当选），第七届及第八届理事长为韩启德院士（2000年当选），第九届理事长为吴立玲教授（2010 年当选），第十届理事长是张幼怡教授（2015 年当选）。学会住所设在北京，目前为第十届理事会。

业务主管单位： 中国科学技术协会

办事机构支撑单位： 北京大学医学部

个人会员数量： 8493 人

单位会员数量： 0 个

第十届理事会选举时间： 2015 年 11 月 7 日

理事长： 张幼怡（女） 北京大学前沿交叉科学研究院 副院长 研究员

副理事长（4 人）：

陈 琪 南京医科大学 教授

陈国强 上海交通大学 副校长 教授 中国科学院院士

陆大祥 暨南大学脑科学研究所 所长 教授

刘秀华（女） 解放军总医院病理生理研究室 主任 研究员

秘书长： 李 萍（女） 北京市中医研究所 副所长 研究员

党组织情况： 中国病理生理学会党委 书记：张幼怡

中国病理生理学会秘书处党支部 无

分支机构（21 个）： 心血管专业委员会、受体专业委员会、炎症、发热、感染、低温专业委员会、微循环专业委员会、休克专业委员会、实验血液学专业委员会、动脉粥样硬化专业委员会、缺氧和呼吸专业委员会、免疫专业委员会、中医专业委员会、肿瘤专业委员会、消化专业委员会、动物病理生理专业委员会、大中专教育工作委员会、危重病医学专业委员会、机能实验教学工作委员会、血管医学专业委员会、内分泌与代谢专业委员会、肾脏病专业委员会、

生物活性小分子专业委员会、系统生物医学专业委员会

已加入国际组织（4个）： 国际病理生理学会、国际心脏研究会、国际休克联盟、亚洲太平洋危重病医学会

公开出版刊物（3种）：

中国科协业务主管的期刊（3种）

《中国病理生理杂志》《中国动脉硬化杂志》《中国实验血液学杂志》

非中国科协业务主管的期刊（0种）

设奖情况（2个）： 中国病理生理学会青年优秀学术论文；中国病理生理学会青年教学新星

中国营养学会
（信息截止日期为2019年3月31日）

统一社会信用代码：51100000500002379R
法定代表人：杨月欣
办 公 地 址：北京市朝阳区建国门外大街甲14号北京广播大厦1405
邮 政 编 码：100022
联 系 电 话：010-83554781
电 子 邮 箱：cns@cnsoc.org
网　　址：http://www.cnsoc.org

中国营养学会
Chinese Nutrition Society

成立时间： 1945年

历史简介： 1941年在重庆召开了第一次全国营养工作会议，被邀请出席会议的委员有吴宪、林可胜、陈朝玉等，全体到会人员一致赞成成立中国营养学会。当时成立了中国营养学会的筹备会，并推选郑集负责有关筹备工作。1945年在重庆召开了第二次全国营养会议，此次会议正式宣布成立中国营养学会。会议选举万昕、郑集、汤佩松、王成发、沈同等为第一届理事会成员，由万昕担任第一届理事长，郑集兼书记，汤佩松兼会计。1950年，学会并入中国生理学会，1956年，中国生理科学会在北京组建，并成立生理、生化、药理、病理生理、生物物理和营养6个专业委员会。1966~1977年，学会停止活动，1978年10月，恢复活动。1981年5月25日营养学会作为中国生理科学会的二级学会在上海成立。1985 年 3 月由中国科协和国家体改委正式批准成立中国营养学会，并加入中国科协。学会住所设在北京，历届理事长为：万昕、郑集、沈治平、顾景范、陈孝曙、葛可佑、程义勇、杨月欣，目前为第九届理事会。

业务主管单位： 中国科学技术协会

办事机构支撑单位： 无

个人会员数量： 31150 人

单位会员数量： 66 个

第九届理事会选举时间： 2017 年 5 月 23 日

理事长： 杨月欣（女） 中国疾病预防控制中心营养与健康所主任 研究员

副理事长（8 人）：

马爱国 青岛大学营养与健康研究院 院长

丁钢强 中国疾病预防控制中心营养与健康所 所长

马冠生 北京大学医学部公共卫生学院营养与食品卫生系主任

孙长颢 哈尔滨医科大学 副校长

蔡 威 上海市人大常委会 副主任

朱蓓薇（女） 大连工业大学食品学院 院长
中国工程院院士

杨晓光 中国疾病预防控制中心营养与健康所 研究员

常翠青（女） 北京大学第三医院运动医学研究所营养生化研究室 主任

秘书长： 杜松明（女） 中国营养学会 秘书长

党组织情况： 中国营养学会党委　书记：肖荣

中国营养学会秘书处党支部　书记：杜松明

分支机构（37个）： 组织工作委员会、学术交流工作委员会、国际交流工作委员会、科普工作委员会、青年工作委员会、营养科研基金管理委员会、法规标准工作委员会、营养科普基金管理委员会、学科发展与学术道德工作委员会、教育工作委员会、公共营养分会、临床营养会分会、妇幼营养分会、老年营养分会、特殊营养分会、微量元素营养分会、营养与保健食品分会、基础营养学分会、营养与慢病控制分会、医用食品与营养支持分会、生物医学伦理委员会、营养大数据和健康分会、营养转化医学分会、运动营养分会、注册营养师工作委员会、全球华人营养科学家委员会、基金专家委员会、科学技术奖专家委员会、糖尿病营养分会、社区营养与健康管理分会、益生菌益生元与健康分会、肿瘤营养管理分会、食物与烹饪营养分会、营养流行病分会、骨营养与健康分会、硒资源和营养产业发展工作委员会、海洋食品营养与健康分会

已加入国际组织（2个）： 国际营养科学联合会、亚洲营养学会联合会

公开出版刊物（2种）：

中国科协业务主管的期刊（0种）

非中国科协业务主管的期刊（2种）

《营养学报》《亚太临床营养杂志》（APJCN）

设奖情况（1个）： 中国营养学会科学技术奖

中国药理学会
（信息截止日期为2019年3月31日）

统一社会信用代码：51100000500004454C
法定代表人：杜冠华
办 公 地 址：北京市西城区先农坛街一号
邮 政 编 码：100050
联 系 电 话：010-63165211
电 子 邮 箱：yaolixuehui@126.com
网　　址：http://www.cnphars.org

中国药理学会
Chinese Pharmacological Society

D-医科

成立时间： 1985年3月1日

历史简介： 1907年，中国药学会成立，下设药理学专业委员会，联合药理学工作者进行学术交流，形成了中国药理学会的前身。1956年，中国生理科学会在北京组建，同时宣布成立药理等6个专业委员会。药理专委会由周金黄、王振纲、周廷冲等发起。1979年，改称中国生理科学会药理学会，并召开会员代表大会，周金黄当选为理事长。1985年3月，经中国科协同意并提交国家体改委批准，将上述两个学会的药理分支机构合并成立中国药理学会，同年加入中国科协。首届理事长为王振纲。学会住所设在北京，历届理事长为：王振纲、张均田、林志彬、杜冠华、张永祥，目前为第十一届理事会。

业务主管单位： 中国科学技术协会

办事机构支撑单位： 中国医学科学院药物研究所

个人会员数量： 10894 人

单位会员数量： 13 个

第十一届理事会选举时间： 2017 年 7 月 29 日

理事长： 张永祥　军事科学院军事医学研究院科技委　常务副主任　研究员“重大新药创制”国家科技重大专项总体组专家兼中药责任专家组　副组长

副理事长（6 人）：

杜冠华　中国医学科学院药物研究所国家药物筛选中心主任　研究员

魏　伟　安徽医科大学临床药理研究所　所长　教授

陈建国　华中科技大学　副校长　同济医学院　院长　教授

丁　健　中国科学院上海药物研究所　研究员　中国工程院院士

石京山　遵义医学院 党委书记　教授　博士生导师

李　林（女）　首都医科大学宣武医院　中心主任　教授

秘书长： 张永鹤　北京大学基础医学院药理学系　副主任　教授

党组织情况： 中国药理学会党委　书记：杜冠华

中国药理学会秘书处党支部　无

分支机构（28 个）： 心血管药理学专业委员会、麻醉药理学专业委员会、补益药药理专业委员会、抗衰老和抗老年痴呆药理专业委员会、海洋药物药理专业委员会、生殖药理专业委员会、药检药理专业委员会、教学与科普药理专业委员会、制药工业专业委员会、药物代谢专业委员会、定量药理学专业委员会、化疗药理专业委员会、肿瘤药理专业委员会、抗炎免疫药理专业委员会、药物毒理专业委员会、临床药理专业委员会、生化及分子药理学专业委员会、中药与天然药物药理学专业委员会、神经精神药理学专业委员会、药源性疾病学专业委员会、网络药理学专业委员会、安全药理学专业委员会、药物基因组学专业委员会、治疗药物监测研究专业委员会、药物临床试验专业委员会、肾脏药理专业委员会、分析药理学专业委员会、表现遗传药理学专业委员会

已加入国际组织（2个）： 国际基础与临床药理学联合会、亚洲太平洋地区药理学家联盟

公开出版刊物（7种）：

中国科协业务主管的期刊（3种）

《中国药理学通报》《中国临床药理学与治疗学杂志》、*Acta Pharmacologica Sinica*（《中国药理学报》英文版）

非中国科协业务主管的期刊（4种）

《医药导报》《中药药理与临床》《中国药理学与毒理学杂志》《神经药理学报》

设奖情况： 无

中国针灸学会
（信息截止日期为2019年3月31日）

统一社会信用代码：511000005000065994
法定代表人：喻晓春
办 公 地 址：北京市东城区东直门内南小街16号
邮 政 编 码：100700
联 系 电 话：010-64030959、64089968
电 子 邮 箱：caambgs@126.com
网　　　址：http://www.caam.cn

中国针灸学会
China Association of Acupuncture-Moxibustion

成立时间： 1979年5月16日

历史简介： 由鲁之俊等发起，成立于1979年5月16日，当时作为中华全国中医学会的二级专业学术组织，对外称为中国针灸学会。1985年3月5日经中国科协同意并报国家体改委批准为全国性一级学会，同时加入中国科协。同年12月，在武汉召开了全国会员代表大会，首届理事长为鲁之俊。学会住所设在北京，历届理事长为：鲁之俊、胡熙明、李维衡、刘保延，目前为第六届理事会。

业务主管单位： 中国科学技术协会

办事机构支撑单位： 中国中医科学院

个人会员数量： 26047 人

单位会员数量： 19 个

第六届理事会选举时间： 2016 年 12 月 24 日

理事长： 刘保延　中国中医科学院　原常务副院长

中国中医科学院　首席研究员

副理事长（13 人）：

方剑乔　浙江中医药大学　校长　教授　主任医师

王　华　湖北中医药大学　原校长

湖北中医药大学针灸研究所　所长

针灸治未病湖北省协同创新中心　主任　教授

王麟鹏　首都医科大学附属北京中医医院针灸中心　主任

教授　主任医师

王　舒　天津中医药大学第一附属医院　副院长　教授

主任医师

刘智斌　陕西中医药大学　原副校长

陕西省针药结合重点实验室　主任

陕西中医药大学针药结合创新研究中心　主任

教授　主任医师

许能贵　广州中医药大学　副校长　教授　研究员

孙忠人　黑龙江中医药大学　校长　教授

吴焕淦　上海市针灸经络研究所　所长　教授　研究员

余曙光　成都中医药大学　校长　教授　研究员

杨金生　国家中医药管理局对台港澳中医药交流与合作中心

主任　教授　主任医师

高树中　山东中医药大学　副校长　教授

夏有兵　南京医科大学　副校长　教授

喻晓春　中国中医科学院针灸研究所　原常务副所长

中国中医科学院　首席研究员

秘书长： 喻晓春（兼）

党组织情况： 中国针灸学会党委　书记：刘保延

中国针灸学会、中国中西医结合学会秘书处联合党支部

书记：贾晓健

分支机构（38个）： 针灸临床分会、针法灸法分会、实验针灸分会、针刺麻醉分会、经络分会、腧穴分会、标准化工作委员会、学科与学术工作委员会、科普工作委员会、针灸技术评估工作委员会、耳穴诊治专业委员会、针灸文献专业委员会、针灸器材专业委员会、针灸教育专业委员会、腹针专业委员会、砭石与刮痧专业委员会、脑病科学专业委员会、针灸康复学专业委员会、经筋诊治专业委员会、微创针刀专业委员会、刺络与拔罐专业委员会、循证针灸学专业委员会、针推结合专业委员会、针灸医学影像专业委员会、学术流派研究与传承专业委员会、穴位贴敷专业委员会、减肥与美容专业委员会、穴位埋线专业委员会、针灸装备设施工作委员会、针灸治未病专业委员会、皮内针专业委员会、青年委员会、中医针灸技师工作委员会、针药结合专业委员会、灸疗分会、小儿推拿专业委员会、基层适宜技术推广专业委员会、新九针专业委员会

已加入国际组织（1个）： 世界针灸学会联合会

公开出版刊物（3种）：

中国科协业务主管的期刊（1种）

《中国针灸》

非中国科协业务主管的期刊（2种）

《针刺研究》、*World Journal of Acupuncture-Moxibustion*（《世界针灸杂志》英文版）

设奖情况（1个）： 中国针灸学会科学技术奖

D-医科

中国防痨协会

（信息截止日期为2019年3月31日）

统一社会信用代码：51100000500005764M
法定代表人：成诗明
办 公 地 址：北京市东城区东四西大街42号
邮 政 编 码：100010
联 系 电 话：010-65257475
电 子 邮 箱：cata_1933@126.com
网　　址：http://www.cata1933.cn/

中国防痨协会
Chinese Anti-tuberculosis Association

成立时间： 1933年10月21日

历史简介： 前身为1933年10月成立的中国预防痨病协会，首届理事长为牛惠生和陆伯鸿（届中接任）。1937年，因抗日战争爆发而停止活动。1948年1月28日，在上海防痨联合委员会的号召下，在上海召开了各地防痨协会代表大会，重组并重新定名为中国防痨协会，选举颜惠庆为理事长，吴绍青为总干事。1948年，创办会刊《防痨通讯》。1950年1月，协会由上海迁到北京，改由裘祖源任总干事。1951年6月，经中央人民政府内务部核准登记。1954年加入中华全国自然科学专门学会联合会（中国科协前身）。学会住所设在北京，历届理事长（会长）为：牛惠生、陆伯鸿、颜惠庆、黄鼎臣、阚冠卿、戴志澄、张立兴、端木宏谨、王撷秀、刘剑君。

目前为第十一届理事会。

业务主管单位： 中国科学技术协会

办事机构支撑单位： 国家卫生健康委员会

个人会员数量： 18001 人

单位会员数量： 104 个

第十一届理事会选举时间： 2015 年 8 月 25 日

理事长： 刘剑君 中国疾病预防控制中心 副主任 研究员

副理事长（7 人）：

许绍发 首都医科大学附属北京胸科医院 院长 主任医师

洪 峰 北京结核病控制研究所 所长 研究员

王黎霞（女） 中国疾控中心结核病预防控制中心 主任 研究员

王栩冬 天津市卫生健康委员会 副主任 副主任医师

张宗德 首都医科大学附属北京胸科医院 副院长 主任医师

钟 球 广东省结核病控制中心 名誉主任 主任医师

袁政安 上海市疾病预防控制中心 副主任 主任医师

秘书长： 成诗明（女） 中国防痨协会 秘书长 主任医师

党组织情况： 中国防痨协会党委 书记：刘剑君

中国防痨协会秘书处党支部 书记：成诗明（女）

分支机构（19 个）： 结核病控制专业分会、结核病临床专业分会、结核病基础专业分会、结核病健康促进专业分会、结核病转化医学专业分会、基层结核病防治专业分会、学校与儿童结核病防治专业分会、标准化专业分会、老年结核病防治专业分会、结核病感染控制专业分会、结核后互联网技术专业分会、结核病分肝病专业分会、非结核分枝杆菌病专业分会、结核病学术工作委员会、国际交流工作委员会、编辑工作委员会、组织工作委员会、监督工作委员会、青年理事会

已加入国际组织（2个）： 国际防痨与肺部疾病联合会、亚太区国际防痨与肺部疾病联合会

公开出版刊物（3种）：

中国科协业务主管的期刊（3种）

《中国防痨杂志》《结核病与肺部健康杂志》《中国肺癌杂志》

非中国科协业务主管的期刊（0种）

设奖情况（1个）： 中国防痨协会科学技术奖

中国麻风防治协会

（信息截止日期为2019年3月31日）

统一社会信用代码：511000005000033200
法定代表人：潘春枝
办 公 地 址：北京朝阳区十里堡甲3号5号楼27D
邮 政 编 码：100025
联 系 电 话：010-67522205
电 子 邮 箱：clabj@vip.163.com
网　　　址：http://www.chinalep.org

中国麻风防治协会
China Leprosy Association

D-医科

成立时间： 1985年3月5日

历史简介： 原名中华麻风救济会，1926年1月在上海成立。主要发起人为邝富灼、李元信等，第一届会长为李元信（1926-1933）；第二届会长颜福庆（1933-1939）；第三届会长刁信德（1939-1944）。抗日战争后期停止活动。1949年5月上海解放后不久，“中华麻风救济会”更名为“中华麻风协会”。1950年8月，全国科联成立，第一批加入全国科联。1954年3月，中华麻风救济会更名为“中华麻风防治协会”。1958年年底停止活动。1985年3月，在卫生部顾问马海德博士的倡议下，经国家体改委批准恢复成立，同时加入中国科协。同年8月10—12日在广东顺德召开第一次全国会员代表大会。新中国成立初期，学会由中央人民政府卫生部及内务部领导。因会址设在上海市，由华东行政委员会卫生局、民政局代管。1985年3月恢复成立后，由卫生部主管。协会会址设在北京，历届理事长为：马海德、陈敏章、叶干运、肖梓仁、王立忠、张国成，目前为第七届理事会。

业务主管单位： 中国科学技术协会

办事机构支撑单位： 无

个人会员数量： 9227人

单位会员数量： 68个

第七届理事会选举时间： 2015年6月18日

理事长： 张国成　中国医科院皮肤病医院　原副院长　教授

副理事长（14人）：

潘春枝（女）　中国麻风防治协会　专职副会长

冯清华　陕西省地方病防治研究所　所长

宁　湧　四川省人民医院　省皮肤病防治研究所　副主任医师

严丽英（女）　浙江省皮肤病防治研究所　党委书记　主任医师

严良斌　中国医科院皮肤病医院麻研室　主任　主任医师

吴建中　西安迪赛药业有限公司　董事长

张连华　江苏省疾病预防控制中心结防所　副所长　主任医师

张锡宝　广州市皮肤病防治所　所长　主任医师

李　伟　广西区皮肤病防治研究所　所长　主任医师

李延庆　安徽省皮肤病防治研究所　所长　主任医师

李俊华　湖南省疾病预防控制中心　主任　主任医师

杨　军　云南省疾病预防控制中心　党委书记　主任医师

郑道城　广东省皮肤病防治研究所　所长　主任医师

格鹏飞　甘肃省疾病预防控制中心　副主任　主任医师

秘书长： 王　红（女）　中国麻风防治协会　秘书长

党组织情况： 中国麻风防治协会党委　书记：张国成

中国麻风防治协会秘书处党支部　书记：潘春枝（女）

分支机构： 无

已加入国际组织： 无

公开出版刊物（1种）：

中国科协业务主管的期刊（1和）

《中国麻风皮肤病杂志》

非中国科协业务主管的期刊（0种）

设奖情况（2个）： 全国麻风防治先进工作者；中国麻风防治"终身成就奖、突出贡献奖、青年科技奖"

中国心理卫生协会
（信息截止日期为2019年3月31日）

统一社会信用代码：51100000500002З6W
法定代表人：马　辛
办 公 地 址：北京市西城区德外安康胡同5号
邮 政 编 码：100088
联 系 电 话：010-58303239
电 子 邮 箱：camh2006@sina.com
网　　　址：http://www.camh.org.cn

中国心理卫生协会
China Association for Mental Health

成立时间： 1985年9月27日

历史简介： 1930年5月5日在美国华盛顿召开了第一届国际心理卫生大会，中国派代表参加。在国际心理卫生运动的影响下，中国教育学家、心理学家、医学家、社会学家以及其他社会知名人士吴南轩等228人酝酿、发起，于1936年4月在南京成立中国心理卫生协会。翌年因抗日战争爆发，协会工作停顿。1948年曾在南京开过一次部分心理卫生代表会议。1979年在中国心理学术年会上，许多与会者提出恢复中国心理卫生协会的倡议，由陈学诗、沈渔邨、宋维贞、王效道等组成筹备小组，并以小组名义向有关单位发出倡议书，得到了民政、公安、妇联、卫生等部门支持。之后成立了有潘菽、费孝通、朱智贤、伍正谊、陈学诗、沈渔邨、许淑莲、陈仲庚、宋维贞等30余人参加的筹委会。1984年11月经中国科协同意并于1985年3月经国家体改委批准，1985年9月在山东泰安召开了首届全国会员代表大会，陈学诗任首届理事长。学会1985年加入中国科协。协会住所设在北京，历届理事长为：陈学诗、蔡焯基、马辛，目前为第七届理事会。

业务主管单位： 中国科学技术协会

办事机构支撑单位： 首都医科大学附属北京安定医院

个人会员数量： 32975人

单位会员数量： 30个

第七届理事会选举时间： 2016年8月25日

理事长： 马辛（女，回族） 首都医科大学附属北京安定医院 主任医师 教授

副理事长（6人）：

王　刚　首都医科大学附属北京安定医院　副院长　主任医师　教授

谢　斌　上海市精神卫生中心　党委书记　主任医师

杨甫德　北京市回龙观医院　院长　教授　主任医师

赵旭东　同济大学医学院人文医学与行为医学教研室主任　教授

刘　靖　北京大学第六医院　党委副书记　主任医师

王　力　中国科学院心理研究所心理健康重点实验室副主任　研究员

秘书长： 王　刚（兼）

党组织情况： 中国心理卫生协会党委　书记：马辛

中国心理卫生协会秘书处联合党支部　书记：翟屹民

分支机构（23个）： 儿童心理卫生专业委员会、青少年心理卫生专业委员会、大学生心理咨询专业委员会、老年心理卫生专业委员会、心理测量与评估专业委员会、心理治疗与咨询专业委员会、森田疗法应用专业委员会、特殊职业群体专业委员会、妇女健康与发展专业委员会、危机干预专业委员会、护理心理专业委员会、临终关怀专业委员会、心身医学专业委员会、残疾人心理卫生分会、精神分析专业委员会、职业心理健康促进专业委员会、认知行为治疗专业委员会、团体心理辅导与治疗专业委员会、石油石化分会、煤炭分会、交通分会、心理咨询师专业委员会、性心理健康专业委员会

已加入国际组织： 无

公开出版刊物（4种）：

中国科协业务主管的期刊（3种）

《中国心理卫生杂志》《中国健康心理学杂志》《心理与健康》

非中国科协业务主管的期刊（1种）

《中国临床心理学杂志》

设奖情况（1个）： 优秀心理卫生工作者

中国抗癌协会

（信息截止日期为2019年3月31日）

统一社会信用代码：5110000050000467З3N

法定代表人：李强

办 公 地 址：天津市西青区新技术产业园区兰苑路5号A座10楼

邮 政 编 码：300384

联 系 电 话：022-23359958

电 子 邮 箱：bgs@caca.org.cn

网　　　址：http://www.caca.org.cn

中国抗癌协会
China Anti-Cancer Association (CACA)

D-医科

成立时间： 1984年4月28日

历史简介： 中国抗癌协会是由金显宅、吴桓兴等老一辈肿瘤专家倡导发起，1983年9月“中国抗癌协会筹备组”成立。1984年2月签署了“申请成立中国抗癌协会的报告”，1984年4月28日，中国抗癌协会经中国科协并原国家体改委批准，在天津召开成立大会，会议讨论通过了协会章程，选举产生了第一届委员会。时任天津市人民医院名誉院长金显宅教授被推举为名誉理事长，中国医学科学院肿瘤医院院长吴桓兴教授当选为理事长。1985年加入中国科协，协会住所设在天津，历届理事长为：吴桓兴、张天泽、徐光炜、郝希山、樊代明，目前为第八届理事会。

业务主管单位： 中国科学技术协会

办事机构支撑单位： 天津医科大学肿瘤医院

个人会员数量： 204049 人

单位会员数量： 74 个

第八届理事会选举时间： 2017 年 7 月 28 日

理事长： 樊代明　空军军医大学　西京消化病医院　院长　教授　中国工程院院士

副理事长（9 人）：

詹启敏　北京大学常务副校长、医学部主任　教授　中国工程院院士

于金明　山东省肿瘤医院　院长　教授　中国工程院院士

张岂凡　哈尔滨医科大学附属肿瘤医院　教授

季加孚　北京大学肿瘤医院　院长　北京市肿瘤防治研究所　所长　教授

王红阳（女）　东方肝胆外科研究所　常务副所长　教授　中国工程院院士

赫　捷　国家癌症中心　主任　中国医学科学院肿瘤医院　院长　教授　中国科学院院士

李　强　天津医科大学　副校长　天津医科大学肿瘤医院　党委书记　教授

徐瑞华　中山大学肿瘤防治中心　院长　教授

郭小毛　复旦大学附属肿瘤医院　院长　上海市质子重离子医院　院长　教授

秘书长： 王　瑛（女）　天津医科大学肿瘤医院　教授

监事长： 郝希山　天津市肿瘤研究所　所长　中国工程院院士

党组织情况： 中国抗癌协会党委　书记：李强

中国抗癌协会秘书处党支部　书记：王宇

分支机构（64个）： 肿瘤病因学专业委员会、肿瘤流行病学专业委员会、肿瘤标志专业委员会、肿瘤病理专业委员会、头颈肿瘤专业委员会、鼻咽癌专业委员会、肺癌专业委员会、食管癌专业委员会、胃癌专业委员会、大肠癌专业委员会、肝癌专业委员会、乳腺癌专业委员会、妇科肿瘤专业委员会、小儿肿瘤专业委员会、血液肿瘤专业委员会、淋巴瘤专业委员会、康复会、癌症康复与姑息治疗专业委员会、肿瘤传统医学专业委员会、肿瘤生物治疗专业委员会、抗癌药物专业委员会、肿瘤临床化疗专业委员会、医院管理分会、肿瘤转移专业委员会、肿瘤介入学专业委员会、胰腺癌专业委员会、肉瘤专业委员会、神经肿瘤专业委员会、肿瘤影像专业委员会、肿瘤微创治疗专业委员会、肿瘤心理学专业委员会、泌尿男生殖系肿瘤专业委员会、肿瘤放射治疗专业委员会、胆道肿瘤专业委员会、肿瘤麻醉与镇痛专业委员会、肿瘤营养专业委员会、纳米肿瘤学专业委员会、肿瘤内镜学专业委员会、甲状腺癌专业委员会、老年肿瘤专业委员会、肿瘤护理专业委员会、肿瘤核医学专业委员会、肿瘤药物临床研究专业委员会、肿瘤靶向治疗专业委员会、整合肿瘤学分会、肿瘤精准治疗专业委员会、肿瘤重症医学专业委员会、肿瘤分子医学专业委员会、肿瘤代谢专业委员会、胃肠间质瘤专业委员会、肿瘤防治科普专业委员会、肿瘤热疗专业委员会、支肤肿瘤专业委员会、眼肿瘤专业委员会、整合肿瘤心脏病学分会、肿瘤临床药学专业委员会、中西医整合肿瘤专业委员会、期刊出版专业委员会、肿瘤光动力治疗专业委员会、脑胶质瘤专业委员会、肿瘤支持治疗专业委员会、血液病转化医学专业委员会、腔镜与机器人外科分会、家庭遗传性肿瘤专业委员会

已加入国际组织（2个）: 国际抗癌联盟、亚太抗癌联盟

公开出版刊物（8种）:

中国科协业务主管的期刊（6种）

《中国肿瘤临床》、*Chinese Journal of Cancer Research*（《中国癌症研究》英文版）、《癌症生物学与医学（英文版）》《中国肺癌杂志》《癌症康复》、《中国肿瘤生物治疗杂志》

非中国科协业务主管的期刊（1种）

《肿瘤防治研究》

设奖情况（2个）: 中国抗癌协会科技奖；中国肿瘤青年科学家奖

中国体育科学学会

（信息截止日期为2019年3月31日）

统一社会信用代码：5110000500004550M
法定代表人：张　良
办 公 地 址：北京市东城区体育馆路 11 号
邮 政 编 码：100061
联 系 电 话：010-87182586、87183928
电 子 邮 箱：csssbgs@126.com
网　　址：http://www.csss.cn

中国体育科学学会
China Sport Science Society

D-医科

成立时间： 1980 年 12 月 15 日

历史简介： 由荣高堂等发起，1964 年 7 月 28 日，国家体委科学委员会第一次会议决定建立中国体育科学学会，随即草拟了学会章程（草案），酝酿了理事候选人名单。1979 年 8 月，正式组建了中国体育科学学会筹委会，11 月，经中国科协批准成立。1980 年 12 月 15 日在北京召开了中国体育科学学会成立大会，选举产生了由 93 人组成的第一届理事会。黄中当选为首届理事长。学会住所设在北京，历届理事长为：黄中、伍绍祖、袁伟民、段世杰、李颖川，目前为第八届理事会。

业务主管单位： 中国科学技术协会

办事机构支撑单位： 国家体育总局体育科学研究所

个人会员数量： 8675 人

单位会员数量： 158 个

第八届理事会选举时间： 2017 年 9 月 19 日

理事长： 李颖川　国家体育总局　党组成员　副局长　教授

副理事长（8 人）：

冯连世　国家体育总局体育科学研究所　副所长　研究员

祝　莉（女）　国家体育总局体育科学研究所　原副所长　教授

谢敏豪　国家体育总局运动医学研究所　所长　教授

池　建　北京体育大学　党委副书记　教授

陈佩杰　上海体育学院　院长　教授

刘　青　成都体育学院　党委书记　教授

敖英芳　北京大学第三医院运动医学研究所　原所长　教授

季林红　清华大学机械系　副主任　教授

秘书长： 冯连世（兼）

监事长： 杜利军，国家体育总局反兴奋剂中心原主任、党委书记

党组织情况： 中国体育科学学会党委　书记：冯连世

中国体育科学学会秘书处党支部　书记：杨杰

分支机构（18 个）： 体育社会科学分会、运动训练学分会、运动医学分会、运动生物力学分会、运动心理学分会、体质与健康分会、体育信息分会、体育工程分会、体育建筑分会、体育统计分会、学校体育分会、体育史分会、武术分会、体育产业分会、体育管理分会、体育新闻传播分会、运动生理生化分会、体能训练分会

已加入国际组织（6 个）： 国际运动医学联合会、亚洲运动医学联

合会、国际运动生物力学学会、国际运动心理学学会、亚洲及南太平洋运动心理学学会、国际体育信息联合会

公开出版刊物（2 种）：

中国科协业务主管的期刊（0 种）

非中国科协业务主管的期刊（2 种）

《体育科学》《中国运动医学杂志》

设奖情况（1 个）： 中国体育科学学会科学技术奖

中国毒理学会

（信息截止日期为2019年3月31日）

统一社会信用代码：51100000500015487P
法定代表人：廖明阳
办 公 地 址：北京市海淀区太平路27号
邮 政 编 码：100850
联 系 电 话：010-66932387
电 子 邮 箱：cst@chntox.org
网　　址：http://www.chntox.org

中国毒理学会
Chinese Society of Toxicology

成立时间： 1993年12月9日

历史简介： 1988年发展中国家毒理学主席 Castro J.A. 向中华预防医学会卫生毒理学会建议，1990年在北京召开一次发展中国家毒理学学术会议。毒理学界的专家积极响应，决定由中华预防医学会和中国药理学会下设的两个“二级毒理学会”向卫生部领导汇报，建议以“中国毒理学会”名义组织这次大会。经上级同意于1990年10月16~19日在北京召开“北京国际毒理学学术会议”。会议期间刘世杰教授等24位中国毒理学家和工作者倡议成立中国毒理学会。1993年12月9~11日，中国毒理学会成立大会暨第一届学术会议在北京召开，大会选举吴德昌为理事长，下设16个专业委员会。学会于1993年5月20日加入中国科协。学会住所设在北京，历届理事长为：吴德昌、叶常青、庄志雄、周平坤，目前为第七届理事会。

业务主管单位： 中国科学技术协会

办事机构支撑单位： 军事科学院军事医学研究院

个人会员数量： 15356 人

单位会员数量： 185 个

第七届理事会选举时间： 2018 年 10 月 20 日

理事长： 周平坤　军事科学院军事医学研究院放射与辐射医学研究所科技委　主任　研究员

副理事长（10 人）：

陈景元　中央军委后勤保障部卫生局　教授

李　桦（女）　军事医学科学院　研究员

彭双清　解放军疾病预防控制中心　研究员

浦跃朴　东南大学公共卫生学院　教授

沈建忠　中国农业大学动物医学院　院长　教授　中国工程院院士

孙祖越　上海市计划生育科学研究所　中国生育调节药物毒理检测中心　主任　研究员

吴永宁　国家食品安全风险评估中心　研究员

杨杏芬（女）　南方医科大学　教授

赵宇亮　国家纳米科学中心　主任　研究员　中国科学院院士

周建伟　南京医科大学　教授

秘书长： 刘　超　解放军疾病预防控制中心　研究员

党组织情况： 中国毒理学会党委　书记：周平坤
中国毒理学会秘书处党支部　书记：关华

分支机构（28个）： 工业毒理学专业委员会、食品毒理学专业委员会、药物依赖性毒理专业委员会、临床毒理专业委员会、生化与分子毒理专业委员会、饲料毒理学专业委员会、遗传毒理专业委员会、免疫毒理专业委员会、生殖毒理专业委员会、环境与生态毒理学专业委员会、生物毒素毒理专业委员会、分析毒理专业委员会、兽医毒理学专业委员会、军事毒理学专业委员会、放射毒理专业委员会、毒理学史专业委员会、管理毒理学专业委员会、中毒与救治专业委员会、药物毒理与安全性评价专业委员会、毒理研究质量专业委员会、神经毒理专业委员会、纳米毒理专业委员会、毒理学替代法与转化毒理学专业委员会、毒性病理专业委员会、中药与天然药物毒理专业委员会、计算毒理专业委员会、毒理学教育专业委员会、呼吸毒理专业委员会

已加入国际组织（2个）： 国际毒理学联合会、亚洲毒理学会联合会

公开出版刊物（2种）：

中国科协业务主管的期刊（0种）

非中国科协业务主管的期刊（2种）

《中国药理学与毒理学杂志》《中国药物依赖性杂志》

设奖情况（2个）： 中国毒理学贡献奖；中国毒理学会优秀青年科技奖

中国康复医学会

（信息截止日期为2019年3月31日）

统一社会信用代码：51100000500002723Q
法定代表人：彭明强
办 公 地 址：北京市朝阳区北辰东路8号汇欣大厦A座307
邮 政 编 码：100101
联 系 电 话：010-64210670　新增传真：010-64219690
电 子 邮 箱：xueshubu@carm.org.cn
网　　　址：http://www.carm.org.cn

中国康复医学会
Chinese Association of Rehabilitation Medicine

D-医科

成立时间： 1983年4月

历史简介： 由陈仲武等发起，1983年经原卫生部批准成立中国康复医学研究会，首届会长为陈仲武。1983~1988年7月，受卫生部领导，学会办事机构设在河北省卫生厅。1987年10月加入中国科协，受中国科协和原卫生部双重领导。1988年9月，经中国科协提请国家科委批准，更名为中国康复医学会，学会办事机构由河北省卫生厅迁至北京中日友好医院。2001年加入国际物理医学与康复医学学会。学会住所设在北京。历届会长为：陈仲武、顾英奇、耿德章、马晓伟、方国恩，目前为第六届理事会。

业务主管单位： 中国科学技术协会

办事机构支撑单位： 中日友好医院

个人会员数量： 17252 人

单位会员数量： 32 个

第六届理事会选举时间： 2015 年 12 月

会长： 方国恩　原总后勤部卫生部　副部长　主任医师　教授

副会长（8 人）：

牛恩喜　原总装备部后勤部　副部长兼 306 医院院长

彭明强　中日友好医院　副院长　主任医师　教授

李建军　中国康复研究中心　党委副书记　主任医师　教授

陈立典　福建中医药大学　党委书记　主任医师　教授

周谋望　北京大学第三医院康复医学科　主任　主任医师　教授

燕铁斌　中山大学孙逸仙纪念医院康复医学科　原主任　主任医师　教授

黄晓琳　华中科技大学同济医学院附属同济医院康复医学教研室（科）　主任　主任医师　教授

岳寿伟　山东大学齐鲁医院康复医学科　主任　主任医师　教授

秘书长： 牛恩喜（代）

党组织情况： 中国康复医学会党委　书记：牛恩喜

中国康复医学会秘书处党支部　无

分支机构（53 个）： 康复医学教育专业委员会、中西医结合专业委员会、康复医学工程专业委员会、颈椎病专业委员会、疗养康复专业委员会、脑血管病专业委员会、修复重建外科专业委员会、骨与关节及风湿病专业委员会、心血管病专业委员会、老年康复专业委员会、运动疗法专业委员会、脊柱脊髓专业委员会、儿童康复专业委员会、听力康复专业委员会、呼吸康复专业委员会、科普工作委员会、烧伤治疗与康复专业委员会、康复心理学专业委员会、创伤康复专业委员会、精神卫生康复专业委员会、体育保健康复专业委员会、电诊断专业委员会、康复护理专业委员会、康复治疗专业委员会、物理治疗专业委员会、作业治疗专业委员会、手功能康复专业委员会、重症康复专业委员会、技术转化与产业促进专业委员会、帕金森与运动障碍专业委员会、疼痛康复专业委员会、社区康复专业委员会、再生康复专业委员会、吞咽障碍专业委员会、肿瘤康复专业委员会、康复评定专业委员会、远程康复专业委员会、康复质控工作委员会、阿尔茨海默病与认知障碍康复专业委员会、高压氧康复专业委员会、皮肤病康复专业委员会、消化病康复专业委员会、血液病康复专业委员会、医养结合专业委员会、心脏介入治疗与康复专业委员会、脑功能检测与调控康复专业委员会、眩晕康复专业委员会、推拿技术与康复专业委员会、视觉康复专业委员会、健康管理专业委员会、生殖健康专业委员会、产后康复专业委员会、康复机构管理专业委员会

已加入国际组织（2个）： 国际物理医学与康复医学学会、亚洲大洋洲物理与康复医学学会

公开出版刊物（9种）：

中国科协业务主管的期刊（0种）

非中国科协业务主管的期刊（9种）

Neural Regeneration Research（《中国神经再生研究》英文版）、《中国组织工程研究》《中国脊柱脊髓杂志》《中国修复重建外科杂志》《中国伤残医学》《心血管康复医学杂志》《中国康复医学杂志》《中国实用医药》《中国现代药物应用》

D-医科

设奖情况（8个）： 中国康复医学会科学技术奖；中国康复医学会教学成果奖；中国康复医学会优秀三师奖；中国康复医学会优秀青年三师奖；中国康复医学会综合学术年会优秀论文奖；中国康复医学会康复服务行活动先进集体；中国康复医学会康复服务行活动先进个人；中国康复医学会终身成就奖

中国免疫学会

（信息截止日期为2019年3月31日）

统一社会信用代码：51100000500001193P
法定代表人：曹雪涛
办 公 地 址：北京市东城区东单三条5号
邮 政 编 码：100005
联 系 电 话：010-59156451
电 子 邮 箱：jie.yao@csi.org.cn
网 址：http://www.csi.org.cn

中国免疫学会
Chinese Society for Immunology

D-医科

成立时间： 1988年10月27日

历史简介： 前身为国际免疫学联合会中国委员会，主席为顾方舟，1983年，代表中国申请加入国际免疫学联合会（IUIS）。1984年8月，在中国科协领导下组建了以中国医学科学院顾方舟教授为主席、由16位专家组成的“中国免疫学委员会”，参加了国际免疫联合会在瑞士召开的第22届理事会，成为其正式成员国。1986年9月，在谢少文、吴安然、顾方舟等教授倡议下成立了“中国免疫学会筹委会”，并向国家科委申报成立中国免疫学会，1988年10月获国家科委批准正式成立中国免疫学会。1989年12月1日，中国免疫学会第一次全国会员代表大会在成都召开。首届理事长为顾方舟。1990年加入中国科协。1992年，加入亚太地区免疫学会联盟。

学会住所设在北京，历届理事长为：顾方舟、巴德年、陈慰峰、曹雪涛、田志刚，目前是第七届理事会。

业务主管单位： 中国科学技术协会

办事机构支撑单位： 中国医学科学院

个人会员数量： 10410 人

单位会员数量： 2 个

第七届理事会选举时间： 2014 年 10 月 18 日

理事长： 田志刚　中国科学技术大学生命学院　教授
中国工程院院士

副理事长（5 人）：

何　维　中国医学科学院基础医学研究所　教授

马大龙　北京大学医学部　教授

高　福　中国疾病预防控制中心　主任
中国科学院院士

吴玉章　陆军军医大学全军免疫学研究所　教授

孙　兵　中科院上海巴斯德研究所　研究员

秘书长： 曹雪涛　南开大学　校长　教授　中国工程院院士

党组织情况： 中国免疫学会党委　书记：曹雪涛
中国生物医学工程学会、中国免疫学会联合党支部
书记：康亚文

分支机构（17 个）： 名词审定委员会、临床免疫分会、基础免疫分会、肿瘤免疫与生物治疗分会、生殖免疫分会、神经免疫分会、兽医免疫分会、血液免疫分会、中医药免疫分会、感染免疫分会、移植免疫分会、组织工作委员会、国际交流工作委员会、青年工作委员

会、科普工作委员会、科技开发工作委员会、女科学家工作委员会

已加入国际组织（2个）： 国际免疫学联合会、亚洲大洋洲免疫学联盟

公开出版刊物（6种）：

中国科协业务主管的期刊（3种）

Cellular & Molecular Immunology（《中国免疫学杂志》）、《中国免疫学杂志》《中国肿瘤生物治疗杂志》

非中国科协业务主管的期刊（3种）

《免疫学杂志》《细胞与分子免疫学杂志》《中国神经免疫学和神经病学杂志》

设奖情况（1个）： 中国免疫学会学术奖

中华预防医学会

（信息截止日期为2019年3月31日）

统一社会信用代码：511000005000094908
法定代表人：杨维中
办公地址：北京市朝阳区华威里25号5层
邮政编码：100021
联系电话：010-84039879
电子邮箱：cpma_zhxt@126.com
网　　址：http://www.cpma.org.cn

中华预防医学会
Chinese Preventive Medicine Association

成立时间： 1987年11月22日

历史简介： 由何界生、王健、陈春明、戴志澄等发起，1987年3月，经原卫生部、国家科委批准成立，1987年11月在北京召开第一次全国会员代表大会，正式宣布成立，何界生任首届会长。1991年加入中国科协团体会员。学会住所设在北京，历届会长为：何界生、曾毅、王陇德，目前为第五届理事会。

业务主管单位： 中国科学技术协会

办事机构支撑单位： 国家卫生健康委员会

个人会员数量： 111796人

单位会员数量： 54个

第五届理事会选举时间： 2014 年 9 月 22 日

会长： 王陇德　原卫生部党组副书记、副部长　中华预防医学会　中国工程院院士

副会长（9 人）：

杨维中　中华预防医学会　副会长兼秘书长　主任医师

胡大一　北京大学人民医院心血管疾病研究所　所长　介入中心主任　主任医师

蔡纪明　中华预防医学会　副会长　研究员

柯　杨（女）　北京大学医学部　原常务副校长　教授　美国医学科学院外籍院士

张伯礼　天津医科大学　校长　教授　中国工程院院士

李兰娟（女）　浙江大学医学院附属第一医院传染病诊治国家重点实验室　主任　教授　中国工程院院士

肖东楼　原国家卫生计生委　研究员

孔灵芝（女）　原国家卫生计生委　副研究员

李立明　北京大学　教授　欧亚科学院院士

秘书长： 杨维中

党组织情况： 中华预防医学会功能型党委　书记：杨维中

中华预防医学会秘书处党支部　书记：杨维中

分支机构（76 个）： 劳动卫生与职业病分会、流行病学分会、儿少卫生分会、食品卫生分会、环境卫生分会、卫生毒理分会、公共卫生管理分会、卫生事业管理分会、医学寄生虫分会、社会医学分会、卫生工程分会、生物制品分会、媒介生物学及控制分会、公共卫生教育分会、消毒分会、妇女保健分会、儿童保健分会、微生态

D-医科

学分会、卫生检验专业委员会、生物统计分会、预防医学信息专业委员会、医院感染控制分会、放射卫生专业委员会、口腔卫生保健专业委员会、编辑专业委员会、卫生保健分会、慢性病预防与控制分会、健康促进与教育分会、伤害预防与控制分会、自由基预防医学专业委员会、农村饮水与环境卫生专业委员会、健康风险评估与控制专业委员会、旅行卫生专业委员会、医疗机构公共卫生管理分会、生物安全与防护装备分会、精神卫生分会、职业病专业委员会、化工系统分会、石化系统分会、铁路系统分会、煤炭系统分会、石油系统分会、循证预防医学专业委员会、卒中预防与控制专业委员会、出生缺陷预防与控制专业委员会、老年病预防专业委员会、卫生应急分会、肿瘤预防与控制专业委员会、心脏病预防与控制专业委员会、糖尿病预防与控制专业委员会、健康传播分会、肛肠病预防与控制专业委员会、骨与关节病预防与控制专业委员会、健康保险专业委员会、生殖健康分会、呼吸病预防与控制专业委员会、组织感染与损伤预防与控制专业委员会、疫苗与免疫分会、全球卫生分会、灾难预防医学分会、转化医学专业委员会、皮肤病与性病预防与控制专业委员会、中西医结合预防与保健分会、公共卫生眼科学分会、过敏病预防与控制专业委员会、生命早期发育与疾病防控专业委员会、肝胆胰疾病预防与控制专业委员会、盆底功能障碍防治专业委员会、感染性疾病防控分会、生物资源管理与利用研究分会、健康生活方式与社区卫生专业委员会、脊柱疾病预防与控制专业委员会、儿童成人病（慢病）防治工作委员会、标准化工作委员会、老龄健康与医养结合工作委员会、流感预防控制工作委员会

已加入国际组织（1个）： 世界公共卫生联盟

公开出版刊物（45种）：

中国科协业务主管的期刊（0种）

非中国科协业务主管的报刊（45 种）

《中国预防医学杂志》《中国公共卫生》《中国学校卫生》《中国临床研究》《中国农村卫生事业管理》《中国卫生检验杂志》《慢性病学杂志》《家庭医学》《海峡预防医学杂志》《华南预防医学》《中国病毒学杂志》《中国儿童保健杂志》《中华医院感染学杂志》《中国消毒学杂志》《环境与职业医学》《职业与健康》《中华疾病控制杂志》《中华高血压杂志》《中华肿瘤防治杂志》《中华全科医学》《中华实用诊断与治疗杂志》《中国食品卫生杂志》《中国骨与关节损伤杂志》《中国病原生物学杂志》《中国慢性病预防与控制》《中国城乡企业卫生》《中国工业医学杂志》《中国生物制品学杂志》《中国妇幼保健》《中国卫生工程学》《中国寄生虫学与寄生虫病杂志》《中国职业医学》《中国热带医学》《中国微生态学杂志》《中国公共卫生管理》《医药论坛杂志》《社区医学杂志》《环境与健康杂志》《现代预防医学》《预防医学论坛》《实用预防医学》《中国校医》《中国辐射卫生》《中国地方病防治杂志》《中国误诊学杂志》《保健时报》

设奖情况（2 个）： 中华预防医学会科学技术奖；公共卫生与预防医学发展贡献奖

中国法医学会
（信息截止日期为2019年3月31日）

统一社会信用代码：51100000500001878U
法定代表人：刘　耀
办 公 地 址：北京市西城区木樨地南里17号
邮 政 编 码：100038
联 系 电 话：010-63495531
电 子 邮 箱：fyxh6626@sina.com
网　　　址：http://www.fyxh.org

中国法医学会
Chinese Forensic Medicine Association

成立时间： 1985年10月27日

历史简介： 1979年在第一次全国法医学术交流会上，与会代表提出建立学会的要求，1983年在全国法医教育工作会议上，全体代表建议由公安部126研究所牵头，发起成立中国法医学会。1984年1月，126所向公安部递交了《关于成立中国法医学会的请示报告》。1984年11月公安部第二研究所邀请全国各系统的法医学和毒物化验专家，在福建省建阳县（今建阳市）召开筹备会议。1985年4月1日经国家体改委批准，同年10月27日在河南省洛阳市召开了第一次代表大会，成立了中国法医学会，李伯龄当选首届理事长。1986年8月15日经国家体改委复查核准备案。1991年2月加入中国科协。学会住所设在北京，历任会长为：李伯龄、刘耀，目前为第五届理事会。

业务主管单位： 中国科学技术协会

办事机构支撑单位： 公安部

个人会员数量： 6688 人

单位会员数量： 2 个

第五届理事会选举时间： 2012 年 2 月 10 日

会长： 刘 耀 公安部物证鉴定中心 原主任 研究员
中国工程院院士

副会长（1 人）： 翟恒利 中国法医学会 副会长兼秘书长

秘书长： 翟恒利（兼）

党组织情况： 中国法医学会党委 书记：翟恒利
中国法医学会秘书处党支部 书记：翟恒利

分支机构（9 个）： 法医病理学专业委员会、法医临床学专业委员会、法医物证学专业委员会、法医毒物学专业委员会、法医现场学专业委员会、法医精神病学专业委员会、专家委员会、编辑委员会、法医鉴定委员会

已加入国际组织： 无

公开出版刊物（1 种）：

中国科协业务主管的期刊（0 种）

非中国科协业务主管的期刊（1 种）

《中国法医学杂志》

设奖情况： 无

中华口腔医学会

（信息截止日期为2019年3月31日）

统一社会信用代码：51100000500018514J
法定代表人：俞光岩
办 公 地 址：北京市海淀区中关村南大街甲18号北京国际大厦C座4层
邮 政 编 码：100081
联 系 电 话：010-62116665 转 231
电 子 邮 箱：csa@cndent.com
网　　　址：http://www.cndent.com

中华口腔医学会
Chinese Stomatological Association

成立时间： 1996年11月17日

历史简介： 前身为1951年成立的中华医学会口腔科学会，1996年11月，中华口腔医学会在人民大会堂召开了成立大会，出席代表520人。经民主选举产生第一届理事会，设理事75人，常务理事21人。张震康教授为第一届理事会会长，副会长邱蔚六、樊明文、王大章、吕春堂、颜景芳（兼秘书长）。2009年9月，加入中国科协成为团体会员。学会住所设在北京，历届会长为：张震康、王兴、俞光岩，目前为第五届理事会。

业务主管单位： 国家卫生健康委员会

办事机构支撑单位： 北京大学口腔医院

个人会员数量： 88842 人

单位会员数量： 303 个

第五届理事会选举时间： 2016 年 9 月 27 日

会长： 俞光岩　北京大学口腔医院　主任医师　教授　博士生导师

副会长（15 人）：

周学东（女）　四川大学华西口腔医学院　学术院长

周　诺　广西医科大学　副校长

边　专　武汉大学口腔医学院　院长

刘洪臣　解放军总医院口腔医疗中心　主任

路振富　中国医科大学附属口腔医院　原院长

张　斌　哈尔滨医科大学　党委书记

章锦才　中国科学院大学存济医学院　副院长

王松灵　首都医科大学　副校长

王　林　南京医科大学　副校长

郭传瑸　北京大学口腔医院　院长

沈国芳　上海交通大学医学院附属第九人民医院　党委书记

陈吉华　空军军医大学研究生院　院长

凌均棨（女）　中山大学光华口腔医学院附属口腔医院
名誉院长

白玉兴　首都医科大学附属口腔医院　院长

卢海平　杭州博凡口腔医院　院长

秘书长： 岳　林（女）　北京大学口腔医院　主任医师　教授
博士生导师

党组织情况： 中华口腔医学会党委　书记：俞光岩

中华口腔医学会秘书处党支部　书记：牛春华

分支机构（34个）： 牙体牙髓病学专业委员会、口腔颌面外科专业委员会、口腔修复学专业委员会、口腔正畸专业委员会、口腔预防医学专业委员会、口腔病理学专业委员会、牙周病学专业委员会、口腔种植专业委员会、口腔黏膜病学专业委员会、儿童口腔医学专业委员会、老年口腔医学专业委员会、口腔颌面放射专业委员会、颞下颌关节病学及牙合学专业委员会、口腔材料专业委员会、口腔修复工艺学专业委员会、口腔医学教育专业委员会、口腔麻醉专业委员会、口腔医学计算机专委会、中西医结合专业委员会、全科口腔医学专业委员会、口腔生物医学专业委员会、口腔药学专业委员会、口腔颌面修复专委会、口腔护理专业委员会、口腔美学专业委员会、民营口腔医疗分会、口腔医学设备器材分会、医疗服务分会、唇腭裂专业委员会、口腔急诊专业委员会、镇静镇痛专业委员会、口腔激光医学专业委员会、口腔医学科研管理分会、口腔医学信息化管理分会

已加入国际组织（3个）： 世界牙科联盟、国际牙科研究会、国际牙医师学院

公开出版刊物（4种）：

中国科协业务主管的期刊（1种）

《中国牙科研究杂志》（英文版）

非中国科协业务主管的期刊（3种）

《中国口腔医学继续教育杂志》《中国口腔颌面外科杂志》《中国口腔种植学杂志》

设奖情况（1个）： 中华口腔医学会科技奖

中国医学救援协会

（信息截止日期为2019年3月31日）

统一社会信用代码：51100000500021 2978
法定代表人：李宗浩
办 公 地 址：北京市海淀区永定路69号行政楼6层
邮 政 编 码：100039
联 系 电 话：010-57976109
电 子 邮 箱：cacerm@163.com
网　　址：www.caderm.org

中国医学救援协会
China Association of Disaster and Emergency Medicine

成立时间： 2009年

历史简介： 中国医学救援会经国家民政部批准，于2009年登记成立，是从事医学救援的全国性行业协会，是以科学发展观为统领，以“关爱生命、科学救援”为宗旨。时任卫生部副部长马晓伟当选为首届会长，急救专家李宗浩任常务副会长兼秘书长。其业务主管单位为国家卫生计生委。2010年10月加入中国科协。协会住所设在北京，历届会长为：马晓伟、李宗浩，目前为第二届理事会。

业务主管单位： 无

办事机构支撑单位： 解放军总医院第三医学中心（原武警总医院）

个人会员数量： 4395人

单位会员数量： 138个

D-医科

第二届理事会选举时间： 2016 年 7 月 1 日

会长： 李宗浩　北京急救中心　主任医师　教授

副会长（9 人）：

吴永平　徐州医科大学　党委书记　教授
赵劲民　广西医科大学　校长　教授
钱阳明　海军总医院　原院长　主任医师
徐卸古　军事医学科学院　副院长　教授
李立兵　北京市红十字会 999 急救中心　主任
王明晓　煤炭总医院　院长　主任医师
黎檀实　解放军总医院急诊科　主任　主任医师
殷　明（女）　海军总医院　院长　主任医师
封志纯　陆军总医院八一儿童医院　院长　主任医师

秘书长： 李立兵（兼）

党组织情况： 中国医学救援协会党委　书记：吴永平
中国医学救援协会党支部　书记：吴宏威

分支机构（28 个）： 护理救援分会、儿科救援分会、水系灾害救援分会、矿山灾害救援分会、石油石化灾害救援分会、急诊分会、社区救护分会、灾害救援分会、装备分会、家庭救护分会、救援防护分会、标准化工作委员会、青年科学家委员会、空中急救分会、运动伤害分会、心血管急救分会、保险分会、整合康复医学分会、急救分会、教育分会、科普分会、重症医学分会、心肺复苏分会、影像分会、军民融合分会、创伤分会、动物伤害救治分会、应急管理工作委员会

已加入国际组织： 无

公开出版刊物（1种）：

中国科协业务主管的期刊（0种）

非中国科协业务主管的期刊（1种）

《中国急救复苏与灾害医学杂志》

设奖情况： 无

D - 医科

中国女医师协会

（信息截止日期为 2019 年 3 月 31 日）

统一社会信用代码：51100000500017677G
法定代表人：何界生
办 公 地 址：北京市朝阳区秀水街 1 号建国门外外交公寓 3-141
邮 政 编 码：100600
联 系 电 话：010-88129685
电 子 邮 箱：nysh120@126.com
网　　址：http://www.cmwa.org.cn

中国女医师协会
China Medical Women's Association

成立时间： 1995 年 7 月

历史简介： 1993 年由原卫生部发起筹建，1995 年 7 月成立，首届理事长为林佳楣。协会的宗旨是：遵守国家宪法、法律、法规和国家政策，遵守社会道德风尚。依法维护女医务工作者的权益，团结全国广大女医务工作者，积极投身于现代化建设，加强医学学术研究，提高女医务工作者的业务和学术水平，促进交流与合作，加强队伍建设，提高人类健康水平，为建设有中国特色的社会主义强国做贡献。于 2010 年 11 月加入中国科协。协会住所设在北京，历届理事长为：林佳楣、何界生、乔杰，目前为第五届理事会。

业务主管单位： 无

办事机构支撑单位： 无

个人会员数量： 48972 人

单位会员数量： 14 个

第四届理事会选举时间： 2018 年 12 月 26 日

理事长： 乔　杰（女）　北京大学第三医院　院长　教授　中国工程院院士

副理事长（11 人）：

丁　洁（女）　北京大学第一医院　副院长

候惠荣（女）　中国医学科学院肿瘤医院　研究员

王香平（女）　首都医科大学宣武医院　党委书记

陈香美（女）　中国人民解放军总医院全军肾脏病研究所所长　中国医学院院士

孙　斌（女）　复旦大学附属肿瘤医院分院　院长

朱凤珍（女）　广东省人民医院　主任医师

李一石（女）　中国医学科学院阜外医院心血管医院　主任

杨蓉娅（女）　原北京军区总医院　副院长

陈晓枫（女）　国家质检总局　原司长

付　丽（女）　天津医科大学肿瘤医院　主任医师

陈亚莎（女）　湖南省干部保健委员会　原主任

柯　杨（女）　北京大学　原常务副校长

秘书长： 韩晓明（女）　中华医学会原副秘书长

党组织情况： 中国女医师协会党委　书记：于冬

中国女医师协会秘书处党支部　书记：于冬

已加入国际组织： 无

公开出版刊物： 无

中国科协业务主管的期刊（0种）

非中国科协业务主管的期刊（0种）

设奖情况（6个）： 中国女医师协会五洲女子科技奖；中国最美女医师；中国女医师杰出贡献奖；中国女医师协会巾帼建功奖；抗击非典全国“三八”红旗手、“三八”红旗集体、抗击非典巾帼先进个人、先进集体；中国女医师协会女医师终生成就奖、女医师杰出贡献奖

中国研究型医院学会
（信息截止日期为2019年3月31日）

统一社会信用代码：5110000071783701 9N
法定代表人：王明晓
办公地址：北京市海淀区西三环北路甲2号
邮政编码：10C081
联系电话：01C-57975280
电子邮箱：yjxyyxh@163.com
网　　址：http://www.crha.cn

中国研究型医院学会
Chinese Research Hospital Association

D-医科

成立时间： 2013年4月21日

历史简介： 学会于2013年4月21日在北京召开了成立大会，通过了《中国研究型医院学会章程（草案）》，选举产生了中国研究型医院学会第一届理事会。王发强当选首届会长，刘希华担任副会长兼秘书长。2015年6月13日加入中国科协团体会员。学会住所设在北京，目前为第一届理事会。

业务主管单位： 民政部

办事机构支撑单位： 北京恒盛德远投资有限公司、航天中心医院

个人会员数量： 11500人

单位会员数量： 242个

第一届理事会选举时间： 2013年4月21日

会长： 王发强 武警医学院 原院长 主任医师 教授

副会长（24人）：

刘希华 解放军第309医院 原院长 主任医师 教授
丁义涛 南京鼓楼医院 原院长 主任医师 教授
马保根 河南省人民医院 原院长 主任医师 教授
王延军 军事医学科学院 副院长 主任医师 教授
王明晓 煤炭总医院 原院长 主任医师 教授
刘玉村 北京大学医学部 党委书记 主任医师 教授
许树强 国家卫生计生委应急办 主任
朱正纲 上海交通大学附属瑞金医院 原院长 主任医师 教授
沈中阳 天津市第一中心医院 院长 主任医师 教授
易学明 原南京军区总医院 原院长 主任医师 教授
侯世科 武警后勤学院附属医院 原院长 主任医师 教授
郭启勇 中国医科大学附属盛京医院 院长 主任医师 教授
温 浩 新疆医科大学第一附属医院 原院长 主任医师 教授
程晓曙 南昌大学附属第二医院 院长 主任医师 教授
瞿介明 上海交通大学附属瑞金医院 院长 主任医师 教授
张抒扬（女） 北京协和医院 副院长 主任医师 教授
高长青 解放军总医院 原副院长 主任医师 教授
何昆仑 解放军总医院 副院长 主任医师 教授
王深明 广州中山大学附属第一医院 原院长 主任医师 教授
李为民 四川大学华西医院 院长 主任医师 教授
李景波 第三军医大学西南医院 原院长 主任医师 教授

吕吉云　解放军总医院副院长　主任医师　教授

王永晨　哈尔滨医科大学附属第二医院　书记　主任医师　教授

徐安龙　北京中医药大学　校长

秘书长： 刘希华（兼）

党组织情况： 中国研究型医院学会党支部　书记：孟祥明

中国研究型医院学会理事会党委　书记：刘希华

分支机构（115个）： 冲击波医学专业委员会、神经外科学专业委员会、心血管介入学专业委员会、眩晕医学专业委员会、文化分会、消化内镜分子影像学专业委员会、移植医学专业委员会、超微病理学专业委员会、心肺复苏学专业委员会、后勤分会、检验医学专业委员会、营养医学专业委员会、烧创伤修复重建与康复专业委员会、医疗分会、评价与评估专业委员会、QSHE管理专业委员会、整合医学专业委员会、理论创新分会、急救医学专业委员会、卫生应急学专业委员会、放射学专业委员会、移动医疗专业委员会、心血管循证与精准医学专业委员会、普通外科学专业委员会、消化道肿瘤专业委员会、肝胆胰外科专业委员会、微创外科学专业委员会、整形医学专业委员会、神经科学专业委员会、肿瘤学专业委员会、心理与精神病学专业委员会、生物治疗学专业委员会、甲状腺疾病专业委员会、脑血管病专业委员会、机器人与腹腔镜外科专业委员会、麻醉学专业委员会、介入医学专业委员会、医学美容专业委员会、医疗信息化分会、感染病学专业委员会、精准医学与肿瘤MDT专业委员会、加速康复外科专业委员会、血管医学专业委员会、放射肿瘤专业委员会、泌尿外科学专业委员会、听觉医学专业委员会、糖尿病与肥胖专业委员会、皮肤科学专业委员会、数字医学临

D－医科

床外科专业委员会、乳腺疾病专业委员会、肝病专业委员会、感染与炎症放射学专业委员会、腹膜后与盆底疾病专业委员会、胰腺疾病专业委员会、药物评价专业委员会、病理专业委员会、甲状旁腺及骨代谢疾病专业委员会、血液病精准诊疗专业委员会、护理分会、糖尿病学专业委员会、临床工程专业委员会、胸外科学专业委员会、细胞研究与治疗专业委员会、肿瘤介入专业委员会、神经微侵袭治疗专业委员会、罕见病管理分会、肿瘤外科专业委员会、肠外肠内营养学专业委员会、实践创新分会、儿科专业委员会、空间微生物与感染专业委员会、妇产科学专业委员会、转化医学分会、休克与脓毒症专业委员会、关节外科学专业委员会、医药法律专业委员会、眼科学与视觉科学专业委员会、骨科创新与转化专业委员会、细胞外囊泡研究与应用专业委员会、肿瘤影像诊断学专业委员会、社会办医分会、分子诊断医学专业委员会、创面防治与损伤组织修复专业委员会、消化外科专业委员会、分子肿瘤与免疫治疗专业委员会、肿瘤放射生物与多模态诊疗专业委员会、药物经济学专业委员会、神经再生与修复专业委员会、足踝医学专业委员会、危重医学专业委员会、脊柱外科专业委员会、脊髓脊柱专业委员会、介入神经病学专业委员会、智能医学专业委员会、过敏医学专业委员会、心脏康复专业委员会、血液净化专业委员会、生物标志物专业委员会、临床数据与样本资源库专业委员会、感染性疾病循证与转化专业委员会、医患体验管理与评价专业委员会、孕产期母儿心脏病专业委员会、睡眠医学专业委员会、心脏瓣膜病学专业委员会、肾脏病学专业委员会、头痛与感觉障碍专业委员会、神经眼科专业委员会、儿童肿瘤专业委员会、出血专业委员会、心血管影像专业委员会、呼吸病学专业委员会、医工转化与健康产业融合专业委员会、医学影像与人工智能专业委员会、妇科肿瘤专业委员会、

脑功能研究专业委员会

已加入国际组织（6个）：国际医学冲击波治疗学会、黄晓军亚太血液联盟委员会、美国血液学会国际委员会、亚洲放疗联、世界神经病学联盟神经超声学会、世界华人妇产科医师协会

公开出版刊物（1种）：

中国科协业务主管的期刊（0和）

非中国科协业务主管的期刊（1种）

《中国研究型医院》

设奖情况（4个）：中国医学科学家奖；杰出院长（书记）奖；医学科技创新奖；医学成果转化奖

D-医科

中国睡眠研究会
（信息截止日期为2019年3月31日）

统一社会信用代码：51100000C5000161808
法定代表人：韩　芳
办 公 地 址：北京市海淀区高梁桥斜街40号B座902室
邮 政 编 码：100044
联 系 电 话：010-65230156
电 子 邮 箱：sleepcn@163.com
网　　　址：http://www.zgsmyjh.org

中国睡眠研究会
Chinese Sleep Research Society

成立时间： 1994年4月1日

历史简介： 由王雨若、刘世熠、张景行等发起，1987年10月在河南召开第一次筹备工作会议。1989年5月29日～6月1日在黄山举行筹备大会。1992年5月由中国科学院正式向中国科协申请建立中国睡眠研究会，成立第一届理事会，经中国科协上报民政部。刘世熠任首届理事长，王雨若、黄席珍任副理事长，张景行任秘书长。1994年4月1日，民政部批准中国睡眠研究会注册登记。研究会住所设在北京，历届理事长为：刘世熠、张景行、陈彦方、韩芳，目前为第五届理事会。

业务主管单位： 中国科学技术协会

办事机构支撑单位： 无

个人会员数量： 3970 人

单位会员数量： 86 个

第五届理事会选举时间： 2015 年 12 月 4 日

理事长： 韩　芳　北京大学人民医院呼吸睡眠中心　主任　教授　主任医师

副理事长（6 人）：

叶京英（女）　北京清华长庚医院耳鼻咽喉外科　主任　教授主任医师

张希龙　南京医科大学附一院　教授　主任医师

徐　建　上海市中医医院　院长　主任医师

汪卫东　中医科学院广安门医院　教授　主任医师

唐向东　四川大学华西医院睡眠中心　主任　教授　主任医师

高雪梅（女）　北京大学口腔医院　教授　主任医师

秘书长： 左和鸣　中日友好医院　主管技师

党组织情况： 中国睡眠研究会党委　书记：韩芳

中国睡眠研究会秘书处党支部　书记：左和鸣

分支机构（11 个）： 睡眠障碍专业委员会、睡眠呼吸障碍专业委员会、睡眠与心理卫生专业委员会、睡眠生理和药理专业委员会、中医睡眠医学专业委员会、青年工作委员会、睡眠生物节律专业委员会、睡眠医学教育专业委员会、西部睡眠工作委员会、儿童睡眠医学专业委员会、东北睡眠工作委员会

已加入国际组织（2 个）： 亚洲睡眠研究会、亚洲睡眠医学学会

公开出版刊物： 无

设奖情况： 无

D-医科

中国卒中学会

（信息截止日期为2019年3月31日）

统一社会信用代码：51100000717840816O
法定代表人：王彩云
办 公 地 址：北京市丰台区南四环西路188号三区6号楼
邮 政 编 码：100070
联 系 电 话：010-57986000
电 子 邮 箱：wangfeng@chinastroke.net
网　　　址：http://www.chinastroke.net

中国卒中学会
Chinese Stroke Association

成立时间： 2015年3月2日

历史简介： 由首都医科大学附属北京天坛医院赵继宗院士和王拥军教授等一批卒中医学领域著名学者和专家发起，于2015年1月18日在北京召开第一次全国会员代表大会，审议通过了《章程》和《会员管理办法》，选举产生了第一届理事会。赵继宗任第一届会长，主要理事会成员有王拥军、葛均波、董强、徐安定、纪立农等。2015年3月2日，在民政部正式登记成立。学会住所设在北京，目前为第一届理事会。

业务主管单位： 中国科学技术协会

办事机构支撑单位： 无

个人会员数量： 19329 人

单位会员数量： 0 个

第一届理事会选举时间： 2015 年 1 月 18 日

会长： 赵继宗　首都医科大学附属北京天坛医院　主任医师
中国科学院院士

副会长（5 人）：

王拥军　首都医科大学附属北京天坛医院　副院长　主任医师
葛均波　复旦大学附属中山医院　科主任　主任医师
中国科学院院士
纪立农　北京大学人民医院　科主任　主任医师
董　强　复旦大学附属华山医院　科主任　主任医师
徐安定　暨南大学附属第一医院　副院长　主任医师

秘书长： 王彩云（女）　首都医科大学附属北京天坛医院　研究员

党组织情况： 中国卒中学会党委　书记：赵继宗
中国卒中学会秘书处党支部　书记：王枫

分支机构（23 个）： 神经介入分会、医疗质量管理和促进分会、转化医学分会、脑血流与代谢分会、遗传学分会、脑卒中康复分会、重症脑血管病分会、脑血管病高危人群管理分会、移动医疗分会、中西医结合分会、脑血管外科分会、免疫分会、脑静脉病变分会、全科医学与基层医疗分会、护理学分会、急救医学分会、新药研发与评价分会、医学影像学分会、卒中与眩晕分会、脑血管病大数据与信息标准化分会、血管性认知障碍分会、复合介入神经外科分会、心血管病分会

已加入国际组织（1 个）： 世界卒中组织

公开出版刊物（2种）：

中国科协业务主管的期刊（1种）

《卒中与血管神经病学》（英文版）

非中国科协业务主管的期刊（1种）

《中国卒中杂志》

设奖情况： 无

中国自然辩证法研究会

（信息截止日期为2019年3月31日）

统一社会信用代码：51100000400002013L

法定代表人：张彦英

办 公 地 址：北京市西城区三里河路54号478-1

邮 政 编 码：100045

联 系 电 话：010-62149306

电 子 邮 箱：zrbzhf@vip.sina.com

网　　址：www.chinasdn.org.cn

中国自然辩证法研究会

The Chinese Society for Dialectics of Nature（CSDN）

成立时间： 1981年10月30日

历史简介： 中国自然辩证法研究会筹建于改革开放初期，由经济学家于光远先生和周培源、钱三强等科学家提议成立，在1977年12月12日召开的全国自然辩证法规划会议上通过，由中国科学技术协会申报。1978年1月16日，经中国科协同意成立筹委会，1981年10月30日在北京正式成立。首任理事长为：于光远，副理事长为：周培源、卢嘉锡、李昌、钱三强、钱学森、钟林。研究会住所设在北京，历届理事长为：于光远、龚育之、朱训、吴启迪、何鸣鸿，目前为第八届理事会。

业务主管单位： 中国科学技术协会

办事机构支撑单位： 中国科协学会服务中心

个人会员数量： 1482 人

单位会员数量： 0 个

第八届理事会选举时间： 2018 年 10 月 27 日

理事长： 何鸣鸿　国家自然科学基金委员会原副主任　研究员

副理事长（7 人）：

王　安　中国国际工程咨询有限公司　董事长　党委书记　教授级高级工程师　中国工程院院士

郭贵春　山西大学科学技术哲学研究中心　主任　教授

陈　凡　东北大学哲学系　主任　教授

吴　彤（蒙古族）　清华大学科学史系　教授

张大庆　北京大学医学部科学史与科学哲学中心　主任　教授

刘孝廷　北京师范大学哲学学院科史哲研究所　所长　教授

尚智丛　中国科学院大学人文学院　教授

秘书长： 尚智丛（兼）

党组织情况： 中国自然辩证法研究会党委　书记：尚智丛

中国自然辩证法研究会、中国科技新闻学会、中国能源研究会秘书处联合党支部　书记：赵月刚

分支机构（45 个）： 学术工作委员会、编辑出版工作委员会、组织工作委员会、教育与普及工作委员会、国际学术交流工作委员会、技术与经济咨询工作委员会、青年工作委员会、保卫科学精神工作委员会、天文哲学专业委员会、技术哲学专业委员会、党校系统专业委员会、农业哲学专业委员会、农业高校系统专业委员会、数学哲学专业委员会、化学化工专业委员会、科学哲学专业委员会、医

学哲学专业委员会、地学哲学专业委员会、生物哲学专业委员会、复杂性与系统科学哲学专业委员会、企业发展专业委员会、科技哲学史专业委员会、自然哲学专业委员会、易学与科学专业委员会、科技创新专业委员会、人力资源专业委员会、科技方法论专业委员会、科技与社会专业委员会、工程哲学专业委员会、科学技术与工程伦理专业委员会、科学传播与科学教育专业委员会、环境哲学专业委员会、未来哲学与发展战略专业委员会、科学基础与信息网络专业委员会、产业哲学专业委员会、思维科学与认知哲学专业委员会、生命伦理学专业委员会、休闲哲学专业委员会、科学技术学专业委员会、军事技术哲学专业委员会、科技文化专业委员会、科学与艺术专业委员会、物理学哲学专业委员会、科学技术与公共政策专业委员会、博物学文化专业委员会

已加入国际组织： 国际科学史和科学哲学联合会、逻辑学方法论科学哲学分会

公开出版刊物（2种）：

中国科协业务主管的期刊（2种）

《自然辩证法研究》《医学与哲学》

非中国科协业务主管的期刊（0种）

设奖情况（1个）： 中国自然辩证法研究会学术奖

中国管理现代化研究会
（信息截止日期为2019年3月31日）

统一社会信用代码：51100000500004833X
法定代表人：石　勇
办 公 地 址：北京市海淀区中关村东路80号中国科学院大学院内
邮 政 编 码：100190
联 系 电 话：010-82680396
电 子 邮 箱：camchina@126.com
网　　址：www.camchina.org.cn

中国管理现代化研究会
Chinese Academy of Management

成立时间： 1978年11月15日

历史简介： 1977年，邓小平同志提出管理现代化的重要思想。1978年，管理现代化被列为全国科学发展规划的第107项。1978年4月1日，周培源同志在全国科协主席团扩大会议上提出，拟成立“科学管理现代化研究会”。由此，由全国科协、计委经济所、北京经济管理学院、中国社会科学院工业经济所联合组成的“经济管理协作组”开始着手筹建工作。国家科委提交给国务院《关于全国科协当前工作和机构编制的请示报告》【（78）国科发党字0086号文】中提道：为了适应当前工作需要，全国科协拟设立“中国管理现代化研究会”。根据国务院批准意见，全国科协于1978年11

月 15 日，正式成立中国管理现代化研究会。同年，在国家科委和全国科协联合召开的全国技术经济和管理现代化研究规划工作会议上，制定并通过了《中国管理现代化研究会暂行组织办法》，推选了研究会首届干事会成员。1991 年 5 月，研究会向国家民政部申请复查登记为社会团体法人。研究会原挂靠中国科学院数学与系统科学研究院。2005 年，经中国科学院批准，挂靠单位及办公地点迁至中国科学院大学（原中国科学院研究生院）。2005 年，研究会换届时对学会进行了大规模重组，广泛吸收了国内各高校经管学院、商学院、公共管理学院及相关科研院所的优秀管理学者加入研究会，在学科构成上兼顾工商管理、管理科学与工程、公共管理、农林经济等诸多学科方向。使得研究会真正成为中国管理学界科技工作者、企业管理精英、政府及其他各类组织管理者和管理科学爱好者交流、合作的平台。研究会坚持民主办会原则，贯彻“百花齐放、百家争鸣”的方针。研究会成立初期常设机构称为干事会，设总干事 1 人，副总干事 5 人，首届总干事为谢绍明。1981 年 12 月 15 日，第三次全体干事会决定将“干事会”更名为“理事会”，正、副总干事改为正、副理事长。研究会历届理事长为：谢绍明、何健文、周子康、成思危、赵纯均、石勇，目前为第六届理事会。2018 年 1 月，研究会正式成立党委。

业务主管单位： 中国科学技术协会

办事机构支撑单位： 中国科学院大学

个人会员数量： 63 人

单位会员数量： 98 个

第六届理事会选举时间： 2015 年 11 月 7 日

理事长： 石　勇　中国科学院虚拟经济与数据科学研究中心　主任　教授

副理事长（12人）：

李维安　天津财经大学　校长　教授

席酉民　西交利物浦大学　执行校长　教授

杨善林　合肥工业大学管理学院　教授　中国工程院院士

张　维　天津大学管理与经济学部　教授

陈国青　清华大学经济管理学院　教授

陈　剑　清华大学经济管理学院　教授

杜越新　《管理现代化》杂志社　社长

陆雄文　复旦大学管理学院　院长　教授

黄丽华（女）　复旦大学管理学院　教授

汪寿阳　中国科学院大学经济与管理学院　院长　研究员

薛　澜　清华大学苏世民学院　院长　教授

赵曙明　南京大学商学院　教授

秘书长： 赵景华　中央财经大学政府管理学院　院长　教授

党组织情况： 中国管理现代化研究会党委　书记：赵景华

中国管理现代化研究会秘书处党支部　书记：赵景华

分支机构（25个）： 生产与运作管理专业委员会、组织与战略管理专业委员会、组织行为与人力资源管理专业委员会、创业与中小企业管理专业委员会、国际商务谈判专业委员会、技术与创新管理专业委员会、信息管理专业委员会、公共管理专业委员会、金融管理专业委员会、管理与决策科学专业委员会、会计与财务专业委员会、营销管理专业委员会、公司治理专业委员会、平行管理专业委员会、商务智能专业委员会、案例管理专业委员会、风险投资专业委员会、政府战略与公共政策研究专业委员会、决策模拟专业委员会、廉政建设与治理研究专业委员会、企业并购重组研究专业委员会、电子商务与网络空间管理专业委员会、管理思想与商业伦理专业委员会、青年工作委员会、期刊工作委员会

已加入国际组织： 无

公开出版刊物（2种）：

中国科协业务主管的期刊（2种）

《管理现代化》《中外管理》

非中国科协业务主管的期刊（0种）

设奖情况（1个）： 中国管理学青年奖

中国技术经济学会
（信息截止日期为2019年3月31日）

统一社会信用代码：5110000050000273 1K
法定代表人：牛东晓
办 公 地 址：北京市海淀区学院南路86号
邮 政 编 码：100081
联 系 电 话：010-62124436
电 子 邮 箱：jishujingjixuehui@vip.163.com
网　　址：www.cste.org.cn

中国技术经济学会
Chinese Society of Technology Economics

成立时间： 1978年11月15日

历史简介： 原名中国技术经济研究会，由于光远等发起，于1978年11月15日成立。第一届干事会总干事为徐寿波。1985年11月召开第一次全国会员代表大会，于光远当选为第一届理事长。2011年6月，经中国技术经济研究会第五次全国会员代表大会决定，报请有关部门批准，正式更名为中国技术经济学会。学会住所设在北京，历届理事长为：于光远、吴明瑜、罗冰生、孙晓郁，目前为第六届理事会。

业务主管单位： 中国科学技术协会

办事机构支撑单位： 中国科协学会服务中心

个人会员数量： 7315人

单位会员数量： 210 个

第六届理事会选举时间： 2016 年 8 月 6 日

理事长： 李　平　中国社会科学院数量经济与技术经济研究所所长　研究员

副理事长（5 人）：

李志军　国务院发展研究中心《管理世界》杂志社总编辑　研究员

牛东晓　华北电力大学经济管理学院　教授

王宗军　华中科技大学管理学院　院长　教授

李开孟　中国国际工程咨询公司研究中心　主任　研究员

杨德林　清华大学经济管理学院　教授

秘书长： 黄检良　中国技术经济学会秘书长

党组织情况： 中国技术经济学会党委　书记：李平

中国技术经济学会秘书处党支部　书记：郭晓刚

分支机构（25 个）： 运输技术经济专业委员会、化工技术经济专业委员会、煤炭技术经济专业委员会、林业技术经济专业委员会、通信技术经济专业委员会、价值工程专业委员会、技术管理专业委员会、产品创新管理专业委员会、知识产权专业委员会、边疆生态与资源技术经济专业委员会、神经经济管理专业委员会、农业技术经济分会、可行性研究与项目评价分会、体育经济与价值管理分会、中小企业分会、复杂科学管理分会、环境技术经济分会、技术创新与创业分会、金融科技分会、能源创新与环境规制分会、标准化研究分会、投融资分会、电力技术经济分会、军民融合分会、技术孵化与创新生态分会

已加入国际组织： 无

公开出版刊物（3种）:

中国科协业务主管的期刊（3种）

《技术经济》《科学技术与工程》《科技和产业》

非中国科协业务主管的期刊（0种）

设奖情况（1个）: 中国技术经济学会技术经济奖

中国现场统计研究会
（信息截止日期为2019年3月31日）

统一社会信用代码：5110000050000186XU
法定代表人：杨振海
办 公 地 址：北京市朝阳区平乐园100号北京工业大学应用数理学院（数理楼2417室）
邮 政 编 码：100124
联 系 电 话：010-67392433
电 子 邮 箱：e04@cast.org.cn
网　　址：www.caas.org.cn

中国现场统计研究会
Chinese Association for Applied Statistics（CAAS）

成立时间： 1979年8月22日

历史简介： 1978年7月，张里千、孙长鸣、刘婉如、汪仁官和杜林芳五人联名发起。同年10月，上述五人联系著名统计学家魏宗舒、林少宫及杨纪柯等，倡议成立一个学术团体——中国现场统计研究会，以便团结国内同行，推广正交试验法。倡议于年末获中国科协批准。1979年8月22日在北京科学会堂召开中国现场统计研究会成立大会，并成立了干事会，推选魏宗舒教授为干事长。首届干事会主要成员有：张里千、魏宗舒、林少宫、杨纪柯、孙长鸣、刘婉如、汪仁官和杜林芳等。1981年7月，在广东省新会县召开了研究会首届年会暨第一次全国代表大会，会上将干事会改称为理事

E－交叉学科

会。研究会住所设在北京，历届理事长为：魏宗舒、张里千、陈希孺、杨振海、耿直，房祥忠目前为第十届理事会。

业务主管单位： 中国科学技术协会
办事机构支撑单位： 北京工业大学
个人会员数量： 6892 人
单位会员数量： 19 个
第九届理事会选举时间： 2017 年 11 月 4 日
理事长： 房祥忠　北京大学数学科学学院　教授
副理事长（9 人）：
郭建华　东北师范大学　副校长　教授
崔恒建　首都师范大学数学科学学院统计系　教授
唐年胜　云南大学数学与统计学院院长　教授
汪荣明　上海对外经贸大学　党委副书记　校长　教授
王兆军　南开大学数学科学学院　副院长　教授
吴耀华　中国科学技术大学管理学院统计研究所　所长　教授
张宝学　首都经济贸易大学统计学院　院长　教授
石　坚　中国科学院数学与系统科学研究院　研究员
孙六全　中国科学院数字与系统科学研究院　研究员
秘书长： 程维虎　北京工业大学应用数理学院　教授
党组织情况： 中国现场统计研究会党委　书记：崔恒建
中国现场统计研究会秘书处联合党支部　书记：周洪芳

分支机构（21 个）： 试验设计分会、质量分会、医药与生物统计分会、气象水文地质分会、统计调查分会、生存分析分会、工程概率统计分会、可靠性工程分会、国际标准与技术法规分会、教育统计与管理专业委员会、医药食品优化专业委员会、多元分析应用专业委员会、建设统计技术分会、资源与环境统计分会、安全性统计技术分会、统计综合评价研究分会、高维数据统计分会、空间统计学分会、计算统计分会、经济与金融统计分会、大数据统计分会

已加入国际组织： 无

公开出版刊物（1 种）：

中国科协业务主管的期刊（1 种）

《数理统计与管理》

非中国科协业务主管的期刊（0 种）

设奖情况： 无

中国未来研究会

（信息截止日期为2019年3月31日）

统一社会信用代码：5110000050000l691W
法定代表人：金灿荣
办 公 地 址：北京海淀区学院南路86号
邮 政 编 码：100081
联 系 电 话：010-62103296
电 子 邮 箱：e05@cast.org.cn
网　　　址：www.csfs.org.cn

中国未来研究会
China Society for Futures Studies

成立时间： 1979年1月16日

历史简介： 中国未来研究会由原国家科学技术委员会、中国科协、中国科学院、中国社会科学院、教育部、北京大学、清华大学、中国科技大学、中国人民大学、北京师范大学和《光明日报》等单位，以及于光远、梅益、吴明瑜、杜大公、李琼、林自新、罗劲柏、查汝强、秦麟征、李琮等人共同发起，于1979年1月16日在北京成立，同时加入中国科协。著名专家学者钱学森、于光远、童大林、茅以升、汪道涵、聂壁初、于若木、李宝恒、蒋顺学、江泽宽、秦麟征、向守志、糜振玉、徐孝纯、高恒等先后担任学会的顾问。首届理事长：杜大公，首届理事会主要成员：李琮、林自新、罗劲柏、徐礼章、秦麟征、贡光禹。研究会住所设在北京，历届理事长为：杜大公（第一、第二届）、李宝恒（第三届）、马宾（第四届）、张文范（第五届、第六届）、金灿荣（第七届），目前为第七届理事会。

业务主管单位： 中国科学技术协会
办事机构支撑单位： 中国科协学会服务中心
个人会员数量： 4805 人
单位会员数量： 15 个
第七届理事会选举时间： 2017 年 12 月 2 日
理事长： 金灿荣　中国人民大学国际关系学院　副院长　教授
副理事长：

阎耀军　天津工业大学公共危机管理研究所　所长　教授
顾朝林　清华大学建筑学院　教授
何传启　中国科学院中国现代化研究中心主任　研究员
陈恩红　中国科技大学计算机科学与技术学院副院长　教授

秘书长： 刘益东　中国科学院自然科学史研究所主任　研究员
党组织情况： 中国未来研究会党委　书记：金灿荣
中国未来研究会党支部　书记：华军

分支机构（15 个）： 教育分会、科技未来研究分会、医学委员会、中小企业委员会、名人书画专业委员会、文化经济专业委员会、旅游未来研究分会、现代化研究分会、人才战略专业委员会、产学研交流合作促进分会、评估与预测分会、一带一路专业委员会、雄安发展研究分会、教育培训中心（独立法人）、《发现》杂志社（独立法人）
已加入国际组织： 世界未来研究联合会
公开出版刊物（2 种）：

中国科协业务主管的期刊（2 种）
《未来与发展》《发现》

中国科学技术史学会

（信息截止日期为2019年3月31日）

统一社会信用代码：51100000500128412
法定代表人：孙小淳
办 公 地 址：北京市海淀区中关村东路55号
邮 政 编 码：100190
联 系 电 话：010-57552527
电 子 邮 箱：luoxb@ucas.ac.cn
网　　　址：http://www.cshst.org

中国科学技术史学会
Chinese Society for the History of Science and Technology

成立时间： 1980年10月11日

历史简介： 由钱临照等发起。1980年9月，经中国科协批准同意筹备中国自然科学史学会。后改名为中国科学技术史学会。1980年10月6~11日，来自全国科研机构、高等院校等151个单位的274名专职和非专职的科学史工作者在北京聚集，经由中国科协选聘的27名专家组成的会议主席团审批通过，成为第一批会员；10月11日，233名会员以无记名投票方式，选出49名理事，宣告中国科学技术史学会的成立；第一次理事会选举了15名常务理事，选出钱临照为理事长，仓孝和、严敦杰为副理事长，李佩珊为秘书长，黄炜为副秘书长。学会住所设在北京，历届理事长为：钱临照、柯俊、卢嘉锡、路甬祥、席泽宗、刘钝、廖育群、孙小淳。目前为第九届理事会。

业务主管单位： 中国科学技术协会

办事机构支撑单位： 中国科学院大学

个人会员数量： 1327 人

单位会员数量： 无

第九届理事会选举时间： 2015 年 12 月 27 日

理事长： 孙小淳　中国科学院大学人文学院　常务副院长　教授

副理事长（5 人）：

胡化凯　中国科学技术大学　教授

关增建　上海交通大学科学史与科学文化研究院党委书记　教授

梅建军　李约瑟研究所　所长　教授

张大庆　北京大学医学部医学人文研究院　院长　教授

曲安京　西北大学数学学院　院长　教授

秘书长： 鲁大龙　中国科学院大学人文学院　副教授

党组织情况： 中国科学技术史学会党委　书记：孙小淳

中国科学技术史学会秘书处党支部　无

分支机构（28 个）： 数学史专业委员会、物理学史专业委员会、化学史专业委员会、天文学史专业委员会、地学史专业委员会、生物学史专业委员会、农学史专业委员会、技术史专业委员会、冶金史专业委员会、医学史专业委员会、建筑史专业委员会、综合史专业委员会、少数民族科技史专业委员会、咨询工作委员会、地方科技史志专业委员会、科学文化专业委员会、力学史专业委员会、工程史专业委员会、科技史教育专业委员会、科技与经济社会史专业委员会、工业遗产专业委员会、气象学史专业委员会、传统工艺研究分会、造纸史与纸质文物专业委员会、计时仪器史研究分会、科技人物研究专业委员会、科技考古专业委员会、性别与科学研究专业委员会

已加入国际组织（1个）： 国际科学技术史学会

公开出版刊物（2种）：

中国科协业务主管的期刊（1种）

《中国科技史杂志》

非中国科协业务主管的期刊（1种）

《自然科学史研究》

设奖情况： 无

中国科学技术情报学会

（信息截止日期为2019年3月31日）

统一社会信用代码：511000005000013176
法定代表人：潘云涛
办 公 地 址：北京海淀区复兴路15号
邮 政 编 码：100038
联 系 电 话：010-58882540
电 子 邮 箱：zhaozy@istic.ac.cn
网　　　址：www.cssti.org.cn

中国科学技术情报学会

China Society for Scientific and Technical Information

成立时间： 1964年6月18日

历史简介： 1964年经中国科学技术协会批准，中国科学技术情报学会成立筹委会，1978年8月30日，中国科学技术情报学会在苏州开会并正式成立。8月31日，召开第一次全国会员代表大会，选举武衡为首届理事长，江明、聂春荣、林自新为副理事长，李新为秘书长。住所设在北京。学会目前为第八届理事会。历届理事长为：武衡、周平、刘昭东、石定环、戴国强。

业务主管单位： 中国科学技术协会

办事机构支撑单位： 中国科学技术信息研究所

个人会员数量： 25000 人

单位会员数量： 138 个

第八届理事会选举时间： 2015 年 7 月 10 日

理事长： 戴国强　中国科学技术信息研究所　所长

副理事长（6 人）：

邢宪力　中国科学技术信息研究所　原党委书记

马费成　武汉大学信息资源研究中心　主任

代　涛　中国医学科学院医学信息研究所　所长

叶缘民　天津市科学技术信息研究所　党委书记

刘林山　中国国防科技信息中心　主任

陈　超　上海图书馆 / 上海科学技术情报研究所副馆（所）长

秘书长： 潘云涛（女）　中国科学技术信息研究所科学计量与评价研究中心　主任

党组织情况： 中国科学技术情报学会党委　书记：戴国强

中国科学技术情报学会秘书处党支部　无

分支机构（15 个）： 学术工作委员会、组织工作委员会、普及工作委员会、海峡两岸科技信息交流委员会、合作交流工作委员会、信息技术专业委员会、信息资源专业委员会、情报研究与咨询专业委员会、情报理论方法与教育培训专业委员会、科技出版与科技声像专业委员会、竞争情报分会、知识组织专业委员会、科技查新专业委员会、创新方法专业委员会、企业信息管理及情报工作专业委员会

已加入国际组织： 无

公开出版刊物（4 种）：

中国科协业务主管的期刊（2 种）

《情报学报》《情报工程》

非中国科协业务主管的期刊（2 种）

《现代情报》《情报科学》

设奖情况（5 个）： 情报科学奖（分为："优秀情报工程项目奖""情报科学家奖""情报工程创新团队奖"三项，其中，"情报科学家奖"又分为杰出情报科学家奖和青年情报科学家奖。）

中国图书馆学会

（信息截止日期为2019年3月31日）

统一社会信用代码：51100000500001 35XE
法定代表人：饶权
办 公 地 址：北京市海淀区中关村南大街33号
邮 政 编 码：100081
联 系 电 话：010-88545677
电 子 邮 箱：ztxhmsc@nlc.cn
网　　址：www.lsc.org.cn

中国图书馆学会
Library Society of China

成立时间： 1979年7月9日

历史简介： 中国图书馆学会前身是中华图书馆协会，成立于1925年。1927年成为国际图联（IFLA）的发起单位之一。后由刘季平等倡议恢复成立中国图书馆学会。1979年1月，经中央宣传部批准，国家文物事业管理局发文同意成立。1979年7月9日，中国图书馆学会成立大会暨第一次会员代表大会在山西太原召开。大会讨论并通过了《中国图书馆学会章程》，选举产生了由69人组成的第一届理事会。随后召开的一届一次理事会上，北京图书馆馆长刘季平被推举为理事长，北京图书馆副馆长丁志刚、天津图书馆馆长黄钰生、上海图书馆馆长顾廷龙、南京图书馆馆长汪长炳、北京大学图书馆副馆长梁思庄、中国科学院图书馆馆长佟曾功等6人为副理事长，北京图书馆副馆长谭祥金为秘书长，产生了21名常务理事组成的常务理事会。于光远等13位知名人士被聘请为名誉理事。1979年8月，加入中国科协。1981年5月，恢复了在国际图联（IFLA）的合法席位。学会住所设在北京，历届理事长为：刘季平、丁志刚、任继愈、刘德有、徐文伯、周和平、詹福瑞、韩永进、饶权，目前为第九届理事会。

业务主管单位： 中国科学技术协会

办事机构支撑单位： 国家图书馆

个人会员数量： 15582人

单位会员数量： 549（个）

第九届理事会选举时间： 2015年4月9日

理事长： 饶　权　国家图书馆馆长　党委副书记

副理事长（8人）：

方　卿　武汉大学信息管理学院　院长　教授

朱　强　北京大学图书馆　原馆长　研究馆员

刘小琴（女）　原文化部公共文化司　巡视员

李广建　北京大学信息管理系　主任　教授

吴建中　上海图书馆　原馆长　研究馆员

张晓林　中国科学院文献情报中心　教授

陈　樱（女）　国家图书馆副馆长、党委副书记兼纪委书记

程焕文　中山大学图书馆　馆长　教授

秘书长： 霍瑞娟（女）　中国图书馆学会　秘书长　研究馆员

党组织情况： 中国图书馆学会党委　书记：饶权

中国图书馆学会秘书处党支部　书记：霍瑞娟

分支机构（17个）： 学术研究委员会、图书馆学教育委员会、阅读推广委员会、编译出版委员会、交流与合作委员会、公共图书馆分会、高等学校图书馆分会、专业图书馆分会、中央国家机关图书馆分会、医学图书馆分会、高职院校图书馆分会、中小学图书馆分会、军队院校图书馆分会、党校图书馆分会、团校图书馆分会、未成年人图书馆分会、工会图书馆分会

已加入国际组织（1个）： 国际图书馆协会和机构联合会

公开出版刊物（1种）：

中国科协业务主管的期刊（0种）

非中国科协业务主管的期刊（1种）

《中国图书馆学报》

设奖情况： 无

中国城市科学研究会

（信息截止日期为2019年3月31日）

统一社会信用代码：511000005000085868
法定代表人：仇保兴
办 公 地 址：北京市海淀区三里河路9号住房和城乡建设部内
邮 政 编 码：100835
联 系 电 话：010-58933149
电 子 邮 箱：office@chinasus.org
网　　　址：www.chinasus.org

中国城市科学研究会
Chinese Society for Urban Studies

成立时间： 1984年1月20日

历史简介： 1982年12月24日，中国自然辩证法研究会在京召开“全国城市发展战略思想学术研讨会”。会上，由李铁映、李宝恒、朱厚泽、曹洪涛、吴良镛、于光远等领导和专家倡议，成立了由曹洪涛、吴良镛、周永源等25人组成的中国城市科学研究会筹备组。1984年1月20日，在北京召开成立大会。国务院有关部门和各省（区、直辖市）建设部门的领导，以及城市科学各学科的专家、学者400余人出席会议。1984年6月16日，城乡建设环境保护部部长办公会研究中国城市科学研究会办事机构中的有关问题，明确学会挂靠建设部。1985年3月，国家经济体制改革委员会以体改办字（1985）第17号文，中国科协以（1985）科协发学字089号文批

E-交叉学科

复研究会为中国科协团体会员单位。研究会住所设在北京，李锡铭任首任理事长，历届理事长为：李锡铭、芮杏文、廉仲、周干峙、仇保兴，目前为第六届理事会。

业务主管单位： 中国科学技术协会

办事机构支撑单位： 住房和城乡建设部

个人会员数量： 4800 人

单位会员数量： 567 个

第六届理事会选举时间： 2016 年 5 月 18 日

理事长： 仇保兴　国务院　参事　住房和城乡建设部　原副部长　高级规划师

副理事长（10 人）：

谭荣尧　国家能源局　原党组成员　监管总监

杨焕明　华大基因研究院　理事长　中国科学院院士

曲久辉　中国科学院生态环境研究中心　研究员　中国工程院院士

江　亿　清华大学建筑节能研究中心　主任　中国工程院院士

郭仁忠　深圳市规划和国土资源委员会　巡视员　中国工程院院士

吴志强　同济大学　副校长　教授　中国工程院院士

俞孔坚　北京大学建筑与景观设计学院　院长　教授

张爱林　北京建筑大学　校长　教授

王　俊　中国建筑科学研究院　院长　研究员

詹纯新　中联重科　董事长　党委书记　高级工程师

秘书长： 余　刚　清华大学环境学院　教授

党组织情况： 中国城市科学研究会党委　书记：仇保兴

中国城市科学研究会党总支部　书记：刘平星

分支机构（20个）： 中小城市分会、历史文化名城委员会、城建档案信息与地下管廊专业委员会、绿色建筑专业委员会、生态城市研究专业委员会、数字城市专业委员会、住房政策和市场调控专业委员会、城市公用事业改革与监管专业委员会、建设互联网与BIM专业委员会、住宅产业化专业委员会、城市大数据专业委员会、城市更新专业委员会、景观设计学与美丽中国建设专业委员会、木结构建筑专业委员会、城市转型与创新研究专业委员会、可持续土木工程研究专业委员会、新型城镇化与城乡规划研究专业委员会、水环境与水生态分会、健康城市专业委员会、城市治理专业委员会

已加入国际组织： 无

公开出版刊物（2种）：

中国科协业务主管的期刊（2种）

《城市发展研究》《城建档案》

非中国科协业务主管的期刊（0种）

设奖情况（1个）： 城市科学奖

中国科学学与科技政策研究会
（信息截止日期为2019年3月31日）

统一社会信用代码：5110000050000552 9M
法定代表人：罗　伟
办 公 地 址：北京市海淀区中关村东路55号
邮 政 编 码：100190
联 系 电 话：010-62542615
电 子 邮 箱：casssp@casipm.ac.cn
网　　　址：www.casssp.org.cn

中国科学学与科技政策研究会
Chinese Association for Science of Science and S&T Policy

成立时间： 1982年6月9日

历史简介： 1978年全国科学大会召开，科学学在我国引起愈来愈多的从事科学事业人员的关注，在这种形势下，1979年7月成立科学学全国联络组，着手筹建中国科学学研究会。1982年6月9日至12日，中国科学学与科技政策研究会成立会议在安徽九华山举行。研究会首届理事长为钱三强。首届理事会主要成员有：田夫、吴明瑜、罗伟、李铁映、夏禹龙、魏瑚、李秀果、赵文彦、何钟秀、曹听生、张登义、王兴成、方放、仇金泉、冯之浚、刘吉、任丰平、关西普、杨沛霆、陈益升、张国玉、张群力、郑德刚、赵红洲、胡世禄、龚育之、续惠中、蒋尧麟。1985年研究会加入中国科学技术协会。研究会住所设在北京。学会历届理事长为：钱三强、龚育之、冯之浚、邹祖烨、方新、穆荣平，目前为第七届理事会。

业务主管单位： 中国科学技术协会

办事机构支撑单位： 中国科学院科技战略咨询研究院

个人会员数量： 3359 人

单位会员数量： 41 个

第七届理事会选举时间： 2015 年 10 月 17 日

理事长： 穆荣平　中国科学院科技战略咨询研究院　党委书记

副理事长（8 人）：

蔡　莉（女）吉林大学校党委副书记　教授

胡志坚　中国科学技术发展战略研究院院长　研究员

李　光　武汉大学发展研究院院长　教授

李廉水　南京信息工程大学　教授

李　垣　同济大学经济与管理学院院长　教授

柳卸林　中国科学院大学经管学院　教授

薛　澜　清华大学苏世民书院院长　教授

魏　江　浙江大学管理学院院长　教授

秘书长： 陈　光　中国科学院学部工作局副研究员

党组织情况： 中国科学学与科技政策研究会党委书记：穆荣平

中国科学学与科技政策研究会秘书处党支部　书记：无

分支机构（27 个）： 科技政策专业委员会、科技创新专业委员会、科学与经济专业委员会、科学计量学和信息计量学专业委员会、公共管理专业委员会、科技评价专业委员会、科技人力资源专业委员会、创业创新专业委员会、技术预见专业委员会、政策模拟专业委员会、科学学理论与学科建设专业委员会、科学传播及普及专业委员会、知识产权政策专业委员会、科学社会学专业委员会、科技项目管理专业委员会、科技成果产业化专业委员会、区域创新专业委员会、科技基础设施专业委员会、科学文化专业委员会、军民融合专业委员会、学术交流工作委员会、组织工作委员会、教育工作委员会、传播与公关工作委员会、青年工作委员会、海峡两岸工作委员会、期刊工作委员会

已加入国际组织： 无

公开出版刊物（3种）：

中国科协业务主管的期刊（0种）

非中国科协业务主管的期刊（3种）

《科学学研究》《科研管理》《科学学与科学技术管理》

设奖情况（4个）： 中国科学学与科技政策研究会终身成就奖；中国科学学与科技政策研究会杰出贡献奖；中国科学学与科技政策研究会优秀青年奖；中国科学学与科技政策研究会优秀成果奖

中国农村专业技术协会
（信息截止日期为2019年3月31日）

统一社会信用代码：51100000500017837P
法定代表人：师　铎
办 公 地 址：北京市朝阳区白家庄东里13号楼7层
邮 政 编 码：100026
联 系 电 话：010-65032609、82031105
电 子 邮 箱：zgnjx2015@sina.com
网　　　址：www.nongjixie.org

中国农村专业技术协会
China Rural Special Technology Association

成立时间： 1995年4月7日

历史简介： 1989年4月，中国科协会同农业部、商业部、国家科委、团中央、全国妇联等单位及部分研究会、协会理事长在北京成立了全国农技协联合会筹委会，由中国科协副主席、农业部部长何康同志任筹委会主任。经多年筹备，1995年年初，筹委会向国务院办公厅报送《关于成立全国农村专业技术协会有关情况的报告》，同年4月获批复并完成社会团体登记（社证字第1789号），11月8日在北京召开成立大会，选举产生了由何康任第一届理事长的中国农技协领导机构，2000年10月14日加入中国科协。协会住所设在北京，历届理事长为：何康、王连铮、吕飞杰、柯炳生，目前为第五届理事会。

业务主管单位： 中国科学技术协会

办事机构支撑单位： 中国科协农村专业技术服务中心

个人会员数量： 1205 人

单位会员数量： 137 个

第五届理事会选举时间： 2018 年 7 月 7 日

理事长： 柯炳生　中国农业大学　原校长　教授

副理事长（7 人）：

师　铎　中国科协农村专业技术服务中心　主任

韩文胜　科技部农村科技司　副司长

张福锁　中国农业大学　教授　中国工程院院士

张建华　中国农业大学　原副校长　研究员

李杰人　中国农业科学院　纪检组长　研究员

纳　翔　广西壮族自治区科协　党组书记、副主席

陈豫川　四川省眉山市东坡区云阁鹌鹑养殖专业技术协会会长

秘书长： 杨利军（女）中国科协农村专业技术服务中心　副主任

党组织情况： 中国农村专业技术协会党委　书记：师　铎

中国农村专业技术协会秘书处党支部　无

分支机构（26 个）： 组织发展工作委员会、产学研结合工作委员会、信息工作委员会、谷物专业委员会、大豆专业委员会、油料专业委员会、薯类专业委员会、棉麻专业委员会、糖料专业委员会、蔬菜专业委员会、水果专业委员会、茶叶专业委员会、食用菌专业委员会、中药材专业委员会、蚕桑专业委员会、生猪专业委员会、肉牛专业委员会、奶牛专业委员会、羊业专业委员会、家禽专业委员会、兔业专业委员会、蜜蜂专业委员会、海水养殖专业委员会、内

陆养殖专业委员会、农产品流通专业委员会、农机服务专业委员会

已加入国际组织： 无

公开出版刊物： 无

设奖情况（1个）： 中国农村专业技术协会科普奖

中国工业设计协会
（信息截止日期为2019年3月31日）

统一社会信用代码：51100000500007882M
法定代表人：刘　宁
办 公 地 址：北京市海淀区万寿路27号院8号楼7层
邮 政 编 码：100036
联 系 电 话：010-68209323
电 子 邮 箱：cida@vip.163.com
网　　　址：www.chinadesign.cn

中国工业设计协会
China Industrial Design Association

成立时间： 1979年8月4日

历史简介： 中国工业设计协会是由原第四机械工业部（电子工业部）的广播电视工业处及该部所属研究所的领导和技术人员，全国无线电行业的产品外观造型设计专业人员，以及部分院校的老师，于1978年10月发起，经中央领导批准的组织，有国家编制委员会批准的编制。22~31日四机部在福田召开“全国收音机外观、工艺、结构经验交流会”，与会的全体代表联名提出“关于成立全国工业美术家协会的倡议”。在中央领导同志批准建会后的1978年12月30日，方毅副总理在国务院召集国家科委、外贸部、商业部、四机部、轻工部的领导开会，研究如何落实。会议商定，协会组建工作由轻工业部牵头，有关部委参加，归属中国科协领导。最初倡议的组织名称是“中国工业美术协会”，1979年8月成立。1987年10月，经国家科委和中国科协批准，更名为“中国工业设计协会”。首届理事长为周一萍，副理事长：任维武、朱鹤荪、吴小龙、张世礼、胡铁生、高永坚；秘书长为任维武。协会住所设在北京，历届理事长为：周一萍、曾宪林、朱焘、刘宁，目前为第五届理事会。

业务主管单位： 中国科学技术协会

办事机构支撑单位： 无

个人会员数量： 1423 人

单位会员数量： 375 个

第五届理事会选举时间： 2015 年 10 月 11 日

理事长： 刘　宁　中国工业设计协会　理事长

副理事长（15 人）：

应放天　中国工业设计协会　副理事长兼秘书长　教授

赵卫国　中国工业设计协会　副理事长

何晓佑　南京艺术学院　副院长　教授

李　琦　杭州瑞德设计股份有限公司　董事长兼总裁

李锁云　徐州工程机械集团有限公司　副总裁

刘　德　小米科技有限责任公司　副总裁　联合创始人

娄永琪　同济大学设计创意学院　院长　教授

鲁晓波　清华大学美术学院　院长　教授

任克雷　深圳市设计联合会　会长

史　滨　天津海鸥表业集团有限公司　副总经理

吴　剑　海尔集团创新设计中心　总经理

夏　军　北京德稻教育投资有限公司　总裁

张凌浩　江南大学设计学院　院长

徐庆宏　中国商飞上海飞机客户服务有限公司　总经理

姚映佳　联想集团　副总裁

秘书长： 应放天（兼）

党组织情况： 中国工业设计协会党委　无

中国工业设计协会秘书处党支部　书记：刘宁

分支机构（11个）： 建材设计专业委员会、研究专业委员会、展示设计专业委员会、信息与交互设计专业委员会、学术工作委员会、专家工作委员会、民用飞机分会、设计教育分会、设计标准分会、轨道交通分会、用户体验产业分会

已加入国际组织（1个）： 世界设计组织

公开出版刊物（1种）：

中国科协业务主管的期刊（1种）

《设计》

非中国科协业务主管的期刊（0种）

设奖情况： 无

中国工艺美术学会
（信息截止日期为2019年3月31日）

统一社会信用代码：51100000500001368E
法定代表人：陶小年
办 公 地 址：北京市西城区阜外大街乙22号
邮 政 编 码：100833
联 系 电 话：010-68396408
电 子 邮 箱：xuehuiwangzhan@126.com
网　　址：www.cnacs.org

中国工艺美术学会
China National Arts & Crafts Society

成立时间： 1979年8月

历史简介： 由胡明等发起，1965年9月，经中国科协主席团同意组建。中国工艺美术学会于1978年在北京成立，同年加入中国科学技术协会，1979年8月，召开第一次全国会员代表大会，首届理事长为谢鑫鹤。学会住所设在北京，历届理事长为：谢鑫鹤、徐运北、傅立民、杨自鹏、陶小年，目前为第四届理事会。

业务主管单位： 中国科学技术学会

办事机构支撑单位： 中国轻工业联合会

个人会员数量： 6112人

单位会员数量： 6个

第四届理事会选举时间： 2014 年 10 月 10 日

理事长： 陶小年　中国轻工业联合会　副会长　高级经济师

副理事长（12 人）：

马　佩　中国工艺美术学会　副理事长　高级经济师

岳芙蓉（女）　中国工艺美术学会　副理事长　副研究员

李幼梅（女）　中国工艺美术学会　副理事长　高级工艺美术师

王建中　清华大学美术学院　教授

何炳钦　景德镇陶瓷大学美术学院　名誉院长　高级工艺美术师

张玉蟲　河南工美集团　理事长　高级工艺美术师

张春雷　广东省人民政府文史馆　院长　高级工艺美术师

李　节　北京工美集团有限责任公司　党委书记　董事长　高级工艺美术师

杨明贤　浙江省工艺美术行业协会　原会长　高级工艺美术师

沈国臣　上海工艺美术行业协会　原会长　高级工艺美术师

邹本柱　大连本柱工美国际展览有限公司　董事长　高级工艺美术师

黄宝庆　福建省工艺美术学会　理事长　高级工艺美术师

秘书长： 任建新（女）　中国工艺美术学会　秘书长　经济师

党组织情况： 中国工艺美术学会理事会党委　书记：陶小年

中国工艺美术学会秘书处党支部　书记：康培莲

分支机构（9 个）： 民间工艺美术专业委员会、雕塑专业委员会、织锦专业委员会、玉石雕刻艺术专业委员会、木竹雕刻艺术专业委员会、书画专业委员会、实业家专业委员会、鼻烟壶专业委员会、竹工艺专业委员会

已加入国际组织： 无

公开出版刊物（1 种）：

中国科协业务主管的期刊（0 种）

非中国科协业务主管的期刊（1 种）

《雕塑》

设奖情况： 无

中国科普作家协会

（信息截止日期为2019年3月31日）

统一社会信用代码：51100000500002216
法定代表人：王康友
办 公 地 址：北京市海淀区学院南路86号
邮 政 编 码：100081
联 系 电 话：010-62103258
电 子 邮 箱：kpcswa@163.com
网　　　址：www.kpcswa.org.cn

中国科普作家协会
China Science Writers Association

成立时间： 1979年8月

历史简介： 中国科普作家协会是以科普作家为主体，并由科普翻译家、评论家、编辑家、美术家、科技记者，热心科普创作的科技专家、企业家、科技管理干部及有关单位自愿组成的全国性、学术性、非营利性的社会组织。1978年6月，中国科协在上海召开了全国科普创作座谈会，茅以升、华罗庚、于光远、刘述周、高士其、董纯才、王子野、王文达、温济泽、王麦林、章道义等科教出版界领导人、科普作家、编辑家300多人发起成立了“中国科学技术普及创作协会”筹委会。1979年8月，在北京召开了第一次全国代表大会，正式成立中国科学技术普及创作协会。1984年1月，在北京召开了第二次全国代表大会。1990年6月，在北京召开了第三次全国代表大会，并经中国科协批准，更名为“中国科普作家协会”。1999 年 12 月，在北京召开了第四次全国代表大会。2007 年 10 月，在北京召开了第五次全国代表大会。2012 年 10 月，在北京召开了第六次全国代表大会。2016 年 12 月，在北京召开了第七次全国会员代表大会。协会住所设在北京，茅以升、高士其、董纯才、温济泽、成思危、宋健、王麦林、章道义、张景中先后出任名誉会长；历届理事长为董纯才、温济泽、叶至善、张景中、刘嘉麒、周忠和，目前为第七届理事会。

业务主管单位： 中国科学技术协会

办事机构支撑单位： 中国科普研究所

个人会员数量： 4000 人

单位会员数量： 46 个

第七届理事会选举时间： 2016 年 12 月 28 日

理事长： 周忠和　中国科学院古脊椎动物与古人类研究所　研究员　中国科学院院士

副理事长（9 人）：

崔丽娟（女）　中国林业科学研究院湿地研究所　所长　研究员

冯伟民　中科院南京地质古生物所科普部　主任　研究员

汤书昆　中国科技大学科学传播研究与发展中心　主任　教授

王晋康　中国作家协会　作家　高级工程师

王康友　《科技导报》社长　研究员

吴　岩　南方科技大学人文中心　教授

颜　宁（女）　美国普林斯顿大学分子生物学系雪莉·蒂尔曼终身讲席教授

杨焕明　深圳华大基因研究院　理事长　中国科学院院士
　　　　研究员
郑永春　中国科学院国家天文台　研究员

秘书长： 陈　玲（女）　中国科普研究所科普创作研究室　主任
　　　　研究员

党组织情况： 中国科普作家协会理事会党委　书记：王康友
中国科普作家协会秘书处党支部　书记：边慧英

分支机构（24个）： 农业科普合作专业委员会、工业科普创作专业委员会、科普出版与编辑专业委员会、医学科普创作专业委员会、少儿科普创作专业委员会、美术科普专业委员会、国防科普专业委员会、科学文艺专业委员会、科普翻译专业委员会、科普影视创作专业委员会、食育科普创作专业委员会、海洋科普创作专业委员会、科幻电影专业委员会、新媒体科普专业委员会、科普摄影专业委员会、组织工作委员会、科技记者与编辑专业委员会、旅游科普创作专业委员会、生态科普创作专业委员会、青年科学家社会责任专业委员会、科技电影与技术专业委员会、科普教育专业委员会、科普演讲专业委员会、科普文创产业专业委员会

已加入国际组织： 无

公开出版刊物（2种）：

中国科协业务主管的期刊（2种）

《科普创作》《科学故事会》

非中国科协业务主管的期刊（0种）

设奖情况（1个）： 中国科普作家协会优秀科普作品奖

中国自然科学博物馆学会

（信息截止日期为2019年3月31日）

统一社会信用代码：5110000A02495327B
法定代表人：赵有利
办 公 地 址：北京市朝阳区北辰东路5号
邮 政 编 码：100012
联 系 电 话：010-59041301
电 子 邮 箱：cansm@vip.sina.com
网　　址：www.cansm.org

中国自然科学博物馆学会
Chinese Association of Natural Science Museums

成立时间： 1980年12月10日

历史简介： 中国自然科学博物馆学会（原中国自然科学博物馆协会）成立于1980年。1979年10月6日，在江苏南通市召开筹备工作会议，1980年12月10日，学会召开了第一次会员代表大会，选举裴文中为第一届理事长。学会住所设在北京，历届理事长为：裴文中、周明镇、李象益、徐善衍、程东红，目前为第七届理事会。

业务主管单位： 中国科学技术协会

办事机构支撑单位： 中国科学技术馆

个人会员数量： 1304人

E－交叉学科

单位会员数量： 674 个

第七届理事会选举时间： 2019 年 2 月 25 日

理事长： 程东红（女） 中国科协 原党组副书记、副主席
书记处书记 教授

副理事长（7 人）：

王小明 上海科技馆 馆长 教授

李春冀 中国铁道博物馆 馆长、书记 高级记者

单 敏（女） 中国湿地博物馆 馆长

欧阳辉 重庆自然博物馆 馆长、副书记 研究员

欧建成 中国科技馆副馆长 副译审

贾跃明 中国地质博物馆 原党委书记 馆长 研究员

黄克力 天津市规划和自然资源局党委委员 副局长兼国家海洋博物馆筹建办公室主任 研究员

秘书长： 欧建成（兼）

党组织情况： 中国自然科学博物馆学会党委 书记：程东红
中国自然科学博物馆学会秘书处党支部 书记：陈静瑛

分支机构（15 个）： 自然历史博物馆专业委员会，科技馆专业委员会，水族馆专业委员会，天文馆专业委员会，专业科技博物馆专业委员会，湿地博物馆与自然保护区专业委员会，地学博物馆专业委员会，科普场馆特效影院专业委员会，学术工作委员会，科普工作委员会，组织、会员与宣传工作委员会，外事工作委员会，技术工作委员会，展项研发及环境设计工作委员会，青年工作委员会

已加入国际组织： 无

公开出版刊物（2种）：

中国科协业务主管的期刊（2种）

《大自然》《自然科学博物馆研究》

非中国科协业务主管的期刊（0种）

设奖情况（1个）： 中国自然科学博物馆学会科学技术奖

中国可持续发展研究会
（信息截止日期为2019年3月31日）

统一社会信用代码：511000005000068202
法定代表人：周海林
办 公 地 址：北京市海淀区玉渊潭南路8号
邮 政 编 码：100038
联 系 电 话：010-58884794、58884796
电 子 邮 箱：cssd@acca21.org.cn
网　　　址：www.kcxfz.org　www.cssd1992.org

中国可持续发展研究会
Chinese Society for Sustainable Development

成立时间： 1991年10月27日

历史简介： 中国可持续发展研究会原名中国社会发展科学研究会，于1991年10月27日由国家民政部批准成立。1992年1月14日在北京人民大会堂召开了成立大会。首届理事长李绪鄂，副理事长：邓楠、叶如棠、刘江、孙鸿烈、吴阶平、严克强，秘书长：甘师俊。1995年5月10日，中国社会发展科学研究会理事会考虑到需要进一步突出可持续发展的主题和与国际上的提法接轨，经民政部批准，将中国社会发展科学研究会更名为中国可持续发展研究会。中国可持续发展研究会享有联合国经济与社会理事会咨商地位，同时是联合国新闻部联系单位，2010年被民政部授予全国先进社会组织称号，2012年被民政部评为中国社会组织4A级社团，于

2009 年加入中国科协。学会住所设在北京，历届理事长为：李绪鄂、邓楠、王浩。目前为第五届理事会。

业务主管单位： 科学技术部

办事机构支撑单位： 中国 21 世纪议程管理中心

个人会员数量： 201 人

单位会员数量： 70 个

第五届理事会选举时间： 2016 年 12 月 21 日

理事长： 王　浩　中国水利水电科学研究院水资源所　名誉所长
中国工程院院士

副理事长（3 人）：

曲久辉　中国科学院生态环境研究中心　研究员
中国工程院院士

郭日生　科学技术部资源配置与管理司　巡视员　研究员

赵　清　启迪控股股份有限公司　高级副总裁

秘书长： 周海林　中国 21 世纪议程管理中心战略处　处长　研究员

党组织情况： 中国可持续发展研究会党委　书记：王浩
中国科学技术发展战略研究院联合党支部
书记：高志前

分支机构（9 个）： 生态环境专业委员会、水问题专业委员会、人居环境专业委员会、可持续农业专业委员会、减灾和公共安全专业委员会、学术工作委员会、咨询工作委员会、可持续发展实验区工作委员会、国际合作交流工作委员会

已加入国际组织（1 个）： 联合国经济与社会理事会

公开出版刊物（2种）：

中国科协业务主管的期刊（0种）

非中国科协业务主管的期刊（2种）

《中国人口·资源与环境》、*CHINESE JOURNAL OF POPULATION RESOURCES AND ENVIRONMENT*（《中国人口·资源与环境》）

设奖情况： 无

中国青少年科技辅导员协会
（信息截止日期为2019年3月31日）

统一社会信用代码：5110000050000960X4
法定代表人：林利琴
办 公 地 址：北京市海淀区复兴路3号中国科技会堂C301室
邮 政 编 码：100863
联 系 电 话：010-68518719、68516005、68580512
电 子 邮 箱：cacsi@cacsi.org.cn
网 址：www.cacsi.org.cn

中国青少年科技辅导员协会
China Association of Children's Science Instructors

成立时间： 1981年6月18日

历史简介： 中国青少年科技辅导员协会由周培源、吴仲华、蒋南翔、王寿仁、黄芦、王景盛、苏灵扬、袁正光、程平等人发起，中国科学技术协会批准，1981年6月在北京经民政部登记成立。首届名誉理事长：蒋南翔；首届理事长：吴仲华，副理事长：王寿仁、苏灵扬、努尔提也夫、赵喜明、曾庆丰、黄芦、廖延雄；秘书长：黄芦。协会住所设在北京，历届理事长为：吴仲华、王寿仁、叶叔华、刘恕、陈赛娟，目前为第七届理事会。

业务主管单位： 中国科学技术协会

办事机构支撑单位： 中国科协青少年科技中心

个人会员数量： 5655 人

单位会员数量： 488 个

第七届理事会选举时间： 2015 年 9 月 12 日

理事长： 陈赛娟（女） 上海交通大学医学院附属瑞金医院上海血液研究所 所长 中国工程院院士

副理事长（6 人）：

李晓亮 中国青少年科技辅导员协会 常务副理事长

王康友 《科技导报》社 社长

刘 阳 中国科协国际联络部部长中国科协青少年科技中心 主任

林长春 重庆师范大学初等教育学院 院长 教授

欧建成 中国科技馆党委委员 副馆长 纪委书记

俞伟跃 教育部基础教育一司 副司长

秘书长： 林利琴（女） 中国青少年科技辅导员协会 秘书长

党组织情况： 中国青少年科技辅导员协会党委 书记：陈赛娟

中国科协青少年科技中心青辅协联合党支部 书记：祝贺

分支机构（7 个）： 培训工作委员会、理论工作委员会、青少年科技中心（校外教育）工作委员会、宣传工作委员会、组织工作委员会、机器人教育专业委员会、人工智能普及教育专业委员会

公开出版刊物（1种）：

中国科协业务主管的期刊（1 种）

《中国科技教育》

非中国科协业务主管的期刊（0 种）

设奖情况： 无

中国科教电影电视协会
（信息截止日期为2019年3月31日）

统一社会信用代码：51100000500010694N
法定代表人：刘通海
办 公 地 址：北京市海淀区学院南路86号
邮 政 编 码：100081
联 系 电 话：010-62113038
电 子 邮 箱：csfva@cast.org.cn
网　　　址：www.csfva.org.cn

中国科教电影电视协会
China Science Film and Video Association

成立时间： 1986年7月

历史简介： 原名中国科学电影协会，1979年3月由于光远、周杨、夏衍、司徒慧敏、裴丽生、刘述周、王顺桐、王阑西、孔祥瑾、洪林、刘白羽、李洪琛等91人发起，经中国科协批准筹建。1986年7月，经国家科委批准正式成立更名为中国科教电影电视协会。夏衍任首届理事会名誉理事长，张清任理事长，孔祥瑾任秘书长。学会住所设在北京，历届理事长为：张清、沈纪、刘建中、高峰、薛继军，目前为第六届理事会。

业务主管单位： 中国科学技术协会

办事机构支撑单位： 中国科协学会服务中心

个人会员数量： 1043 人

单位会员数量： 46 个

第六届理事会选举时间： 2018 年 12 月 28 日

理事长： 薛继军　中国国际电视总公司　党委书记　董事长　总裁　一级导演

副理事长：

兰　军　中国科技馆科普影视中心　主任　副编审

李海胜　华风气象传媒集团有限责任公司　副总经理　高级工程师

季　林　中国农业电影电视中心　副总编辑　高级编辑

何苏六　中国传媒大学新闻传播学部　副学部长　教授

陈　虎　北京电视台原科技频道　总监　高级编辑

张　健　北京空间科技信息研究所　所长助理　一级摄影

张　跃　中央新闻纪录电影制片厂（集团）　总裁助理　副总编辑　集团办主任

蒋　涛　中国教育电视台四套兼早期教育频道　总监　编辑

秘书长： 季　林　中国农业电影电视中心　副总编辑　高级编辑

党组织情况： 中国科教电影电视协会党委　书记：季　林

中国科教电影电视协会、中国图象图形学学会、中国管理现代化研究会联合党支部

书记：刘璐璐

已加入国际组织（1 个）： 国际科学传媒协会

公开出版刊物（2 种）：

中国科协业务主管的期刊（2 种）

《摄影与摄像》《科技尚品》

非中国科协业务主管的期刊（0种）

设奖情况（2个）： 中国科教影视“科蕾杯”；国际科教影视“中国龙奖”

E-交叉学科

中国科学技术期刊编辑学会
（信息截止日期为2019年3月31日）

统一社会信用代码：511000005000581XK
法定代表人：朱邦芬
办 公 地 址：北京市海淀区学院南路86号西401室
邮 政 编 码：100081
联 系 电 话：010-62147743
电 子 邮 箱：cessp1987@vip.163.com
网 址：www.cessp.org.cn

中国科学技术期刊编辑学会
China Editology Society of Science Periodicals

成立时间： 1987年3月5日

历史简介： 1981年11月13~18日，中国科协在北京召开了中国科协学术期刊编辑工作经验交流会议，中国科协学会部谢东来部长在18日正式宣布中国自然科学期刊编辑学会筹委会成立。会后，谢东来部长主持召开了筹委会第一次会议，金昌汉、张晓时、张渭生、李学增、鲁星、张祖刚、翁永庆、鲁一同、刘顺义、何世沅、刘明勋、许菊、卢良春、石光漪、张宏恺、谭丙煜等16位筹委出席。会上推举翁永庆为主任委员，鲁一同、张祖刚、石光漪为副主任委员，张宏恺为秘书长。1982年5月3日，中国科协发文批准成立中国自然科学学术期刊编辑协会筹备委员会。1986年10月30日，国家科委以（1986）国科发综字第0785号文批复中国科协同意成立中国科学技术期刊编辑学会，同年12月4日，中国科协（1986）科协发学字418号文，正式接纳中国科学技术期刊编辑学会加入中国科协。1987年3月4~6日，中国科学技术期刊编辑学会成立暨第一次全国会员代表大会在北京召开。选举翁永庆为理事长，丁光生、石光漪、张祖刚、金昌汉、鲁一同、谭丙煜等6人为副理事长，鲁星为秘书长。学会住所设在北京，历届理事长为：翁永庆、孙枢、丁乃刚、朱邦芬，目前为第六届理事会。

业务主管单位： 中国科学技术协会

办事机构支撑单位： 中国科协学会服务中心

个人会员数量： 9196人

单位会员数量： 1235个

第六届理事会选举时间： 2015年8月5日

理事长： 朱邦芬　清华大学物理系　教授　中国科学院院士

副理事长（7人）：

任胜利　国家基金委科学传播中心编辑出版部　主任　编审
杨亚政　北京理工大学先进结构技术研究院　院长　编审
汪新红（女）　超星集团　副总经理
饶子和　清华大学医学院　教授　中国科学院院士
栗延文　金属加工杂志社　社长　编审
彭　斌　中国科技出版传媒股份有限公司　总经理　编审
颜　帅　斯普林格　学术关系总监　编审

秘书长： 任胜利（兼）

党组织情况： 中国科学技术期刊编辑学会党委　书记：任胜利
中国科学技术期刊编辑学会秘书处党支部
书记：陈晨光

分支机构（12个）： 组织工作委员会、学术工作委员会、出版伦理与道德工作委员会、教育工作委员会、国际交流与合作工作委员会、青年工作委员会、地方工作委员会、政策咨询与发展工作委员会、网络化工作委员会、科普工作委员会、医学期刊专业委员会、民族类期刊专业委员会

已加入国际组织： 无

公开出版刊物（1种）：

中国科协业务主管的期刊（1种）

《编辑学报》

非中国科协业务主管的期刊（0种）

设奖情况（3个）： 金牛奖；银牛奖；青年编辑奖（骏马奖）

中国流行色协会
（信息截止日期为2019年3月31日）

统一社会信用代码：51100000500046496
法定代表人：朱　莎
办 公 地 址：北京市东城区东长安街12号522室
邮 政 编 码：100742
联 系 电 话：010-85229522
电 子 邮 箱：fashioncolor@fashioncolor.org.cn
网　　　址：www.fashioncolor.org.cn

中国流行色协会
China Fashion & Color Association

成立时间： 1982年2月20日

历史简介： 原名为中国丝绸流行色协会，由侯忠澎等发起，于1982年在上海锦江饭店正式成立。20世纪80年代初丝绸是我国出口创汇的重点行业，为促进出口创汇，原纺织工业部批准成立中国丝绸流行色协会，研究适合出口产品的色彩流行趋势、图案、花型、款式设计等。首届理事长是王明俊，首届理事会主要成员有侯忠澎、蔡作意、杨丹、陈城华、荣梅芳、王壮穆等同志。1983年加入国际流行色委员会。1985年更名为中国流行色协会。原业务主管单位是原纺织工业部，1987年10月加入中国科协。2001年秘书处由上海迁入北京。目前，中国流行色协会的服务领域已经从纺织品、服装扩展到服饰、家居装饰、工业产品、城市建筑和环境、涂料、汽

E－交叉学科

车、IT、影视、色彩教育等多个相关行业领域。协会住所设在北京，历届理事长为：王明俊、吴文英、王曾敬、杜钰洲、梁勇，目前为第九届理事会。

业务主管单位： 中国科学技术协会

办事机构支撑单位： 中国纺织工业联合会

个人会员数量： 8308 人

单位会员数量： 762 个

第九届理事会选举时间： 2014 年 12 月 5 日

理事长： 朱　莎（女）　中国流行色协会　理事长
教授级高级工程师

副理事长（6 人）：

李小白　新丝路（北京）文化传播有限公司　董事长
高级经济师

姚映佳　联想集团　副总裁　首席设计师

于西蔓（女）　北京西蔓色彩文化发展有限公司　董事长

徐海松　浙江大学　教授

张志峰　北京尼太格皮草时装有限公司　董事长

吴　剑　海尔集团创新设计中心　总经理　高级工程师

秘书长： 贺显伟　中国流行色协会　秘书长　工程师

党组织情况： 中国流行色协会党委　书记：朱莎
中国流行色协会秘书处党支部　书记：王振

分支机构（6 个）： 丝绸专业委员会、上海代表处、色彩教育专业委员会、色彩趋势研究专业委员会、建筑与环境色彩研究专业委员会、拼布色彩与艺术研究专业委员会

已加入国际组织（2个）： 国际流行色委员会、亚洲色彩联合会

公开出版刊物（1种）：

中国科协业务主管的期刊（1种）

《流行色》

非中国科协业务主管的期刊（0种）

设奖情况（1个）：“色彩中国”奖

中国档案学会
（信息截止日期为2019年3月31日）

统一社会信用代码：511000000500001 19X7
法定代表人：邓小军
办 公 地 址：北京市西城区永安路106号
邮 政 编 码：100050
联 系 电 话：010-63020081
电 子 邮 箱：daxsw@263.net
网　　　址：www.idangan.com

中国档案学会
The Society of Chinese Archives

成立时间： 1981年11月23日

历史简介： 由曾三、张中、裴桐、吴宝康、韩毓虎等发起，1979年9月26日由国家档案局报中央，经批准，于1979年11月12日，成立了以曾三为主任的筹备委员会。1981年11月23日在北京怀仁堂举行成立大会。召开了第一次全国会员代表大会，安庆洙任第一届理事会理事长，曾三、于光远为名誉理事长，武衡、茅以升、廖盖隆等十二位同志任顾问。1989年3月加入中国科协。学会住所设在北京，历届理事长为：安庆洙、裴桐、冯子直、王明哲、沈正乐、冯鹤旺、李和平、段东升，目前为第八届理事会。

业务主管单位： 中国科学技术协会

办事机构支撑单位： 国家档案局

个人会员数量： 8020 人

单位会员数量： 228 个

第八届理事会选举时间： 2015 年 2 月 10 日

理事长： 段东升　国家档案局中央档案馆　原副馆长　研究馆员

副理事长（5 人）：

丁志隆　福建省档案局（馆）局　馆长

张　斌　中国人民大学档案学院　院长　教授

高大岭　航空工业档案馆　馆长　研究员

胡振荣　湖南省档案馆馆长

邓小军　中国档案学会　秘书长　研究馆员

秘书长： 邓小军（兼）

党组织情况： 中国档案学会党委　书记：段东升

中国档案学会秘书处党支部　书记：邓小军

分支机构（8 个）： 档案基础理论委员会、档案整理与鉴定委员会、档案编纂委员会、档案保护技术委员会、档案信息化技术委员会、档案缩微技术委员会、企业档案工作委员会、档案老专家委员会

已加入国际组织（2 个）： 国际档案理事会、国际档案理事会东亚分会

公开出版刊物（1 种）：

中国科协业务主管的期刊（1 种）

《档案学研究》

非中国科协业务主管的期刊（0 种）

设奖情况： 无

中国国土经济学会

（信息截止日期为2019年3月31日）

统一社会信用代码：511000005000048178
法定代表人：柳忠勤
办 公 地 址：北京市丰台区紫芳园六区2号楼1单元213室
邮 政 编 码：100078
联 系 电 话：010-87692301
电 子 邮 箱：bj_jrgt@126.com
网　　　址：www.csote.org

中国国土经济学会

China Society of Territorial Economists

成立时间： 1981年6月1日

历史简介： 原名中国国土经济学研究会，在改革开放初期，为响应党中央、国务院在全国开展的国土整治号召，由于光远、李德仁等发起成立，首届理事长是于光远，首届理事会主要成员有李超伯、耿一凡、郑重、李德仁、石山等。学会于1989年由中国科协主管，同年3月加入中国科协。2006年6月经民政部批准更名为中国国土经济学会。学会住所设在北京，历届理事长为：于光远、杜润生、王先进、张怀西、柳忠勤，目前为第五届理事会。

业务主管单位： 中国科学技术协会

办事机构支撑单位： 无

个人会员数量： 1760 人

单位会员数量： 42 个

第五届理事会选举时间： 2016 年 11 月 19 日

理事长： 柳忠勤 《今日国土》杂志社 社长兼总编辑 研究员

副理事长（4 人）：

李青松 国家林业局退耕还林办公室 常务副主任（正局）

赵林如 国务院国有资产管理委员会 原局长

严金明 中国人民大学公共管理学院 副院长
土地规划研究中心 主任

吴文良 中国农业大学资源与环境学院 院长

秘书长： 刘军萍（女） 中国科协全国委员会 委员
北京市农村经济研究中心 党组成员
北京市城乡经济信息中心 主任

监事长： 潘明才 中国红十字基金会 名誉副会长
国土资源部耕地保护司 原司长

党组织情况： 中国国土经济学会党委 书记：柳忠勤
中国国土经济学会秘书处党支部 书记：柳忠勤

分支机构（7 个）： 南方国土开发专业委员会、小城镇发展专业委员会、土地复垦专业委员会、房地产资源专业委员会、环境与发展专业委员会、沙产业专业委员会、海峡两岸城乡发展合作委员会

已加入国际组织： 无

公开出版刊物（1 种）：

中国科协业务主管的期刊（1 种）

《今日国土》

非中国科协业务主管的期刊（0 种）

设奖情况： 无

中国土地学会
（信息截止日期为2019年3月31日）

统一社会信用代码：5110000050000194XF
法定代表人：王世元
办 公 地 址：北京市西城区冠英园西区37号
邮 政 编 码：100035
联 系 电 话：010-83064931，83064669，83064817
电 子 邮 箱：zgtdxh@vip.sina.com
网　　 址：www.zgtdxh.org.cn

中国土地学会
China Land Science Society

成立时间： 1980年11月1日

历史简介： 1979年11月下旬由华中农学院牵头与西北和南京农学院共同发起召开全国土地问题研讨会，原农业部土地利用局副局长、时任中国农学会副会长张心一，呼吁成立土地管理机构，为组建土地学会做了舆论准备。1979年林增杰、严星到中国人民大学力推土地教学的重建和发展。20世纪80年代初，韩桐魁、陆红生在华中农学院率先筹划土地专业恢复招生工作，为土地专业教学奠定基础。1980年11月，由赵修、何康、张心一、崔济民、何永棋、马可伟等发起。在北京成立中国土地学会，大会选举时任农业部副部长赵修为中国土地学会首届理事长，会议代表约112名，当时为中国农学会的二级学会。首届理事会成员包括：赵修、张心一、马克伟、王家樑、马清河、尤文郁、李妍珠、陈传康、陈瓦黎、杜存恭、赵世学、张月容、张巧玲、张妙玲、张再科、郭焕城、柳培良、韩桐魁、何永祺、王万茂、叶公强、边信玲、许牧、许燮谟、赵明仁、郑振源、林增杰、徐承强、徐东瑚、党世俊、高尚德等人。1986 年经国家科委批准升级为国家一级学会。1989 年成为中国科协团体会员。1991 年 7 月取得民政部颁发的“社团登记证”，依法取得了独立社团法人资格。学会住所设在北京，首届理事长为赵修，历届理事长为：赵修、边疆、王先进、邹玉川、王世元，目前为第七届理事会。

业务主管单位： 中国科学技术协会

办事机构支撑单位： 自然资源部

个人会员数量： 8672 人

单位会员数量： 538 个

第七届理事会选举时间： 2016 年 12 月

理事长： 王世元　全国政协提案委员会　委员　原国土资源部副部长　自然资源部咨询研究中心　主任

副理事长（12 人）：

李海兵　中国国土勘测规划院　党委书记

高延利　中国国土勘测规划院　院长

王仰麟　北京大学　副校长

冯淑怡（女）　南京农业大学土地管理系　教授　长江学者

严金明　中国人民大学公共管理学院　副院长　教授

何　平　自然资源部不动产登记中心（自然资源部法律事务中心）　主任

张凤荣　中国农业大学　教授　土地利用管理中心　主任

范树印　国土资源部土地整治中心　主任

赵继成　中国测绘科学研究院　副院长　党委书记
黄贤金　南京大学地理与海洋科学学院　副院长
蒋文彪（白族）　自然资源部信息中心　主任
谢俊奇　北京市规划和国土资源管理委员会（首都规划建设委员会办公室）副主任

秘书长： 高延利（兼）

党组织情况： 中国土地学会党委　书记：王世元
中国土地学会秘书处党支部　书记：刘光成

分支机构（17个）： 组织工作委员会、学术工作委员会、科普工作委员会、青年工作委员会、对外联络工作委员会、《中国土地科学》编委会、土地资源分会、土地经济分会、土地法学分会、土地规划分会、地籍分会、土地整理与复垦分会、土地信息与遥感分会、城市土地分会、土地文化分会、土地生态分会、土地科学专项基金管理委员会

已加入国际组织（2个）： 国际复垦家联合会、国际测量师协会

公开出版刊物（1种）：

中国科协业务主管的期刊（1种）

《中国土地科学》

非中国科协业务主管的期刊（0种）

设奖情况（1个）： 国土资源科学技术奖

中国科技新闻学会

（信息截止日期为2019年3月31日）

统一社会信用代码：51100000500106781
法定代表人：许　英
办 公 地 址：北京市西城区三里河路54号473房间
邮 政 编 码：100045
联 系 电 话：010-68598032
电 子 邮 箱：kjxw@sina.com
网　　　址：www.csstj.org.cn

中国科技新闻学会
Chinese Society for Science and Technology Journalism

成立时间： 1987年6月8日

历史简介： 由中央人民广播电台、中央电视台、人民日报社、新华社、经济日报社等单位的记者共同发起，中国科技新闻学会于1987年6月8日经国家科委批准，1988年1月在北京召开成立大会，首届理事长为陈柏生。1990年3月被纳入中国科协。学会住所设在北京，历届理事长为陈柏生、张玉台、焦洪波、宋南平，目前为第五届理事会。

业务主管单位： 中国科学技术协会

办事机构支撑单位： 中国科协学会服务中心

个人会员数量： 966人

单位会员数量： 70 个

第六届理事会选举时间： 2018 年 1 月 7 日

理事长： 宋南平　中国科协　原党组成员、书记处书记

副理事长（13 人）：

周建强　安徽省科学技术协会　原党组书记、原常务副主席　高级工程师

陈　鹏　中国科技出版传媒集团　党委书记　董事长　高级编辑

周德进　中国科学院科学传播局　局长

王进展　中国科学技术协会办公厅　主任　研究员

房汉廷　科技日报社　副社长　研究员

郝建新　山西省科学技术协会　副主席　高级编辑

刘守训　中国传媒大学　副校长　教授

田俊荣　人民日报社经济社会部　副主任　高级编辑

许　英（女）　科学普及出版社　原副总编辑　编审

刘志军　中央人民广播电台　主任　高级编辑

崔保国　清华大学文创院　副院长　教授

赵　承　百度公司　总监、副总裁　高级编辑

龙兵华　腾讯公司　副总编辑

秘书长： 许　英（兼）

党组织情况： 中国科技新闻学会党委　书记：宋南平

中国自然辩证法研究会、中国科技新闻学会、中国能源研究会秘书处联合党支部　书记：赵月刚

分支机构（16 个）： 科技报分会、学术工作委员会、组织教育工作委员会、科普工作委员会、国际交流工作委员会、青年工作委员会、

太空文化传播青少年工作委员会、科技传播理论研究专业委员会、新媒体专业委员会、科技影视专业委员会、科技期刊专业委员会、科普文化产业专业委员会、大数据与科技传播专业委员会、农业科技传播专业委员会、智能传播专业委员会、数据新闻专业委员会

已加入国际组织： 世界科技记者联盟

公开出版刊物（8种）：

中国科协业务主管的期刊（8种）

《科技传播》《新媒体研究》《科学家》《电子竞技》《科学中国人》《科技创新与品牌》《中国科技信息》《科幻画报》

非中国科协业务主管的期刊（0种）

设奖情况（1个）： 中国科技新闻学会科技传播奖

中国老科学技术工作者协会
（信息截止日期为2019年3月31日）

统一社会信用代码：51100005000032674
法定代表人：陈秀保
办 公 地 址：北京市海淀区学院南路86号
邮 政 编 码：100081
联 系 电 话：010-62148262/58411729
电 子 邮 箱：zhglkx@cast.org.cn
网　　址：www.casst.org.cn

中国老科学技术工作者协会
China Association of Senior Scientists and Technologists

成立时间： 1989年11月8日

历史简介： 1986年9月，中央组织部、中央宣传部、中央统战部、劳动人事部、国家科委、中国人民解放军原总政治部和中国科协联合向党中央提出《关于发挥离退休专业技术人员作用的暂行规定》的报告，得到中央的重视。1988年6月，中国科协受中央组织部、统战部等七部委的委托，在北京召开“发挥离退休专业技术人员作用座谈会”，会议倡议成立“中国退（离）休科技工作者团体联合会”。在中国科协的领导和支持下，国家科委于1988年7月批准成立“中国退（离）休科技工作者团体联合会”。1989年11月，中国退科联第一次全国会员代表大会在北京召开，选举两院院士、著名桥梁专家李国豪为第一届理事会会长。1993年5月，中国退科联第二次全国会员代表大会在北京召开，大会决定将“中国退（离）休科技工作者团体联合会”更名为“中国老科学技术工作者协会”。协会住所设在北京，历届会长为：李国豪、吴阶平、钱正英、程连昌、陈至立，目前为第六届理事会。

业务主管单位： 中国科学技术协会

办事机构支撑单位： 中国科协学会服务中心

个人会员数量： 78895 人

单位会员数量： 79 个

第六届理事会选举时间： 2015 年 10 月 20 日

会长： 陈至立（女） 原国务委员　十一届全国人大常委会副委员长

副会长（17 人）：

齐　让　十二届全国政协人口资源环境委员会　副主任　中国科协　原党组副书记　副主席

陈小娅（女）　十二届全国政协科教文卫体委员会　副主任　国家科技部　原副部长

冯长根　十二届全国人大常委会　委员　中国科协　原副主席

杨继平　中央纪委驻国家林业局原纪检组　组长　原国家林业局　党组成员

岳明生　国家地震局　原党组成员　副局长

徐　强　中国科协办公厅　副主任

臧胜业　河北省委　原常委省纪委　原书记

张友君　山西省政协　原副主席　民革中央原常委　民革山西省委原主委

罗啸天　内蒙古自治区人大常委会　原副主任

E－交叉学科

仲跻权　辽宁省人大常委会　原党组副书记　副主任
申立国　黑龙江省人大常委会　原副主任
刘永忠　江苏省人大常委会　原副主任
朱张才　江西省政协　原党组副书记、副主席
朱正昌　山东省人大常委会　原副主任
蔡力峰　湖南省人大常委会　原副主任
蒋济雄　广西壮族自治区政协　原党组副书记、副主席
张国梁　新疆维吾尔自治区人大常委会　原党组副书记
　　　　副主任　区科协原主席

秘书长： 徐　强（兼）

党组织情况： 中国老科学技术工作者协会党委　书记：齐让
中国老科学技术工作者协会秘书处党支部
书记：齐保顺

分支机构（18个）： 中国科学院分会、国土资源分会、铁道分会、兵工分会、邮电分会、电子工业分会、电力分会、核工业分会、煤炭工业分会、交通分会、机械分会、农业分会、林业分会、卫生分会、教育分会、广播电影电视分会、邮政分会、地震分会

已加入国际组织： 无

公开出版刊物（1种）：

中国科协业务主管的期刊（ 1种 ）

《今日科苑》

非中国科协业务主管的期刊（ 0种 ）

设奖情况（1个）： 中国老科学技术工作者协会奖

中国科学探险协会

（信息截止日期为2019年3月31日）

统一社会信用代码：51100000500002870A
法定代表人：王维
办 公 地 址：北京市海淀区德外西小关大气所铁塔分部
邮 政 编 码：100083
联 系 电 话：010-62378038
电 子 邮 箱：case9818@sina.com
网　　　址：www.case.org.cn

中国科学探险协会
China Association for Scientific Expeditions

成立时间： 1989年1月21日

历史简介： 为适应我国科学探险事业发展的需要，探索大自然的奥秘，加强国际的合作和交往，由王富洲、高登义、严江征我国长期从事科学探险事业的有志之士发起，经中国科学院上报，国家科委和中国科协批准，中国科学探险协会成立于1989年1月21日；12月27日召开第一次会员代表大会，选举刘东生为主席。1990年经中国科协批准成为中国科协的全国性一级学会，并于1991年在国家民政部登记成为我国第一批全国性的群众性学术团体。第一届理事会名誉主席：宋健；主席：刘东生；副主席：王富洲（兼秘书长）、李宝恒、郭琨、高登义（常务）。协会住所设在北京，历届会长为：刘东生、高登义、秦大河，目前为第五届理事会。

E-交叉学科

业务主管单位： 中国科学技术协会

办事机构支撑单位： 中国科学院大气物理研究所

个人会员数量： 638 人

单位会员数量： 7 个

第五届理事会选举时间： 2015 年 2 月 1 日

主席： 秦大河　中国气象局　原局长　党组书记　中国科学院院士

副主席（9 人）：

王会军　中国科学院大气物理研究所　研究员
　　　　中国科学院院士
邹　捍　中国科学院大气物理研究所　研究员
张树义　华东师范大学　教授
张百平　中国科学院地理科学与资源研究所　研究员
马耀明　中国科学院青藏高原研究所　副所长　研究员
康世昌　中国科学院寒区旱区环境与工程研究所
　　　　所长助理　研究员
吕茅利　珠海华伟电气科技股份有限公司　董事长
郭　柯　中国科学院植物研究所　研究员
王　维　中国科学院大气物理研究所　高级工程师

秘书长： 王　维（兼）

党组织情况： 中国科学探险协会党委　书记：王维
中国科学探险协会秘书处党支部　无

分支机构（4 个）： 奇异珍稀动物探险考察专业委员会、特种探险专业委员会、特殊地区探险专业委员会、青少年科学考察工作委员会

已加入国际组织： 无

公开出版刊物（1种）：

中国科协业务主管的期刊（1种）

《中国科学探险》

非中国科协业务主管的期刊（0种）

设奖情况： 无

中国城市规划学会
（信息截止日期为2019年3月31日）

统一社会信用代码：511000C0500012753k
法定代表人：石楠
办公地址：北京市海淀区三里河路9号住建部北配楼
邮政编码：100037
联系电话：010-58323866
电子邮箱：LLB@planning.crg.cn
网　　址：www.planning.org.cn、www.planning.cn

中国城市规划学会
Urban Planning Society of China

成立时间： 1989年12月

历史简介： 1956年，以王文克、吴良镛、李正冠等一批有志于城市规划的前辈，在北京创立了我国第一个真正意义上的城市规划专业学术团体"中国建筑学会城乡规划学术委员会"，专业的设立、学会的成立，是学科建制化历史上的划时代事件。中国建筑学会城乡规划学术委员会经历了四届更换，王文克、曹洪涛、郑孝燮为历任主任委员；1986年经中国科学技术协会批准，1989年中国城市规划学会成立。1990年正式使用中国城市规划学会名称，1992年民政部正式批准为一级学会，首届理事长为吴良镛院士，主要成员包括周干峙、储传亨、赵士修、邹德慈、夏宗玕等，共98人组成。2009年加入中国科协团体会员。学会住所设在北京，历届理事长为吴良镛、周干峙、仇保兴、孙安军，目前为第五届理事会。

业务主管单位： 住房和城乡建设部
办事机构支撑单位： 中国城市规划设计研究院
个人会员数量： 8205 人
单位会员数量： 85 个
第五届理事会选举时间： 2016 年 5 月 29 日
理事长： 孙安军　住房和城乡建设部城乡规划司　原司长
副理事长（13 人）：

王建国　东南大学建筑学院　教授　中国工程院院士
尹　稚　清华大学建筑学院　教授
石　楠　中国城市规划学会　常务副理事长兼秘书长　教授级高级城市规划师
吕　斌　北京大学城市规划设计中心　主任　教授
伍　江　同济大学　常务副校长　教授　上海市城市规划学会理事长　法国建筑科学院院士
吴志强　同济大学　副校长　教授　中国工程院院士　瑞典皇家科学院院士
何兴华　住房和城乡建设部计划财务与外事司　原司长
张少康　九三学社第十四届中央委员会常委　中国人民政治协商会议第十三届全国委员会常务委员　广东省住房和城乡建设厅厅长
赵万民　重庆大学建筑城规学院　原院长　教授
赵燕菁　厦门大学建筑与土木工程学院、经济学院　教授
周　岚　九三学社江苏省委　主任委员　江苏省住房和城乡建设厅　厅长
施卫良　北京市规划和自然资源委员会总规划师　北京市

城市规划设计研究院　院长　教授级高级工程师

樊　杰　中国科学院科技战略咨询研究院　副院长　中国科学院可持续发展研究中心　主任　研究员

秘书长： 石　楠（兼）

党组织情况： 中国城市规划学会党委　书记：孙安军

中国城市规划学会秘书处党支部　书记：石楠

分支机构（26个）： 组织工作委员会、青年工作委员会、学术工作委员会、编辑出版工作委员会、标准化工作委员会、住房与社区规划学术委员会、区域规划与城市经济学术委员会、风景环境规划设计学术委员会、历史文化名城规划学术委员会、城市规划新技术应用学术委员会、小城镇规划学术委员会、国外城市规划学术委员会、工程规划学术委员会、城市设计学术委员会、城市生态规划学术委员会、城市安全与防灾规划学术委员会、城市交通规划学术委员会、城市规划历史与理论学术委员会、城市影像学术委员会、城市总体规划学术委员会、城乡规划实施学术委员会、山地城乡规划学术委员会、乡村规划与建设学术委员会、城乡治理与政策研究学术委员会、城市更新学术委员会、控制性详细规划学术委员会

已加入国际组织： 国际城市与区域规划师学会

公开出版刊物（2种）：

中国科协业务主管的期刊（0种）

非中国科协业务主管的期刊（3种）

《城市规划》、*China City Planning Review*（《城市规划》英文版）、《人类居住》

设奖情况（7个）： 中国城市规划学会科技奖；终身成就奖；全国优秀城市规划科技工作者；杰出学会工作者奖；金经昌中国城市规划优秀论文奖；年会优秀组织奖；中国城市规划青年科技奖

中国产学研合作促进会

（信息截止日期为2019年3月31日）

统一社会信用代码：511000005000209059
法定代表人：王建华
办 公 地 址：北京市海淀区阜成路北三街6号轻苑大厦10层
邮 政 编 码：100048
联 系 电 话：010-68987116
电 子 邮 箱：zgcxy06@163.com
网　　　址：www.360cxy.cn

中国产学研合作促进会
China Industry-University-Research Institute Collaboration Association

成立时间： 2007年11月7日

历史简介： 2007年由国务院原副秘书长徐志坚，国务院参事袁隐，《中国科技产业》杂志社社长王建华，十届全国政协委员、国务院参事任玉岭，国务院参事、科技部原党组成员、秘书长石定环，国资委国有重点大型企业监事会主席段瑞春，武汉大学原党委书记李健等相关同志牵头，联合科研院所、高等院校、专家学者及企业家共同参与筹备的中国产学研合作促进会在国家相关部委的支持下于11月7日在北京京西宾馆召开成立大会。徐志坚同志当选首届会长。国资委国有重点大型企业监事会原主席段瑞春，国务院参事、科技部原党组成员、秘书长石定环担任常务副会长；中国工程院原副院长、院士干勇，国务院参事袁隐，上海交通大学原党委书记马

E-交叉学科

德秀,《中国科技产业》杂志社社长王建华，十届全国政协常委、中国工程院院士左铁镛，国家发改委原副秘书长甘智和，十届全国政协常委、国务院参事任玉岭，清华大学校务委员会副主任何建坤，中国科协党组成员、书记处书记张勤，武汉大学原党委书记李健等担任首届副会长。2009 年加入中国科协。2010 年成为中国科协团体会员单位。促进会住所设在北京，目前为第二届理事会。

业务主管单位： 国务院国有资产监督管理委员会

办事机构支撑单位： 无

个人会员数量： 1622 人

单位会员数量： 358 个

第二届理事会选举时间： 2013 年 12 月 14 日

会长： 路甬祥　十一届全国人大常委会　副委员长　党组成员
中国科学院院士　中国工程院院士

副会长（13 人）：

王俊莲（女）　辽宁省委　原常委

陈小娅（女）　全国政协教科文卫体委员会　副主任
科技部　原副部长

谷焕民　哈尔滨工程大学　党委书记

易小刚　三一重工股份有限公司　执行总裁

姚　燕（女）　中国建材集团　总经理　中国建材研究总院院长

姜俊平　巴龙集团　董事长

柳传志　联想集团有限公司　董事局主席

胡学发　宝钢集团有限公司　总经理助理

惠小兵　惠恒医疗有限公司　董事长

王建华　《中国科技产业》杂志社　社长　教授

张宝林　中国长安汽车股份有限公司　总裁

黄　维　西北工业大学　常务副校长

李永军　北京永新华韵文化产业集团　董事长

刘庆峰　科大讯飞股份有限公司　董事长

吕建中　西安大唐西市文化产业投资集团有限公司
　　　　董事局主席

赵长禄　北京理工大学　党委书记

李志民　教育部科技发展中心　主任

秘书长： 王建华（兼）

党组织情况： 中国产学研合作促进会党委　书记：王建华

中国产学研合作促进会党支部　书记：成路明

分支机构： 无

已加入国际组织： 无

公开出版刊物（1种）：

中国科协业务主管的期刊（0种）

非中国科协业务主管的期刊（1种）

《中国科技产业》

设奖情况（1个）： 中国产学研合作创新与促进奖

中国知识产权研究会
（信息截止日期为2019年3月31日）

统一社会信用代码：511000005000040595
法定代表人：赵志彬
办 公 地 址：北京市海淀区高粱斜街11号中国专利大厦701室
邮 政 编 码：100081
联 系 电 话：010-61073468
电 子 邮 箱：yjh@sipo.gov.cn
网 址：www.cnips.org

中国知识产权研究会
China Intellectual Property Society

成立时间： 1985年3月29日

历史简介： 中国知识产权研究会的前身是中国工业产权研究会。1984年12月12日，中国工业产权研究会筹委会在北京成立，通过《中国工业产权研究会章程（试行）》，聘请顾明、武衡、任建新担任名誉理事长，田夫、汤宗舜担任顾问。1985年3月，国家经济体制改革委员会批准成立中国工业产权研究会。同年3月29日，中国工业产权研究会正式成立。1990年6月，经第三次常务理事会决定，更名为中国知识产权研究会；1990年11月，中国科协批准中国工业产权研究会更名为中国知识产权研究会，是经国家民政部批准成立的全国性社团法人（511000005000040595）。业务主管单位先为中国科协，后归至国家知识产权局，并于2010年11月加入中国科协。研究会住所设在北京，历届理事长为：黄坤益、高卢麟、姜颖、杨正午、田力普，目前为第七届理事会。

业务主管单位： 国家知识产权局

办事机构支撑单位： 无

个人会员数量： 373人

单位会员数量： 350个

第七届理事会选举时间： 2017年11月14日

理事长： 田力普 国家知识产权局 原局长

副理事长（28人）：

马小航 海信集团有限公司多媒体集团 副总裁

马宪民 广东省知识产权保护中心 主任

王丽娟（女） 中国石油化工集团有限公司科技部 副主任 教授级高工

王晓云（女） 中国移动通信集团公司技术部 总经理 教授级高工

王宏祥 上海专利商标事务所有限公司 总经理

朱雪忠 同济大学知识产权学院 院长、上海国际知识产权学院 教授

许 坚 水滴集团 党委书记 合伙人 总法律顾问

何盛宝 中国石油天然气股份有限公司石油化工研究院 党委书记 院长 教授级高工

张 平（女） 北京大学法学院 教授

张 勤 中国科学技术协会 原党组副书记 副主席

书记处书记　研究员
张雪红（女）　大唐电信科技产业集团副总法律顾问兼法律事务部　总经理
张景利　公安部经济犯罪侦查局　副局长
李国华　国家开发银行股份有限公司法律事务局　副局长
李明德　中国社会科学院知识产权中心主任　研究员
杨宗仁　内蒙古自治区高级人民法院　院长　党组书记
杨铁军　国家知识产权局　原副局长　研究员
陈文彤　国家知识产权局商标局　副局长
周中琦　中国国际贸易促进委员会专利商标事务所党委副书记
林广海　最高人民法院民事审判庭第三庭（知识产权审判庭）　副庭长
俞思瑛（女）　阿里巴巴（中国）有限公司　副总裁
聂玉栋　中铝国际工程股份有限公司　总裁助理　教授级高工
袁雷峰　国务院国资委综合局　副局长
郭　禾　中国人民大学知识产权学院　副院长　教授
陶鑫良　大连理工大学知识产权学院　院长　上海大学知识产权学院　名誉院长　教授
高　峰　公安部经济犯罪侦查局　党委书记、局长
黄　峰（女）　四川省知识产权局　原局长　党组书记
曾祥麦　中国专利代理（香港）有限公司　总经理　研究员
谢商华（女）　四川省知识产权服务促进中心　主任

秘书长： 赵志彬

党组织情况： 中国知识产权研究会党委　无

中国知识产权研究会秘书处党支部　书记：赵志彬

分支机构（3个）： 专利委员会、网络知识产权委员会、国防知识产权委员会

已加入国际组织： 无

公开出版刊物（1种）：

中国科协业务主管的期刊（0种）

非中国科协业务主管的期刊（1种）

《知识产权》

设奖情况： 无

中国发明协会
（信息截止日期为2019年3月31日）

统一社会信用代码：51100000500002627F
法定代表人：潘云鹤
办 公 地 址：北京市海淀区复兴路12号
邮 政 编 码：100038
联 系 电 话：010-63951008
电 子 邮 箱：fmxhzxbzl@163.com
网 址：http://www.cainet.org.cn

中国发明协会
China Association of Inventions

成立时间： 1985年10月

历史简介： 中国发明协会是在党和国家领导人胡锦涛、王兆国、倪志福、邹家华、宋健等领导干部；钱学森、黄家驹、王大珩等中科院院士及社会活动家等134位知名人士联合倡议下，经中央批准于1985年10月在北京成立的。其宗旨是：服务于国家战略、服务于社会各界、服务于广大发明人。推动群众性发明创造活动，发现和支持优秀发明创造人才，维护发明者的合法权益、促进发明转化实施，发挥政府联系广大发明者的“纽带”和“桥梁”作用，为物质文明建设和精神文明建设做贡献。聂荣臻元帅在致协会成立大会的贺电中指出，协会的成立是“促进科技工作发展的又一条重要途径”。自成立以来按照宗旨开展了一系列富有成效的活动，在境内外发明界享有比较高的声誉。李先念、姚依林、乌兰夫、方毅、陈慕华、王任重、胡乔木等党和国家领导人出席了协会的成立大会。2010 年加入中国科协。协会住所设在北京，首届理事长为武衡，历届理事长为：武衡、倪志福、朱丽兰、潘云鹤，目前为第七届理事会。

业务主管单位： 科技部

办事机构支撑单位： 国家知识产权局

个人会员数量： 3872 人

单位会员数量： 238 个

第七届理事会选举时间： 2015 年 5 月 16 日

理事长： 潘云鹤　全国政协外事委员会　主任　中国工程院原常务副院长　中国工程院院士

副理事长（26 人）：

马　云　阿里巴巴集团　董事局主席

王子纯　江苏东强股份有限公司　董事长

王传福　比亚迪股份有限公司　董事长

王锡娟（女）　北京康辰药业股份有限公司　董事长

尹　利　鞍钢集团公司　副董事长

朱义明　宝钢集团　副董事长

闫楚良　北京飞机强度研究所　所长　中国工程院院士

孙连桂　北京伊济源面神经研究院　院长

李家民　四川沱牌舍得酒业集团有限公司　总工

杨　松　团中央城市青年工作部　部长

余华荣　中央纪委监察部驻科技部　原纪检组副组长　监察局局长

邹远东　湖北三九长江实业公司　董事长

沈福昌　江苏福昌环保科技有限公司　董事长
林晓东　中兴股份有限公司　副董事长
林章利　福建大地生态科技实业有限公司　总裁
易　建　中国工程院办公厅　巡视员
郑浩峻　中国科协科学技术传播中心　主任
房汉廷　科技日报社　副社长
房建成　北京航空航天大学　副校长　中科院院士
钱为强　新奥集团研究院　党委书记
徐士龙　上海港湾建设集团　董事长
徐宇栋　国资委群工局　副局长
唐大立　中国发明协会　副理事长
曹　强　中数传媒集团　董事长
粟　斌　中华全国总工会经济技术部　部长

秘书长： 余华荣（兼）

党组织情况： 中国发明协会党委　书记：余华荣
中国发明协会秘书处党支部　书记：余华荣

分支机构（13个）： 评审工作委员会、非职务发明工作委员会、院士专家咨询委员会、发明方法研究分会、高校创造教育分会、中小学创造教育分会、高职高专发明创新分会、健康医药发明创新分会、生物酵素产业分会、产学研与成果转化分会、学前创新教育分会、粤港澳大湾区高科技孵化园分会、中国发明成果转化研究院分会

已加入国际组织（1个）： 发明协会国际联合会

公开出版刊物（1种）：

中国科协为业务主管的期刊（0种）

非中国科协业务主管的期刊（1种）

《中国发明与专利》

设奖情况（1个）： 发明创业奖

中国工程教育专业认证协会
（信息截止日期为2019年3月31日）

统一社会信用代码：5110000071784156OQ
法定代表人：吴岩
办 公 地 址：北京市海淀区魏公村路2号
邮 政 编 码：100081
联 系 电 话：010-82213367
电 子 邮 箱：secretariat@ceeaa.org.cn
网　　　址：http://www.ceeaa.org.cn/

中国工程教育专业认证协会
China Engineering Education Accreditation Association

成立时间： 2015年4月16日

历史简介： 中国工程教育专业认证协会于2015年4月正式成立，主要负责组织实施工程教育专业认证工作。认证协会的前身是由教育部于2007年成立的全国工程教育专业认证专家委员会，专业认证专家委员会由来自政府、高校、行业组织和企业的70多位专家组成，负责研究和推进工程教育专业认证工作。2012年，教育部正式启动中国工程教育认证协会筹建工作。认证协会筹建由教育部高等教育教学评估中心牵头，33家行业组织共同发起，人社部、中国科协、住建部、中国工程院等单位参与了协会的筹建工作。协会住所设在北京。学会目前为第一届理事会。

业务主管单位：教育部

办事机构支撑单位：教育部高等教育教学评估中心

个人会员数量：38 人

单位会员数量：33 个

第一届理事会选举时间：2015 年 4 月 16 日

理事长：吴启迪（女） 教育部 原副部长 教授

副理事长（4 人）：

张　勤　中国科学技术协会　原党组副书记　副主席　书记处书记　教授

谢克昌　中国工程院　原副院长　教授　中国工程院院士

吴　岩　教育部高等教育司司长　教授

李金生　人力资源和社会保障部专技司　副司长

秘书长：吴　岩（兼）

党组织情况：中国工程教育专业认证协会党委　无

中国工程教育专业认证协会秘书处党支部　无

分支机构：无

已加入国际组织：无

公开出版刊物：0 种

设奖情况：无

中国检验检测学会
（信息截止日期为2019年3月31日）

统一社会信用代码：51100000088551172E
法定代表人：夏扬
办 公 地 址：北京市朝阳区麦子店街22号307
邮 政 编 码：100125
联 系 电 话：010-59196550
电 子 邮 箱：xiay@csiq.org
网　　址：www.csiq.org

中国检验检测学会
China Inspection and Testing Society

成立时间： 2014年4月8日

历史简介： 原名为中国检验检疫学会，原业务主管单位为国家质检总局，2013年11月11日在北京会议中心召开成立大会，2014年4月8日民政部颁发社团法人登记证。2016年2月27日成为中国科协团体会员。2018年12月，经民政部批准更名为中国检验检测学会，学会住所设在北京。目前为第一届理事会。

业务主管单位： 国家市场监督管理总局

办事机构支撑单位： 国家市场监督管理总局

个人会员数量： 1751人

单位会员数量： 491个

第一届理事会选举时间： 2013 年 11 月 11 日

理事长： 暂无

副理事长（28 人）：

徐金记　第十二届全国政协委员　原上海出入境检验检疫局局长　高级工程师

苏志刚　全国政协委员　广东长隆集团　董事长

王力平　全国政协委员　福山国际集团有限公司　董事局主席

万　捷　全国政协委员　雅昌文化集团　董事长　工程师

姜宗亮　安徽省政协港澳台侨和外事委员会　副主任
原安徽出入境检验检疫局局长　高级工程师

张　明　原北京出入境检验检疫局　巡视员　经济师

于　桦　山东省政协委员　原山东出入境检验检疫局
中国检验有限公司　原董事长　经济师

刘胜利　广东省人民政府　参事
原深圳出入境检验检疫局　局长　高级工程师

李新实　中国检验检疫科学研究院　院长　研究员

蒋新祺　原湖南省质量技术监督局　局长

于凤琴（女）　原辽宁出入境检验检疫局　巡视员　教授

郭喜良　原江苏出入境检验检疫局　巡视员　工程师

刘大旺　原江苏省质量技术监督局　局长

刘云夏　原四川省质量技术监督局　局长

李　原　招商新能源　董事长

卫　平　富源投资集团　董事长

周　琦　中国检验检测学会　副会长

汪秋霞（女）　原江苏出入境检验检疫局　巡视员

赵　刚　广东信诚信用建设有限公司　董事长

E－交叉学科

王怀岳　青岛前湾保税港区　工委原书记、管委原主任
　　　　高级经济师
潘　旺　中国轻工业品进出口集团有限公司　董事长
　　　　高级经济师
李海峰　蓬莱八仙过海旅游有限公司　山东省政协委员、
　　　　董事长
黄宝庆　中国工艺美术学会　副理事长　国家一级美术师
刘学景　新凤祥控股集团有限责任公司　党委书记、董事
　　　　局主席　高级经济师
胡湘洪　工信部电子第五研究所　副所长　高级工程师
陈立辉　工信部电子第五研究所　所长　高级工程师
卜基田　北京抱朴资产管理有限公司　董事长
马纯济　中国重型汽车集团有限公司　董事长
王　振　上海幸福九号养老投资集团有限公司　董事长

秘书长： 夏　扬　中国检验检测学会　秘书长

党组织情况： 中国检验检测学会党委　副书记：夏扬
中国检验检测学会秘书处党支部　书记：夏扬

分支机构（12个）： 光伏绿色生态合作专业技术委员会、检疫处理专业技术委员会、艺术品鉴证专业技术委员会、质量诚信建设委员会、艺术品产业诚信发展委员会、产品质量追溯专业技术委员会、卫生检验与检疫专业技术委员会、信息化专业委员会、国家质量基础设施（NQI）工作委员会（常州）、质量与健康工作委员会（山东）、标准化工作委员会（北京）、营养健康质量科普工作委员会

公开出版刊物： 2种

设奖情况（1个）： 中国检验检测学会科技奖

中国女科技工作者协会

（信息截止日期为2019年3月31日）

统一社会信用代码：51100000500015110R
法定代表人：许平
办 公 地 址：北京市海淀区复兴路3号中国科技会堂C座310室
邮 政 编 码：100038
联 系 电 话：010-68588799
电 子 邮 箱：nvkeji@163.com
网　　　址：www.cwst.net

中国女科技工作者协会

China Women's Association for Science and Technology

成立时间： 1993年7月10日

历史简介： 中国女科技工作者协会（前身为中国女科技工作者联谊会）由全国妇联于1993年7月10日在北京正式成立，并于当年9月30日在民政部登记注册，成为全国性、非营利社会团体，由全国女科技工作者志愿组成。在全国妇联倡议下，经与中国科学院、中国科协、国家科委等部门协商，2007年8月16日第二次代表大会上审议通过了第一届理事会提出的关于中国女科技工作者联谊会更名的决议，2007年10月经国家民政部批复，中国女科技工作者联谊会更名为中国女科技工作者协会。2017年加入中国科协成为团体会员。协会住所设在北京，历届会长为谢希德、韦钰、王志珍，目前为第三届理事会。

业务主管单位： 中华全国妇女联合会

挂靠支撑单位： 中国科学技术协会

个人会员数量： 16904 人

单位会员数量： 38 个

第三届理事会选举时间： 2013 年 12 月 7 日

会长： 王志珍（女） 第十一届全国政协 副主席 中国科学院生物物理研究所 研究员 中国科学 院院士

常务副会长（2 人）：

方 新（女） 中国科学院原党组副书记 中国科学院大学公管学院 教授

程东红（女） 中国科协 原党组副书记、副主席 中国自然科学博物馆学会理事长

副会长（7 人）：

王红阳（女） 国家肝癌科学中心主任，国际合作生物信号转导 研究中心主任 教授 中国工程院院士

吕 植（女） 北京大学生命科学学院生态研究中心教授

华 炜（女） 燕山石化原副总经理 总工程师 教授级高级工程师

陈赛娟（女） 国家转化医学研究中心（上海）主任 教授 中国工程院院士

郑晓静（女） 中国科协副主席 西安电子科技大学原党委书记 教授 中国科学院院士

高瑞平（女） 全国妇联执委 国家自然科学基金委员会副主任 研究员

曹淑敏（女） 全国妇联副主席 北京航空航天大学党委书记 教授级高工

秘书长： 许　平（女）　中国科学院文献情报中心原党委书记
高级工程师

党组织情况： 中国女科技工作者协会党委　无
中国女科技工作者协会秘书处党支部　无

分支机构： 无

已加入国际组织（2个）： 联合国妇女地位委员会、第四次世界妇女大会所联系的非政府组织

公开出版刊物： 0种

设奖情况（1个）： 中国女科技工作者协会女科技工作者社会服务奖

中国创造学会
（信息截止日期为2019年3月31日）

统一社会信用代码：51100000500016340F
法定代表人：张亚雷
办 公 地 址：上海市杨浦区四平路1239号
邮 政 编 码：200092
联 系 电 话：021-65986960
电 子 邮 箱：ccsis@ccsis.org
网 址：http://www.ccsis.org

中国创造学会
China Creative Studies Institute

成立时间： 1994年6月9日

历史简介： 中国创造学会由袁张度发起，于1994年6月8日经中国科协、国家科委、国家民政部批准成立。1994年6月9日在上海成立并举行第一次会员代表大会，刘杰为名誉会长。首届理事长由原上海市总工会主席袁张度担任（法人代表）。学会住所设在上海，历届理事长为：袁张度、万钢、裴钢、徐建平，目前为第五届理事会。

业务主管单位： 中国科学技术协会

办事机构支撑单位： 同济大学

个人会员数量： 2055人

单位会员数量： 357个

第五届理事会选举时间： 2014 年 8 月 22 日

第五届理事会届中变更负责人选举时间： 2016 年 12 月 17 日

理事长： 徐建平　同济大学　党委副书记　教授

副理事长（9 人）：

张亚雷　同济大学工程与产业研究院　院长　教授　博士生导师

王书宁　清华大学系统工程研究所　所长　教授　博士生导师

谭　民　中国科学院自动化研究所　副所长　研究员　博士生导师

冯雪飞　天津广播电视大学　校长　研究员

周延波　西安思源学院　董事长　副教授

魏　江　浙江大学发展战略研究院　副院长　教授

冷护基　安徽工业大学工程实践与创新教育中心　正处　教授

张增常　襄樊学院物理与电子工程学院　院长　教授

樊建平　中国科学院深圳先进技术研究院　院长　研究员　博导

秘书长： 张亚雷（兼）

党组织情况： 中国创造学会党委　书记：徐建平

中国创造学会秘书处党组织　无

中国创造学会办事机构党建指导员　殷俊峰

分支机构（5 个）： 创造教育专业委员会、企业创新专业委员会、智能制造与服务分会、青年工作委员会、创造理论与应用研究专业委员会

已加入国际组织： 无

公开出版刊物： 0 种

设奖情况（1 个）： 中国创造学会创造成果奖

中国经济科技开发国际交流协会

（信息截止日期为2019年3月31日）

统一社会信用代码：51100000500016236B
法定代表人：刘近春
办 公 地 址：北京市西城区前门西河沿街215号
邮 政 编 码：100051
联 系 电 话：010-63173409
电 子 邮 箱：hss@caedest.org
网　　　址：http://www.caedest.org.cn

中国经济科技开发国际交流协会
CHINA INTERNATIONAL INTERCHANGE ASSOCIATION FOR DEVELOPMENT Of ECONOMIC AND SCIENTIFIC TECHNOLOGY

成立时间： 1994年5月24日

历史简介： 经国防科工委原副主任聂力同志建议，李振声、李道豫、王礼恒等20多人发起，1994年5月24日，中国经济科技开发国际交流协会召开成立大会及第一次中国经济科技开发国际交流协会年会，共有30余人参加。大会选举国务院原副总理张劲夫同志为名誉会长，中国科学院原副院长李振声同志担任第一届会长，聂力、李道豫、王礼恒分别为副会长，继泽同志任第一届秘书长。协会住所设在北京，会长一直由李振声同志担任。目前为第八届理事会。

业务主管单位： 中国科学技术协会

办事机构支撑单位： 中国科学院声学研究所

个人会员数量： 198 人

单位会员数量： 2 个

第八届理事会选举时间： 2016 年 12 月 22 日

会长： 李振声　中国科学院　原副院长

副会长（3 人）：

聂　力　原国防科工委　副主任

李道豫　中国前驻美大使

王礼恒　中国航天集团公司　原总经理

秘书长： 张　帆　中国经济科技开发国际交流协会　研究员

党组织情况： 中国经济科技开发国际交流协会党委　书记：张帆

中国经济科技开发国际交流协会秘书处党支部　无

分支机构： 无

已加入国际组织： 无

公开出版刊物： 无

设奖情况： 无

中国高科技产业化研究会
（信息截止日期为2019年3月31日）

统一社会信用代码：51100000500013924б
法定代表人：梁小虹
办 公 地 址：北京市海淀区阜成路8号办公主楼315室
邮 政 编 码：100830
联 系 电 话：010-68370884
电 子 邮 箱：zghw10@163.com
网　　　址：http://www.chia.org.cn

中国高科技产业化研究会
China High-Tech Industrialization Association

成立时间： 1993 年 10 月 29 日

历史简介： 为了贯彻邓小平同志“发展高科技实现产业化”题词精神，由王大珩、王淦昌等著名科学家和经济学家发起，1992 年 3 月 22 日，中国科协以 [1992] 科协发培字 134 函致国家科委：支持成立中国高科技产业化研究会，1992 年 5 月 18 日国家科委以（92）国科发计字341号批复中国科协同意成立中国高科技产业化研究会，1993 年 3 月 8 日，由中国科协作为主管单位。1993 年 4 月 7 日，在民政部批准注册登记，并取得民政部登记证书。于 1993 年 10 月 29 日在北京召开成立大会。第一届理事长为“两弹一星”功勋科学家王大珩院士。研究会住所设在北京，历届理事长为：王大珩、刘纪原、许达哲、包为民，目前为第四届理事会。

业务主管单位： 中国科学技术协会

办事机构支撑单位： 中国运载火箭技术研究院（中国航天科技集团第一研究院）

个人会员数量： 1450 人

单位会员数量： 190 个

第四届理事会选举时间： 2017 年 5 月 27 日

理事长： 包为民　中国航天科技集团公司科技委　主任
中国科学院院士　第十二届全国政协委员

副理事长（11 人）：

梁小虹　中国运载火箭技术研究院　原党委书记　副院长
第十二届全国政协委员

王宇宏　中国航天科工集团公司科技与质量部　副部长

王映民　大唐电信科技产业集团　总工程师
电信科学技术研究院　总工程师

王晋年　中科遥感（深圳）卫星应用创新研究院　院长

刘延宁（女）　国家信息中心国家课题组成员
国务院国资委中国民族贸易促进会　原执行会长

冯记春　武汉市委原常委　科技部高新司　原司长

沈保根　中国科学院物理研究所　研究员
中国科学院院士　第十二届全国政协委员

张寿全　北京市十四届人大城市建设环境保护委员会副主任委员

张宝红　国家国防科技工业局科技与质量司　副司长

康金城　中国工程院国际合作局　原局长

秘书长： 黎宇红（女） 中国航天标准化与产品保证研究院原副总指挥

监事长： 王治国 全国工商联 原副主席

党组织情况： 中国高科技产业化研究会党委 书记：梁小虹
中国高科技产业化研究会秘书处党支部
书记：梁小虹

分支机构（12 个）： 海洋分会、营养源分会、信息化工作委员会、人才工作委员会、现代农业与航天育种工作委员会、科技成果转化协作工作委员会、生物医药产业化工作委员会、智能信息处理产业化分会、光电科技产业化分会、航天精神研究分会、科技金融专业委员会、军民两用技术创新委员会

已加入国际组织： 无

公开出版刊物（1 种）：

中国科协业务主管的期刊（0 种）

非中国科协业务主管的期刊（1 种）

《高科技与产业化》

设奖情况（1 个）： 中国高科技产业化研究会高新技术产业化奖

中国微量元素科学研究会

（信息截止日期为2019年3月31日）

统一社会信用代码：5110000050001743lE
法定代表人：陈祥友
办 公 地 址：江苏省南京市玄武区龙蟠中路26号
邮 政 编 码：210016
联 系 电 话：025-86621959
电 子 邮 箱：http://www.elementmedical.com

中国微量元素科学研究会
Trace Elements Science Association of China

成立时间： 1995年3月1日

历史简介： 中国微量元素科学研究会由陈祥友、秦俊法、王广仪、徐辉碧四位教授于1983年底在普陀山发起，于1984年12月在南京大学组建筹委会；1994年经中国科协审查批准，1995年春由国家民政部登记，同年3月，正式成立。1996年8月在贵阳召开第一届会员代表大会。研究会住所设在南京市，历届理事长为：于若木、陈祥友、朱志国，目前为第四届理事会。

业务主管单位： 中国科学技术协会

办事机构支撑单位： 南京金陵微量元素与健康研究所

个人会员数量： 2749人

单位会员数量： 25 个

第四届理事会选举时间： 2015 年 03 月 23 日

理事长： 朱志国　吉林医药学院　教授

副理事长（3 人）：

赵春杰　沈阳药科大学学报编辑部　主任　教授

范广勤　南昌大学公共卫生学院　院长　教授

周欣欣（女）　广州中医药大学　教授

秘书长： 陈　岳　南京金陵微量元素与健康研究所　副所长　高级工程师

党组织情况： 中国微量元素科学研究会党委　书记：朱志国

中国微量元素科学研究会秘书处党支部　无

分支机构（1 个）： 中国微量元素科学研究会硒研究与应用专业委员会

已加入国际组织： 无

公开出版刊物： 无

设奖情况： 无

中国国际经济技术合作促进会
（信息截止日期为2019年3月31日）

统一社会信用代码：51100000500012876L
法定代表人：杨春光
办 公 地 址：北京市朝阳区惠新南里6号天建大厦1001
邮 政 编 码：100029
联 系 电 话：010-53635604
电 子 邮 箱：capc_capc@sina.com
网 址：http://www.capc.com.cn

中国国际经济技术合作促进会
China Association for Promoting International Economic & Technical Cooperation

成立时间： 1992年12月21日

历史简介： 中国国际经济技术合作促进会由于光远、董辅、吴明瑜发起，于1992年12月21日正式成立，简称中促会。首届理事会主要成员有董玉昌、朱黎、于旺等人，1993年加入中国科协，是中国技术经济研究会所属的二级分会，2000年3月经中国科协批准，在国家民政部注册登记为全国学会，无挂靠单位。重新登记注册后的会长为王选。促进会住所设在北京，历届理事长（会长）为：董玉昌、王选、倪光南、郑树山、杨春光，目前为第五届理事会。

E-交叉学科

业务主管单位： 中国科学技术协会

办事机构支撑单位： 无

个人会员数量： 1450 人

单位会员数量： 120 个

第五届理事会选举时间： 2015 年 6 月 7 日

理事长： 杨春光　原国家公务员局　党组成员　副局长

副理事长（12 人）：

王志宗　驻海关总署　原纪检员
　　　　监察专员兼海关总署巡视办主任
田继生　亿利资源集团　总裁　内蒙古亿利能源股份公司
　　　　董事长
任树平　中国国际经济技术合作促进会　专职副秘书长
刘敬桢　中国机械工业集团有限公司　副总裁
　　　　中国海洋航空集团公司　董事长
　　　　中国机械工业建设集团　董事长
宋　旭　民革中央画院　执行院长
宋和平　商务部贸易救济调查局　原调查专员
张学记　北京科技大学化学与生物工程学院　院长
李　勇　华永集团　董事局主席
陈凯慧　中国光大信托　总裁
黄福水　北京宏福集团　董事长
彭　东　最高人民检察院检查委员会　委员
　　　　公诉厅　厅长　一级高级检察官
　　　　全国检察业务专家　法律总顾问
霍庆华　中国庆华能源集团公司　党委书记　董事长

秘书长： 任树平（兼）

党组织情况： 中国国际经济技术合作促进会党委　书记：杨春光

中国国际经济技术合作促进会秘书处　无

临时党支部负责人： 杨庆生

分支机构（6 个）： 大数据发展委员会、可持续城市与社区专业委员会、互联网发展工作委员会、技术转化与产业投资工作委员会、新时代农业农村工作委员会、社会应急救援工作委员会

已加入国际组织： 无

公开出版刊物： 无

设奖情况： 无

中国基本建设优化研究会
（信息截止日期为 2019 年 3 月 31 日）

统一社会信用代码：511000005000068982
法定代表人：孙晓洲
办 公 地 址：北京市海淀区北洼路 48 号
邮 政 编 码：100142
联 系 电 话：010-62809310
电 子 邮 箱：cosocc@cosocc.org.cn
网　　址：http://www.cosocc.org.cn

中国基本建设优化研究会
China Optimization Society of Capital Construction

成立时间： 1978 年 12 月 12 日

历史简介： 中国基本建设优化研究会主要发起人为王德瑛、张钦楠、王宏经、李炳威，于 1978 年 12 月 12 日在长沙成立，1991 年 11 月 2 日在民政部正式登记。初期挂靠中国科协、中国技术经济研究会，为中国技经会团体会员。第一届理事会称干事会，由全国六大行政区各选 2 个共 12 人组成，设总干事 1 人，干事 11 人。首届总干事为王宏经、干事有许铁生、王尔其、宋芳琪、李成章等。原业务主管单位为中国地震局，2003 年转由中国科协作为业务主管单位。研究会住所设在北京、历届理事长为：王宏经、王德英、高文学、谢礼立、王文元、厉无畏，目前为第七届理事会。

业务主管单位： 中国科学技术协会

办事机构支撑单位： 无

个人会员数量： 2695 人

单位会员数量： 76 个

第七届理事会选举时间： 2014 年 11 月 15 日

会长： 厉无畏　第十一届全国政协　副主席　研究员　教授

副会长（6 人）：

孙祁祥（女）北京大学经济学院　院长　教授

徐小青　国务院发展研究中心农村经济研究部　原部长　研究员

石俊志　中国社会科学院金融研究所　研究员

傅泽田　中国农业大学校务委员会　副主任　教授

董晓庄　中国铁路股份有限公司　原副总经理

孙晓洲　中国基本建设优化研究会副会长兼秘书长　高级经济师

秘书长： 孙晓洲（兼）

党组织情况： 中国基本建设优化研究会党委　书记：徐小青

中国基本建设优化研究会秘书处党支部

书记：张金来

分支机构（8 个）： 重点工程专业委员会、房地产与物业分会、建设工程与环境优化技术分会、环保节能专业委员会、新能源优化专业委员会、法律工作委员会、优化投资工作委员会、信息产业优化工作委员会

已加入国际组织： 无

公开出版刊物： 0 种

设奖情况： 无

中国科技馆发展基金会
（信息截止日期为2019年3月31日）

统一社会信用代码：531000005000069352
法定代表人：殷　皓
办 公 地 址：北京市朝阳区北辰东路5号
邮 政 编 码：100012
联 系 电 话：010-59041573
电 子 邮 箱：fdstmc@cstm.org.cn
网　　　址：http://www.fdstmc.org.cn

中国科技馆发展基金会
Foundation for the Development of Science and Technology Museums in China

成立时间： 2010年11月23日

历史简介： 中国科技馆发展基金会前身是1988年成立的中国科学技术发展基金会。2010年11月，民政部正式批准“中国科学技术发展基金会”更名为“中国科技馆发展基金会”，我国首家专门致力于促进全国科技馆事业可持续发展的公募基金会自此诞生。住所设在中国科学技术馆。历届理事长：谢克昌、殷皓，目前为第五届理事会。

业务主管单位： 中国科学技术协会

办事机构支撑单位： 中国科学技术馆

第五届理事会选举时间： 2015年9月15日

理事长： 殷　皓　中国科协党组成员　中国科学技术馆　馆长

理事（7人）：

王元晶（女）　中国工程院　巡视员

向文波　三一重工股份有限公司　总裁

初学基　中国科学技术馆发展基金会办公室　主任

秦德继　中国科学技术出版社　社长

谢友泉　神华公益基金会　理事长

常秀敏（女）　北京有色金属研究总院工研院　副院长

谢依诺（女）　正大环球资本有限责任公司　执行董事

秘书长： 初学基（兼）

党组织情况： 中国科技馆发展基金会党委　书记：殷皓

中国科技馆发展基金会秘书处与中国自然博物馆协会秘书处联合成立中国科技馆党委第八党支部

书记：陈静瑛

分支机构： 无

公开出版刊物： 无

设奖情况（1个）： 科技馆发展奖

中国生物多样性保护与绿色发展基金会
（信息截止日期为2019年3月31日）

统一社会信用代码：531000005000091 67k
法定代表人：胡德平
办 公 地 址：北京市海淀区板井路69号世纪金源国际公寓
邮　政　编　码：100097
联　系　电　话：010-68485952
电 子 邮 箱：v1@cbcgdf.org
网　　　址：www.cbcgdf.org

中国生物多样性保护与绿色发展基金会
China Biodiversity Conservation and Green Development Foundation

成立时间： 1985年5月

历史简介： 原名为中国麋鹿基金会，由中国动物学会、中国植物学会、中国环境科学学会和中国自然科学博物馆学会发起，经中国科协、中国人民银行批准，于1985年5月成立，首任会长为吕正操，名誉会长为包尔汉、钱昌照；1992年经中国人民银行和民政部复审核准，获发《中华人民共和国社会团体登记证书》；1997年更名为中国生物多样性保护基金会；2010年更名为中国生物多样性保护与绿色发展基金会。基金会住所设在北京，历届理事长（会长）为：吕正操、张健民、胡昭广、胡德平、谢伯阳，目前为第五届理事会。

业务主管单位： 中国科学技术协会

办事机构支撑单位： 无

个人会员数量： 0 人

单位会员数量： 0 个

第五届理事会选举时间： 2018 年 12 月 13 日

理事长： 谢伯阳　国务院参事

理事（14 人）：

白加德　北京麋鹿生态实验中心主任　副研究员

张佐双　北京植物园顾问　教授高工

欧阳志云　中国科学院生态环境研究中心副主任
研究员

胡庆培　中国科学院数学与系统科学研究院　副研究员

金亦石　中能金石新能源科技发展有限公司董事会主席

张　划　北京若水合科技有限公司　工程师

赵世伟　北京市园林科学研究院总工　工程师

贲圣林　浙江大学管理学院教授

向　宏　五矿多尼尔房车有限公司总裁

郭　栋　民生银行监事会副主席

周　珂　中国人民大学法学院教授

唐大为（女）　中关村汉德环境观察研究所所长

刘贵生　北斗航天卫星应用科技集团有限公司董事长

胡京仁　北京市科学技术协会　经济师

秘书长： 周晋峰　中国生物多样性保护与绿色发展基金会秘书长
教授

党组织情况： 中国生物多样性保护与绿色发展基金会党委　无
中国生物多样性保护与绿色发展基金会秘书处党支部
书记：孙颖

分支机构（17个）： 植物园工作委员会、自然保护区工作委员会、绿色企业工作委员会、法律工作委员会、专家工作委员会、观鸟工作委员会、星空工作委员会、大学生发展工作委员会、丝路绿色发展研究院、动物园工作委员会、古村之友工作委员会、绿色金融工作委员会、观虫工作委员会、生态旅游康养工作委员会、县城绿色发展研究院、荒漠经济研究所、生物与科学伦理工作委员会

已加入国际组织（1个）： 世界自然保护联盟

公开出版刊物： 0种

设奖情况： 无

中国反邪教协会

（信息截止日期为2019年3月31日）

统一社会信用代码：51100000500188483
法定代表人：王渝生
办 公 地 址：北京市海淀区复兴路乙12号
邮 政 编 码：100814
联 系 电 话：010-63956606
电 子 邮 箱：fxjxh@sina.com
网　　　址：http://www.cnfxj.org

中国反邪教协会
The China Anti-Cult Association

成立时间： 2000年11月13日

历史简介： 由庄逢甘、龚育之、潘家铮、傅铁山、王家福、圣辉、何祚庥等发起，2000年11月13日，在中国科技会堂召开成立大会，庄逢甘当选理事长。中国反邪教协会是全国科技界、社科界、宗教界、法律界、新闻界的有志于反对邪教组织的人士自愿组成的一个公益性、非营利性法人社会团体，致力于弘扬科学精神和人文精神，维护法律尊严，尊重宗教信仰自由，团结和联络社会各界人士，反对一切危害人民生命财产与安全、扰乱社会公共秩序、破坏法律实施和社会稳定的邪教组织，努力提高公众对邪教组织的警惕性、鉴别力和防范能力。住所设在北京，历届理事长：庄逢甘、欧阳自远。目前为第二届理事会。

业务主管单位： 无

办事机构支撑单位： 无

个人会员数量： 146 人

单位会员数量： 28 个

第二届理事会选举时间： 2014 年 10 月 15 日

理事长： 欧阳自远　中国科学院国家天文台　探月首席科学家
中国科学院院士

副理事长（8 人）：

王渝生　中国科技馆　原馆长
王慧梅　中国反邪教协会　副理事长兼秘书长
尹宝虎　中国法学学术交流中心　主任
圣　辉　中国佛教协会　副会长　湖南省佛教协会　会长
李　申　上海师范大学哲学系
胡月明　湖南省科协　党组书记　副主席
高莎薇　全国妇联权益部　部长
楼志浪　中共浙江省为防范处理邪教问题领导小组
副组长　办公室主任

秘书长： 王慧梅（兼）

党组织情况： 中国反邪教协会党委　无
中国反邪教协会党支部　书记：王慧梅

分支机构： 0 个

已加入国际组织： 无

公开出版刊物： 无

设奖情况： 无

中国科协生命科学学会联合体
（信息截止日期为2019年3月31日）

秘书处所在学会：中国昆虫学会
联系电话：010-64803381
电子邮箱：secretariat@culss.org.cn

中国科协生命科学学会联合体
China Union of Life Science Societies

成立时间： 2015年10月15日

历史简介： 中国科协生命科学学会联合体是中国科协推动成立的第一个学会联合体，由中国动物学会、中国植物学会、中国昆虫学会、中国生物化学与分子生物学会、中国细胞生物学学会、中国生物物理学会、中国遗传学会、中国生物工程学会、中国生理学会、中国生物医学工程学会、中国免疫学会等11个中国科协所属全国学会发起成立。2016年1月22日，中国科协八届十四次常委会听取了生命科学学会联合体成立情况的专题报告。2015年12月，联合体吸纳中国微生物学会、中国植物生理与植物分子生物学学会、中国实验动物学会、中国神经科学学会、中国解剖学会、中国营养学会、中国认知科学学会共7个学会加入；2017年3月，联合体吸纳中国中西医结合学会、中国药理学会、中国抗癌协会、中华预防医学会共4个学会加入。目前，联合体成员学会已增至22家。中国科协生命科学学会联合体秉承“公平、合作、责任、发展”的宗旨，致力于搭建高端科技创新智库平台，建立学术和人才资源共享机制，推加强产学研用相结合，促进国内外合作交流，提升我国生命科学社团的整体竞争力，推动我国生命科学的创新和发展。第一届主席团轮值主席为饶子和，第二届主席团轮值主席为曹雪涛，第三届主席团轮值主席为康乐。

成员学会（22个）： 中国动物学会、中国植物学会、中国昆虫学会、中国微生物学会、中国生物化学与分子生物学会、中国细胞生物学学会、中国植物生理与植物分子生物学学会、中国生物物理学会、中国遗传学会、中国实验动物学会、中国神经科学学会、中国生物工程学会、中国中西医结合学会、中国生理学会、中国解剖学会、中国生物医学工程学会、中国营养学会、中国药理学会、中国抗癌协会、中国免疫学会、中华预防医学会、中国认知科学学会

主席团主席： 康　乐　中国昆虫学会理事长、中国科学院院士

主席团成员（22人）：

孟安明　中国动物学会理事长　中国科学院院士

种　康　中国植物学会理事长　中国科学院院士

康　乐　中国昆虫学会理事长　中国科学院院士

邓子新　中国微生物学会理事长　中国科学院院士

李　林　中国生物化学与分子生物学会理事长　中国科学院院士

陈晔光　中国细胞生物学学会理事长　中国科学院院士

陈晓亚　中国植物生理与植物分子生物学学会理事长　中国科学院院士

徐　涛　中国生物物理学会理事长　中国科学院院士

薛勇彪　中国遗传学会理事长

秦　川（女）　中国实验动物学会理事长

段树民　中国神经科学学会理事长　中国科学院院士

高　福　中国生物工程学会理事长　中国科学院院士

陈香美（女）　中国中西医结合学会理事长　中国工程院院士

王　韵（女）　中国生理学会理事长

张绍祥　中国解剖学会理事长

曹雪涛　中国生物医学工程学会理事长　中国工程院院士

杨月欣（女）　中国营养学会理事长

张永祥　中国药理学会理事长

樊代明　中国抗癌学会理事长　中国工程院院士

田志刚　中国免疫学会理事长　中国工程院院士

王陇德　中华预防医学会理事长　中国工程院院士

陈　霖　中国认知科学学会理事长　中国科学院院士

秘书长： 王小宁　中国免疫学会副理事长

中国科协军民融合学会联合体
（信息截止日期为2019年3月31日）

秘书处所在学会：中国造船工程学会
联系电话：010-59517925
电子邮箱：msc@csname.org.cn

中国科协军民融合学会联合体
Civil Military Integration of CAST Member Societies

成立时间： 2016 年 6 月 27 日

历史简介： 中国科协军民融合学会联合体由中国兵工学会、中国航空学会、中国造船工程学会、中国核学会、中国宇航学会、中国电子学会、中国仪器仪表学会、中国复合材料学会等 8 个中国科协所属全国学会发起成立。2017 年 1 月 12 日，经中国科协九届三次常委会批准成立。在军民融合学会联合体筹建过程中，中国科协专门征求了发展改革委、教育部、科技部、工业和信息化部、中科院、工程院、自然科学基金会和国防科工局等 8 家单位的意见，均表示赞同并提出了建设性意见。2018 年 8 月，联合体吸纳中国航海学会、中国纺织工程学会、中国光学工程学会加入。目前，联合体成员学会已增至 11 家。中国科协军民融合学会联合体的主要任务是建设军民融合科技创新高端智库、搭建军民融合协同创新的大平台、建立军民科技成果转移转化长效合作机制、搭建军民融合领域学术交流服务平台和人才培养平台等。第一届主席团主席为杜祥琬。

成员学会（11个）： 中国兵工学会、中国航空学会、中国造船工程学会、中国核学会、中国宇航学会、中国电子学会、中国仪器仪表学会、中国复合材料学会、中国航海学会、中国纺织工程学会、中国光学工程学会

主席团主席：

杜祥琬　中国工程院原副院长　中国工程院院士

主席团执行主席：

吴伟仁　中国探月工程总设计师　中国工程院院士

主席团副主席：

李鸿志　南京理工大学教授　中国工程院院士

主席团成员（13人）：

杜祥琬　中国工程院原副院长

吴伟仁　中国探月工程总设计师

李鸿志　南京理工大学教授

尹家绪　中国兵工学会理事长

林左鸣　中国航空学会理事长

李国安　中国造船工程学会副理事长

王寿君　中国核学会理事长

雷凡培　中国宇航学会理事长

张　军　中国电子学会副理事长　中国工程院院士

尤　政　中国仪器仪表学会理事长　中国工程院院士

杜善义　中国复合材料学会名誉理事长　中国工程院院士

于小虎　中国兵工学会副理事长兼秘书长

吴　松　中国航空学会副理事长

秘书长： 金向军　中国造船工程学会常务副秘书长

常务副秘书长： 杨俊华　中国宇航学会原副理事长兼秘书长

中国科协清洁能源学会联合体
（信息截止日期为2019年3月31日）

秘书处所在学会：中国电机工程学会
联系电话：010-63416723
电子邮箱：yanbin-liu@csee.org.cn

中国科协清洁能源学会联合体
The Clean Energy Resource Alliance of CAST Member Societies

成立时间： 2016年6月28日

历史简介： 中国科协清洁能源学会联合体是由中国能源研究会、中国电机工程学会、中国电工技术学会、中国水力发电工程学会、中国水利学会、中国核学会、中国石油学会、中国煤炭学会、中国环境科学学会等9个中国科协所属全国学会发起成立。2017年1月12日，经中国科协九届三次常委会批准成立。中国科协清洁能源学会联合体立足协同发展、建立机制形成科技资源集成共享和共用平台，整合高端智库资源、开展战略发展研究，引领科技创新、打造清洁能源高端国际学术品牌会议，服务政府和企业、开展科技咨询和促进成果转化等工作。第一届主席团理事长为吴新雄。

成员学会（9个）： 中国能源研究会、中国电机工程学会、中国电工技术学会、中国水力发电工程学会、中国水利学会、中国核学会、中

国石油学会、中国煤炭学会、中国环境科学学会

主席团理事长：

吴新雄　中国能源研究会理事长

主席团副理事长（10人）：

张玉卓　中国煤炭学会副理事长

史玉波　中国能源研究会常务副理事长

郑宝森　中国电机工程学会理事长

杨庆新　中国电工技术学会理事长

张　野　中国水力发电工程学会理事长

胡四一　中国水利学会理事长

李冠兴　中国核学会理事长

赵政璋　中国石油学会理事长

王显政　中国煤炭学会理事长

黄润秋　中国环境科学学会理事长

秘书长： 谢明亮　中国电机工程学会副理事长兼秘书长

中国科协信息科技学会联合体
（信息截止日期为2019年3月31日）

轮值学会：中国电子学会
联系电话：010-68600647
电子邮箱：cuists@cie-info.org.cn

中国科协信息科技学会联合体
Chinese Union of Information Science and Technology Societies

成立时间： 2016年7月13日

历史简介： 中国科协信息科技学会联合体是由中国电子学会、中国光学学会、中国空间科学学会、中国汽车工程学会、中国电工技术学会、中国自动化学会、中国仪器仪表学会、中国图学学会、中国中文信息学会、中国航空学会、中国宇航学会、中国仿真学会、中国电影电视技术学会、中国指挥与控制学会、中国密码学会等15个中国科协所属全国学会共同发起成立。2017年1月12日，经中国科协九届三次常委会批准成立。2018年6月，联合体吸纳中国计量测试学会、中国通信学会加入。目前，联合体成员学会已增至17家。中国科协信息科技学会联合体秉承“公平、合作、责任、发展”的宗旨，以服务于国家科技强国发展战略、服务于国家创新驱动发展战略、服务于国家重大决策咨询、服务于国家科技创新、服务于国家信息科技人才培养与举荐、服务于国家信息科技领域交流与合作为使命，致力于建设信息科技领域高端智库、搭建信息科技领域协同创新服务平台、建立信息科技领域科技成果转移转化合作机制、搭建高水平学术交流和创新人才培养平台、推进学会改革发展。第一届主席团主席为怀进鹏，第二届主席团主席为张峰。

成员学会（17个）： 中国电子学会、中国光学学会、中国空间科学学会、中国汽车工程学会、中国电工技术学会、中国自动化学会、中国仪器仪表学会、中国计量测试学会、中国图学学会、中国通信学会、中国中文信息学会、中国航空学会、中国宇航学会、中国仿真学会、中国电影电视技术学会、中国指挥与控制学会、中国密码学会

主席团主席：

张　峰　中国电子学会理事长

主席团成员（17人）：

张　峰　中国电子学会理事长

龚旗煌　中国光学学会理事长　中国科学院院士

吴　季　中国空间科学学会理事长

李　骏　中国汽车工程学会理事长　中国工程院院士

杨庆新　中国电工技术学会理事长

郑南宁　中国自动化学会理事长　中国工程院院士

尤　政　中国仪器仪表学会理事长　中国工程院院士

蒲长城　中国计量测试学会理事长

孙家广　中国图学学会理事长　中国工程院院士

陈肇雄　中国通信学会理事长

方滨兴　中国中文信息学会理事长　中国工程院院士

林左鸣　中国航空学会理事长

雷凡培　中国宇航学会理事长　国际宇航科学院院士

赵沁平　中国仿真学会理事长　中国工程院院士

谢锦辉　中国电影电视技术学会理事长

费爱国　中国指挥与控制学会理事长　中国工程院院士

王　杰　中国密码学会理事长

秘书长： 徐晓兰（女）　中国电子学会副理事长兼秘书长

中国科协智能制造学会联合体
（信息截止日期为2019年3月31日）

轮值学会：中国机械工程学会
联系电话：010-68799039
电子邮箱：imac@cmes.org

中国科协智能制造学会联合体
Intelligent Manufacturing Alliance of CAST Member Societies

成立时间： 2016年12月24日

历史简介： 中国科协智能制造学会联合体由中国机械工程学会、中国仪器仪表学会、中国汽车工程学会、中国电工技术学会、中国电子学会、中国自动化学会、中国农业机械学会、中国人工智能学会、中国微米纳米技术学会、中国光学工程学会、中国纺织工程学会等11个中国科协所属全国学会发起成立。2017年1月12日，经中国科协九届三次常委会批准成立。2017年10月，联合体吸纳中国宇航学会、中国造船工程学会加入。目前，联合体成员学会已增至13家。在中国科协指导下，中国科协智能制造学会联合体致力打造智能制造领域高端智库、搭建智能制造领域高水平学术交流平台、搭建智能制造领域协同创新和科技成果转移转化平台、建设智能制造领域人才培养平台。第一届主席团主席为周济。

成员学会（13个）： 中国机械工程学会、中国仪器仪表学会、中国汽车工程学会、中国电工技术学会、中国电子学会、中国自动化学会、中国农业机械学会、中国人工智能学会、中国微米纳米技术学会、中国光学工程学会、中国纺织工程学会、中国宇航学会、中国造船工程学会

主席团主席：

周　济　中国机械工程学会荣誉理事长、中国工程院院士

主席团副主席（13人）：

李天初　中国仪器仪表学会荣誉理事长、中国工程院院士

李　骏　中国汽车工程学会理事长、中国工程院院士

杨庆新　中国电工技术学会理事长

张　峰　中国电子学会理事长

郑南宁　中国自动化学会理事长、中国工程院院士

王　博　中国农业机械学会理事长

李德毅　中国人工智能学会理事长、中国工程院院士

尤　政　中国微米纳米技术学会理事长、中国工程院院士

张广军　中国光学工程学会理事长、中国工程院院士

孙瑞哲　中国纺织工程学会理事长

雷凡培　中国宇航学会理事长

李长印　中国造船工程学会理事长

李培根　联合体专家委员会主任委员、中国工程院院士

秘书长： 张彦敏　中国机械工程学会常务副理事长

中国科协先进材料学会联合体

（信息截止日期为2019年3月31日）

轮值学会：中国金属学会
联系电话：010-65260492
电子邮箱：AMAC@csm.org.cn

中国科协先进材料学会联合体
Advanced Materials Alliance of CAST Member Societies

成立时间： 2017 年 6 月 23 日

历史简介： 中国科协先进材料学会联合体是由中国金属学会、中国有色金属学会、中国稀土学会、中国腐蚀与防护学会、中国化工学会、中国硅酸盐学会、中国材料研究学会、中国复合材料学会、中国晶体学会、中国生物材料学会、中国纺织工程学会等 11 个中国科协所属全国学会发起成立。2017 年 6 月，经中国科协第九届常委会第四次会议批准成立。2018 年 10 月，联合体吸纳中国造纸学会和中国微米纳米技术学会加入。目前，联合体成员学会已增至 13 家。中国科协先进材料学会联合体的目标是打造先进材料领域高端科技创新智库、搭建先进材料领域高端国际学术交流平台、技术推广和科技成果转化平台、搭建高端人才培养举荐平台、承担重大科技类社会公共服务任务。第一届主席团主席为干勇。

成员学会（13 个）： 中国金属学会、中国有色金属学会、中国稀土学会、中国腐蚀与防护学会、中国化工学会、中国硅酸盐学会、中国材料研究学会、中国复合材料学会、中国晶体学会、中国生物材料学会、中国纺织工程学会、中国造纸学会、中国微米纳米技术学会

主席团主席：

干　勇　中国金属学会理事长　中国工程院院士

主席团副主席（11 人）：

赵　沛　中国金属学会常务副理事长

贾明星　中国有色金属学会理事长

李春龙　中国稀土学会理事长

王福会　中国腐蚀与防护学会理事长

戴厚良　中国化工学会理事长　中国工程院院士

徐永模　中国硅酸盐学会理事长

李元元　中国材料研究学会副理事长　中国工程院院士

陈祥宝　中国复合材料学会理事长　中国工程院院士

郑伟涛　中国晶体学会副理事长

王迎军（女）　中国生物材料学会理事长　中国工程院院士

伏广伟　中国纺织工程学会常务副理事长

秘书长： 王新江　中国金属学会副理事长兼秘书长

中国科协生态环境产学联合体

（信息截止日期为2019年3月31日）

轮值学会：中国环境科学学会
联系电话：010-62210689
电子邮箱：zhoutao@chinacses.org

中国科协生态环境产学联合体

成立时间： 2018年9月26日

历史简介： 中国科协生态环境产学联合体是由生态、环境、气象、地学、海洋、水利、农林等领域全国学会、行业领军企业、代表性科研机构、公益组织发起的非独立法人联合组织。2019年1月17日，经中国科协九届九次常委会批准成立。中国科协生态环境产学联合体旨在促进生态环境领域科学技术发展，推进技术集成创新和科技资源共享，致力打造生态环境高端智库，搭建高端科技交流平台，构建产学融合协同创新平台，建立普惠共享生态环境科技传播平台，共同推进生态环境科技创新，推动生态环境产业的发展，为政府提供决策咨询，为经济社会发展服务。第一届主席团主席为黄润秋。

成员学会（11个）： 中国环境科学学会、中国气象学会、中国地质学会、中国地理学会、中国海洋学会、中国生态学学会、中国水利

学会、中国可再生能源学会、中国农学会、中国林学会、中国土壤学会

主席团主席：

黄润秋　中国环境科学学会　理事长　生态环境部　副部长

主席团副主席（8人）：

王天义　中国光大国际有限公司　总裁

王文彪　第十二届全国政协常委　亿利资源集团　党委书记　董事长

刘大山　中国节能环保集团　董事长　党委书记

李金发　中国地质学会　常务副理事长　中国地质调查局　党组成员　副局长

宋　军　中国科协　党组成员　书记处书记

张远航　北京大学　教授　中国工程院院士

郝吉明　清华大学　教授　中国工程院院士

欧阳志云　中国生态学学会　理事长　中科院生态环境研究中心　主任

主席团成员（14人）：

王会军　中国气象学会　理事长　中国科学院院士

王志华　中国环境科学学会　秘书长

王瑞合　阿里巴巴公益基金会　秘书长

卢思骋　世界自然基金会（WWF）首席代表

朱立新　中国地质学会　副理事长兼常务副秘书长　中国地质调查局科技外事部　主任　研究员

刘兴平　中国科协学会学术部　副部长

沈仁芳　中国土壤学会　理事长　中科院南京土壤研究所　所长　研究员

陈连增　中国海洋学会　理事长　国家海洋局原副局长

陈幸良　中国林学会　副理事长兼秘书长

　　　　中国林业科学研究院　研究员

胡义萍　中国农学会　副会长兼秘书长

胡四一　中国水利学会　理事长　水利部原副部长

黄晓军　威立雅（中国）董事总经理　中国区副总裁

傅伯杰　中国地理学会　原理事长　中国科学院院士

谭天伟　中国可再生能源学会　理事长

　　　　北京化工大学　校长　中国工程院院士

秘书长：王志华　中国环境科学学会　秘书长

中国科协所属全国学会、协会、研究会会徽

中国数学会

中国物理学会

中国力学学会

中国光学学会

中国声学学会

中国化学会

中国天文学会

中国气象学会

中国地质学会

中国地理学会

中国地球物理学会

中国矿物岩石地球化学学会

中国古生物学会

中国海洋湖沼学会

中国海洋学会

中国地震学会

中国动物学会

中国植物学会

中国昆虫学会

中国微生物学会

中国生物化学与分子生物学会

中国细胞生物学学会

中国植物生理与植物分子生物学学会

中国生物物理学会

中国遗传学会

中国心理学会

中国生态学学会

中国环境科学学会

中国自然资源学会

中国感光学会

中国岩石力学与工程学会

中国野生动物保护协会

中国系统工程学会

中国实验动物学会

中国青藏高原研究会

中国环境诱变剂学会

中国运筹学会

中国菌物学会

中国晶体学会

中国神经科学学会

中国认知科学学会

中国微循环学会

国际数字地球协会

国际动物学会

中国机械工程学会

中国汽车工程学会

中国农业机械学会

中国农业工程学会

中国电机工程学会

中国电工技术学会

中国水力发电工程学会

中国水利学会

中国内燃机学会

中国工程热物理学会

中国空气动力学会

中国制冷学会

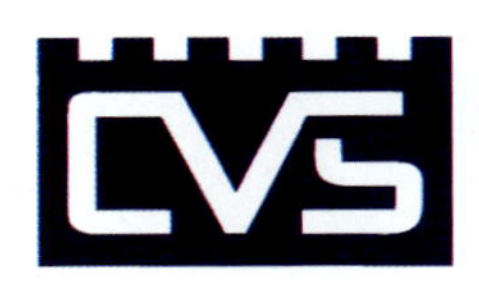

中国真空学会

中国自动化学会

中国仪器仪表学会

中国计量测试学会

中国标准化协会

中国图学学会

中国电子学会

中国计算机学会

中国通信学会

中国中文信息学会

中国测绘学会

中国造船工程学会

中国航海学会

中国铁道学会

中国公路学会

中国航空学会

中国宇航学会

中国兵工学会

中国金属学会

中国有色金属学会

中国稀土学会

中国腐蚀与防护学会

中国化工学会

中国核学会

中国石油学会

中国煤炭学会

中国可再生能源学会

中国能源研究会

中国硅酸盐学会

中国建筑学会

中国土木工程学会

中国生物工程学会

中国纺织工程学会

中国造纸学会

中国文物保护技术协会

中国印刷技术协会

中国材料研究学会

中国食品科学技术学会

中国粮油学会

中国职业安全健康协会

中国烟草学会

中国电影电视技术学会

中国振动工程学会

中国颗粒学会

中国照明学会

中国动力工程学会

中国惯性技术学会

中国风景园林学会

中国电源学会

中国复合材料学会

中国消防协会

中国图象图形学学会

中国人工智能学会

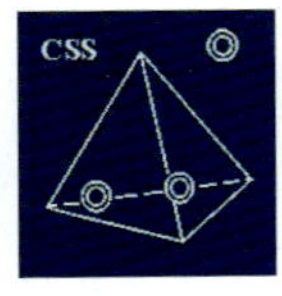

中国体视学学会

中国海洋工程咨询协会

中国遥感应用协会

中国指挥与控制学会

中国光学工程学会

中国微米纳米技术学会

中国密码学会

中国大坝工程学会

中国卫星导航定位协会

中国生物材料学会

国际粉体检测与控制联合会

中国农学会

中国林学会

中国土壤学会

中国水产学会

中国园艺学会

中国畜牧兽医学会

中国植物病理学会

中国植物保护学会

中国作物学会

中国热带作物学会

中国水土保持学会

中国茶叶学会

中国草学会

中国植物营养与肥料学会

中国农业历史学会

中华医学会

中华中医药学会

中国中西医结合学会

中国药学会

中华护理学会

中国生理学会

中国解剖学会

中国生物医学工程学会

中国病理生理学会

中国营养学会

中国药理学会

中国针灸学会

中国防痨协会

中国麻风防治协会

中国心理卫生协会

中国抗癌协会

中国体育科学学会

中国毒理学会

中国康复医学会

中国免疫学会

中华预防医学会

中国法医学会

中华口腔医学会

中国医学救援协会

中国女医师协会

中国研究型医院学会

中国睡眠研究会

中国卒中学会

中国管理现代化研究会

中国技术经济学会

中国未来研究会

中国科学技术史学会

中国科学技术情报学会

中国图书馆学会

中国城市科学研究会

中国科学学与科技政策研究会

中国农村专业技术协会

中国工业设计协会

中国工艺美术学会

中国科普作家协会

中国自然科学博物馆学会

中国可持续发展研究会

中国青少年科技辅导员协会

中国科教电影电视协会

中国科学技术期刊编辑学会

中国流行色协会

中国档案学会

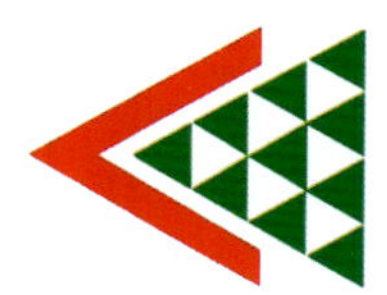

中国国土经济学会

中国科技新闻学会

中国老科学技术工作者协会

中国科学探险协会

中国城市规划学会

中国产学研合作促进会

中国知识产权研究会

中国发明协会

中国工程教育专业认证协会

中国检验检测学会

中国女科技工作者协会

中国经济科技开发国际交流协会

中国高科技产业化研究会

中国国际经济技术合作促进会

中国基本建设优化研究会

中国科技馆发展基金会

中国生物多样性保护与绿色发展基金会

中国科协生命科学学会联合体

中国科协信息科技学会联合体

中国科协智能制造学会联合体

中国科协先进材料学会联合体

中国科协军民融合学会联合体

中国科协清洁能源学会联合体

中国现场统计研究会

中国科协生态环境产学联合体

中国工程机械学会